利木赞肉牛

皮埃蒙特牛　　　　　　　　　比利时蓝白牛

海福特牛　　　　　　　　　　短角牛

安格斯牛　　　　　　　　　　西门塔尔牛

德国黄牛

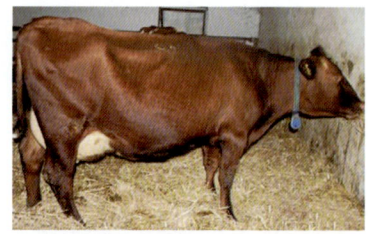
丹麦红牛

夏南牛

延黄牛

辽育白牛

新疆褐牛

秦川牛

南阳牛

鲁西黄牛

舍内饲养

青贮窑

肉牛场外景图

肉牛场运动场及水槽

规模化肉牛场的清洁道

口角流涎多，呈白色泡沫状
口蹄疫

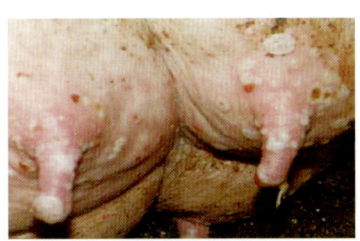
乳房皮肤的水疱
口蹄疫

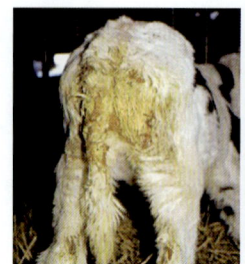 

病牛的臀部及尾巴被稀便污染　　病牛脱水，眼部塌陷

犊牛大肠杆菌病

 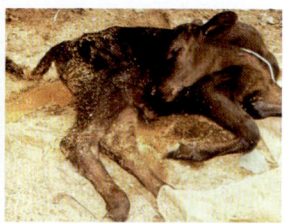

病牛排出大量黄白色稀便　　病牛腹泻，脱水

沙门氏菌病

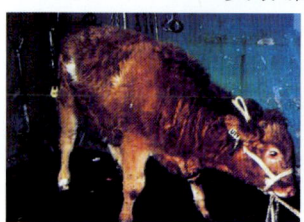 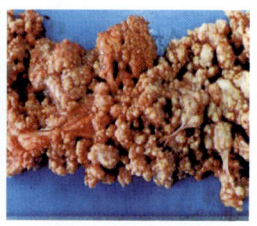

病牛消瘦，被毛粗乱　　胸膜形成的结核病变，俗称"珍珠病"

牛结核

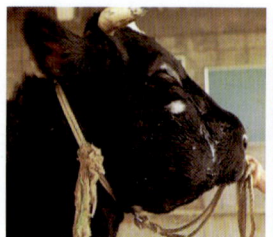 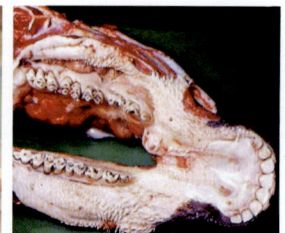

病牛的下颌骨肿胀　　下颌骨肿大，周围组织增生

牛放线菌病

注：犊牛大肠杆菌病、沙门氏菌病、牛结核、牛放线菌病的图片由潘耀谦教授拍摄

高效养殖致富直通车

高效养肉牛

主　编　魏刚才　王岩保
副主编　史凌杰　刘海琴　刘卫彩
编　者　(按姓氏笔画排列)
　　　　王岩保(鹤壁市畜牧局)
　　　　韦光辉(河南科技学院)
　　　　史凌杰(汝阳县畜牧局)
　　　　刘卫彩(新乡市牧野区农林畜牧局)
　　　　刘海琴(鹤壁市畜产品质量安全监测检验中心)
　　　　姚四新(河南科技学院)
　　　　常新耀(河南科技学院)
　　　　谢红兵(河南科技学院)
　　　　魏刚才(河南科技学院)

机械工业出版社

本书全面系统地介绍了肉牛的生物学特性及生长发育规律，肉牛的品种、杂交利用及繁殖，肉牛场的建设，肉牛的饲料营养和日粮配制，肉牛的饲养管理，肉牛的育肥，肉牛的疾病控制，肉牛场的经营管理等内容。为了使读者更好地掌握肉牛的养殖技术，书中配有"提示""注意"等栏目。

本书密切结合生产实际，注重科学性、实用性、系统性和先进性，重点突出，通俗易懂，不仅适于肉牛场饲养管理人员和养殖户阅读，也可以作为大专院校和农村函授及培训班的辅助教材和参考书。

图书在版编目（CIP）数据

高效养肉牛/魏刚才，王岩保主编．—北京：机械工业出版社，2015.2（2022.10 重印）
（高效养殖致富直通车）
ISBN 978-7-111-48375-5

Ⅰ.①高… Ⅱ.①魏… ②王… Ⅲ.①肉牛-饲养管理 Ⅳ.①S823.9

中国版本图书馆 CIP 数据核字（2014）第 248402 号

机械工业出版社（北京市百万庄大街 22 号　邮政编码 100037）
总　策　划：李俊玲　张敬柱　　　策划编辑：郎　峰　高　伟
责任编辑：郎　峰　高　伟　周晓伟　版式设计：赵颖喆
责任校对：王　欣　　　　　　　　责任印制：邰　敏
三河市宏达印刷有限公司印刷
2022 年 10 月第 1 版第 12 次印刷
140mm×203mm · 9.5 印张 · 2 插页 · 264 千字
标准书号：ISBN 978-7-111-48375-5
定价：39.80 元

电话服务　　　　　　　　　　　网络服务
客服电话：010-88361066　　　　机　工　官　网：www.cmpbook.com
　　　　　010-88379833　　　　机　工　官　博：weibo.com/cmp1952
　　　　　010-68326294　　　　金　书　网：www.golden-book.com
封底无防伪标均为盗版　　　　　机工教育服务网：www.cmpedu.com

高效养殖致富直通车
编审委员会

主　　任　赵广永
副 主 任　何宏轩　朱新平　武　英　董传河
委　　员（按姓氏笔画排序）

　　　　　丁　雷　刁有江　马　建　马玉华　王凤英　王自力
　　　　　王会珍　王凯英　王学梅　王雪鹏　占家智　付利芝
　　　　　朱小甫　刘建柱　孙卫东　李和平　李学伍　李顺才
　　　　　李俊玲　杨　柳　吴　琼　谷风柱　邹叶茂　宋传生
　　　　　张中印　张素辉　张敬柱　陈宗刚　易　立　周元军
　　　　　周佳萍　赵伟刚　郎跃深　南佑平　顾学玲　曹顶国
　　　　　盛清凯　程世鹏　熊家军　樊新忠　戴荣国　魏刚才

秘 书 长　何宏轩
秘　　书　郎　峰　高　伟

序

改革开放以来,我国养殖业发展非常迅速,肉、蛋、奶、鱼等产品产量稳步增加,在提高人民生活水平方面发挥着越来越重要的作用。同时,从事各种养殖业也已成为农民脱贫致富的重要途径。近年来,我国经济的快速发展为养殖业提出了新要求,以市场为导向,从传统的养殖生产经营模式向现代高科技生产经营模式转变,安全、健康、优质、高效和环保已成为养殖业发展的既定方向。

针对我国养殖业发展的迫切需要,机械工业出版社坚持高起点、高质量、高标准的原则,组织全国20多家科研院所的理论水平高、实践经验丰富的专家学者、科研人员及一线技术人员编写了这套"高效养殖致富直通车"丛书,范围涵盖了畜牧、水产及特种经济动物的养殖技术和疾病防治技术等。

丛书应用了大量生产现场图片,形象直观,语言精练、简洁,深入浅出,重点突出,篇幅适中,并面向产业发展需求,密切联系生产实际,吸纳了最新科研成果,使读者能科学、快速地解决养殖过程中遇到的各种难题。丛书表现形式新颖,大部分图书采用双色印刷,设有"提示""注意"等小栏目,配有一些成功养殖的典型案例,突出实用性、可操作性和指导性。

丛书针对性强,性价比高,易学易用,是广大养殖户和相关技术人员、管理人员不可多得的好参谋、好帮手。

祝大家学用相长,读书愉快!

中国农业大学动物科技学院

前　言

　　近年来，随着社会发展和经济水平的不断提高，人们膳食结构中的肉类品种也发生了很大变化，牛肉在肉类中的比重越来越大。同时，肉牛业的生产特点也特别符合我国社会经济发展要求。一是节粮。肉牛是草食家畜，可以利用大量的粗饲料资源，极大地减少了精饲料消耗，生产成本低。二是产品种类多，质量好。肉牛养殖不仅可以提供牛肉，而且可以提供牛皮。牛肉营养丰富，富含蛋白质、氨基酸。肉牛抗病力较强，饲料主要是粗饲料，饲料中药物的使用量大大减少，更符合绿色、健康的养殖理念。这极大地促进了肉牛养殖业的发展，使肉牛业成为许多地区经济发展的支柱产业。虽然我国肉牛业发展快速，养殖水平不断提高，但生产中存在的许多问题影响到肉牛业的养殖效益。为此，编者组织了长期从事养牛教学、科研和生产的有关专家编写了本书。

　　本书共分为八章，分别是肉牛的生物学特性及生长发育规律，肉牛的品种、杂交利用及繁殖，肉牛场的建设，肉牛的饲料营养和日粮配制，肉牛的饲养管理，肉牛的育肥，肉牛的疾病控制，肉牛场的经营管理。本书密切结合生产实际，注重科学性、实用性、系统性和先进性，重点突出，通俗易懂，不仅适于肉牛场饲养管理人员和养殖户阅读，也可以作为大专院校和农村函授及培训班的辅助教材和参考书。

　　需要特别说明的是，本书所用药物及其使用剂量仅供读者参考，不可照搬。在生产实际中，所用药物学名、常用名和实际商品名称有差异，药物浓度也有所不同，建议读者在使用每一种药物之前，参阅厂家提供的产品说明以确认药物用量、用药方法、用药时间及禁忌等。购买兽药时，执业兽医有责任根据经验和对患病动物的了解决定用药量及选择最佳治疗方案。

　　由于编者水平有限，本书可能存在很多不足之处，恳请广大读者和养牛业同行提出宝贵意见。

编　者

目 录

序

前言

第一章 肉牛的生物学特性及生长发育规律

第一节 肉牛的生物学特性 …… 1
  一、恋群性 ………… 1
  二、适应性 ………… 1
  三、采食和饮水特性 …… 1
  四、消化特性 ………… 4

第二节 肉牛的生长发育规律 ………… 6
  一、体重增长规律 ………… 6
  二、肉牛体内组织增长规律 ………… 7

第二章 肉牛的品种、杂交利用及繁殖

第一节 肉牛的品种分类及常见品种 ………… 8
  一、肉牛品种分类 ………… 8
  二、肉牛常见品种 ………… 9

第二节 肉牛的经济杂交 …… 24
  一、肉牛的选种方法 …… 24
  二、肉牛的经济杂交方法 ………… 26

第三节 肉牛的繁殖 ………… 28
  一、牛的繁殖特性 ………… 28
  二、母牛的发情及鉴定 …… 29
  三、母牛的配种 ………… 36
  四、妊娠及鉴定 ………… 49
  五、母牛的分娩 ………… 53
  六、繁殖新技术 ………… 58

第三章 肉牛场的建设

第一节 肉牛场的场址选择和规划布局 ………… 65
  一、肉牛场的场址选择 …… 65
  二、肉牛场的规划布局 …… 68

第二节 肉牛舍的建设 ……… 71
  一、肉牛舍的类型及特点 … 71
  二、肉牛舍的结构及要求 … 74
  三、肉牛舍的设计 ………… 76

第三节 肉牛场的设施和
　　　　设备………………… 81
　一、消毒设施……………… 81
　二、运动场………………… 81
　三、草库…………………… 83
　四、青贮窖或青贮池……… 83
　五、饲料加工场…………… 83
　六、储粪场………………… 84
　七、沼气池………………… 84
　八、地磅和装卸台………… 84
　九、排水设施与粪尿池…… 84
　十、清粪形式及设备……… 84
　十一、保定设备…………… 85
　十二、饲料生产与饲养
　　　　器具………………… 86

第四章　肉牛的饲料营养和日粮配制

第一节　肉牛的营养需要…… 87
　一、肉牛需要的营养物质… 87
　二、肉牛的饲养标准
　　　（营养需要）…………… 91
第二节　肉牛常用饲料
　　　　原料………………… 103
　一、粗饲料………………… 103
　二、青绿饲料……………… 107
　三、青贮饲料……………… 119
　四、能量饲料……………… 121
　五、蛋白质饲料…………… 132
　六、矿物质饲料…………… 141
　七、饲料添加剂…………… 144

第三节　饲料的配制 ……… 148
　一、日粮配方设计的
　　　原则 ………………… 148
　二、日粮配方的设计
　　　方法 ………………… 149
　三、日粮配方举例 ……… 152
第四节　饲料的加工调制…… 158
　一、精料的加工调制……… 158
　二、干草的处理加工……… 159
　三、青贮饲料的加工
　　　调制 ………………… 162
　四、秸秆饲料的加工调制… 167

第五章　肉牛的饲养管理

第一节　公牛的饲养管理…… 174
　一、育成公牛的饲养管理… 174
　二、种公牛的饲养管理…… 176
第二节　母牛的饲养管理…… 179
　一、育成母牛的饲养管理… 179
　二、空怀母牛的饲养管理 … 181
　三、妊娠母牛的饲养管理… 181
　四、哺乳母牛的饲养管理… 182
第三节　犊牛的饲养管理…… 185
　一、犊牛的饲养 ………… 185
　二、犊牛的管理 ………… 188

第六章 肉牛的育肥

第一节 育肥肉牛的一般饲喂技术和管理技术 …… 190
一、饲喂技术 ………… 190
二、管理技术 ………… 193
第二节 肉牛育肥技术 ……… 196
一、育肥方式 ………… 196
二、影响肉牛育肥效果的因素 ………… 198
三、不同类型牛的育肥 …… 199

第七章 肉牛的疾病控制

第一节 综合防治措施 ……… 220
一、做好隔离、卫生 …… 220
二、科学地饲养管理 …… 228
三、做好消毒工作 ……… 230
四、科学地免疫接种 …… 234
五、药物保健 ………… 234
第二节 常见病防治 ……… 238
一、传染病 ………… 238
二、寄生虫病 ………… 255
三、营养代谢病 ………… 262
四、中毒病 ………… 264
五、其他病 ………… 267

第八章 肉牛场的经营管理

第一节 经营预测和决策 …… 275
一、经营预测 ………… 275
二、经营决策 ………… 276
第二节 肉牛场的计划管理 ………… 279
一、编制计划的方法 …… 279
二、肉牛场主要生产计划 ………… 279
第三节 生产运行过程的经营管理 ………… 281
一、制度的制定 ………… 281
二、记录管理 ………… 282
三、定额管理 ………… 284
第四节 经济核算 ……… 287
一、资产核算 ………… 287
二、成本核算 ………… 288
三、赢利核算 ………… 290

附录 常见计量单位名称与符号对照表

参考文献

第一章
肉牛的生物学特性及生长发育规律

第一节　肉牛的生物学特性

一　恋群性

牛喜欢小群活动，一小群有3~5头，当有其他牛来到时，会引起争斗。新引进的牛要先进行大群饲养，待个体间互相熟悉后，再进行分群饲养，可减少争斗，防止产生不必要的损失，舍饲时最好采用对头式拴系，使牛有安全感，可解除它的后顾之忧，放心采食。

二　适应性

肉牛对环境适应性强。从其他地方引入的牛，只要自然环境接近，就能较快地适应新环境。在易地育肥时，产地与引入地的环境条件一致有助于肉牛的生长。肉牛对低温的适应能力强于对高温的，当环境温度超过27℃时，肉牛的采食量减少，并影响其生长。当环境温度低于8℃时牛的维持营养需要增加，采食量增加，又浪费饲料。

> 【提示】　牛舍要注意夏季防暑，舍内温度以控制在8~12℃为好，相对湿度不高于85%。

三　采食和饮水特性

1. 采食特点

（1）用舌将饲料卷入口腔　牛上腭无门齿，啃食能力较差，主要依靠长而灵活的舌将饲料卷入口腔。牛舌的肌肉发达、结实，表

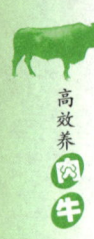

面粗糙，适于卷食草料。饲料首次通过口腔时不充分咀嚼，很快吞咽，牛舌卷入的异物是吐不出来的，如果饲料中混入铁丝、铁钉等尖锐物时，这些尖锐物就会随饲料进入胃内，当牛进行反刍时，胃壁强烈收缩，尖锐物受压会刺破胃壁，造成创伤性胃炎，有时还会刺伤与胃邻近的脏器（如横膈膜、心包、心脏等），并引起这些器官发炎。因此，饲喂前对饲料中的异物（毒草、铁钉、玻璃碴等）要剔除，防止牛误食并吞咽入胃中。

(2) **采食快而粗糙，不经细嚼即咽下，饱食后进行反刍** 当给牛饲喂整粒谷料时，大部分未经嚼碎而被咽下沉入瘤胃底，未能进行反刍便转入第三、第四胃，造成消化不完全（过料），最后整粒的饲料会随粪便排出。当给牛饲喂未经切碎或搅拌的块根、块茎类饲料时，常发生大块的根、茎饲料卡在食道部的现象，引起食道梗阻，可危及牛的生命，因此，饲喂牛的饲料要进行加工调制。

(3) **喜采食新鲜饲料** 肉牛喜采食新鲜饲料，饲喂时宜"少喂、勤添"。一次投喂过多，在饲槽中被牛拱食较久，又粘上牛鼻镜等处的分泌物，牛就不喜欢采食了，因此牛下槽后要及时清除剩草，并将其晾干或晒干后再喂。肉牛喜食青绿饲料、多汁饲料，其次是优质青干草，再次是低水分的青贮饲料；最不喜食的是秸秆类粗饲料。牛对青绿饲料、精饲料、多汁饲料和优质青干草采食快，对秸秆类饲料则采食慢；对精饲料，牛爱食拇指大小的颗粒料，但不喜欢吃粉料；将秸秆饲料铡短拌入精饲料或搅碎的块根、块茎饲料，可以增进牛的食欲和采食量。将秸秆饲料粉碎后与精饲料混合压成颗粒饲料，也可增加牛的采食量，并提高饲料利用率。

(4) **有较强的竞食性** 即在自由采食或群养时互相抢食，可用这一特性来增加粗饲料的采食量。日粮中磷、钙或食盐不足，牛会舔土、舔盐、碱渍、尿渍等，这时应检查饲料日粮，补充欠缺的矿物质元素。

(5) **不能采食过矮的牧草** 牛没有上门齿，不能采食过矮的牧草，故在早春季节，牧草生长高度不超过 5cm 时不要放牧，否则牛难以吃饱，并因"跑青"而过分消耗体力，也会由于抢食行进速度过快，践踏牧草，造成浪费。

（6）采食时大量分泌唾液 牛在采食时会分泌大量的唾液，特别是在饲喂干粗饲料含量高的日粮时，唾液的分泌量更多，唾液可以湿润草料，使其形成食团，便于咀嚼，也便于吞咽和反刍。牛的唾液呈碱性，pH 约为 8.2，可中和瘤胃内由细菌作用产生的有机酸，使瘤胃的 pH 维持在 6.5～7.5 之间，这也给瘤胃微生物繁殖提供了适宜的条件。

（7）放牧时易游走或惊群 放牧牛时受到应激容易追赶或惊群。应保持相对安静，减少追赶和游走时间，防止惊群或狂奔。当游走时间多时，采食时间会相对减少，运动量增加，消耗能量增多，增重下降。为寻找好草而驱赶放牧时，容易导致采食不均，草地遭践踏，优质牧草易被淘汰，劣草、毒草易繁殖，破坏植被，降低草地生产力，甚至破坏草地生态系统。

> 【提示】 放牧时牛容易误食毒草，特别是冬季一直采食枯草的牛，初在青草地上放牧，很容易误食毒草而中毒。

2. 采食时间

自由采食，每天的采食时间为 6～7h。若饲草粗糙，如草长、秸秆等，则采食时间更长。当日粮质量差时，应延长饲喂时间；若饲用的饲草软、嫩（短草、鲜草），采食时间就短。

肉牛具有早晚采食和夜间采食的习性，可早晚饲喂精饲料，夜间让其自由采食粗饲料。舍饲时牛舍环境的温度也影响牛的采食，当气温低于 20℃时，有 68% 的采食时间在白天；当气温在 27℃时，仅有 37% 的采食时间在白天，因此夏天可以夜饲为主，特别是夏季白天气温高，采食时间缩短，采食量不足时，更应加强夜饲。当冬季舍饲饲料质量较差时，也要延长饲喂时间或加强夜间饲喂（添夜草）。

3. 采食量

牛一昼夜的采食量与其体重相关，相对采食量随体重增加而减少，如育肥的周岁牛体重为 250kg 时，日采食干物质量可达其体重的 2.8%；体重为 500kg 时，则采食量为其体重的 2.3%。膘情好的牛，按单位体重计算的采食量低于膘情差的牛；健康牛的采食量则

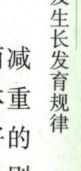

比瘦弱牛多。牛对切短的干草比长草采食量要大，对草粉的采食量要少，若把草粉制成颗粒，其采食量可增加近50%。当日粮中营养不全时，牛的采食量减少；当日粮中精饲料增加时，牛的采食量也随之增加；但当精饲料量占日粮的30%以上时，对干物质的采食量不再增加；若精饲料占日粮的70%以上时，采食量反而下降。日粮中脂肪含量超过6%时，粗纤维的消化率下降；日粮中脂肪含量超过12%时，牛的食欲受到抑制。此外，安静的环境、延长采食时间，均可增加采食量。

放牧的肉牛，日采食鲜草量占其活重的10%左右，日采食干物质6～12kg。放牧的普通黄牛、西门塔尔牛、夏洛莱牛等，日采食牧草口数约2.4万口，平均每分钟采食50～80口；放牧的牦牛日采食牧草口数为1.54万～3.75万口，平均每分钟采食48口。

4. 饮水

牛饮水时把嘴插进水里吸水，鼻孔露在水面上，一般每天至少饮水4次，饮水行为多发生在午前和傍晚，很少在夜间或黎明时饮水。饮水量因环境温度和采食饲料的种类不同而有较大差异，一般每天饮水15～30L。饮水量可按干物质与水1∶5左右的比例供给。冬天应饮温水，水温不低于15℃，冰冷水最好将水加热到10～25℃再喂，以促进采食量和肠胃的消化吸收，对减少体热的消耗也有好处。牛忌饮冰碴水，否则容易引发消化不良，从而诱发消化道疾病。

肉牛在高温状态下，主要依靠水分蒸发来散发体热，饮水充足有利于体液蒸发，可以带走多余的体热。夏季肉牛的饮水量可较平时增加30%～50%，饮水不足时，牛的耐热性能下降。因此，应给肉牛提供无限制的、新鲜的、干净的饮水。水质要符合饮用水卫生标准，每次饮水后，应将水槽洗净。水槽应放在阴凉、肉牛容易走到的地方。

> 【提示】 夏季最好用凉水或深井水或新放出的自来水喂牛，并可适量加入一些盐或口服补液盐，以补充体内电解质。

四 消化特性

1. 反刍特性

牛是反刍动物，消化系统主要由胃肠道和其消化液分泌腺体组成，有4个胃，从前向后分别称为瘤胃、网胃（蜂窝胃）、瓣胃和皱胃（真胃）。

> 【提示】 牛的消化生理最突出的特点是可以依靠瘤胃微生物消化粗饲料，合成可为动物利用的营养物质。

当牛在采食后休息时，才把食物从瘤胃返回到口腔，进行充分的咀嚼，这就是反刍。反刍是一个生理过程，牛反刍行为的建立与瘤胃的发育有关，犊牛一般在3~4月龄开始出现反刍，成年牛每天反刍9~16次，每次15~45mm，牛在昼夜中采食的时间为6~7h，反刍的时间为7~8h，反刍时需要安静的环境。

经过反刍可将饲料磨碎，可使饲料暴露表面积更大，有助于微生物对粗纤维的消化。反刍不能提高消化率，只能增加牛利用的饲料总量，因为饲料颗粒必须小到一定细度才能通过瘤胃。反刍时，每一个柔软的饲料团（食团），从瘤胃经食管到口腔需要的时间不到1s。每个食团的咀嚼时间约1min，然后全部吞咽。采食优质牧草用的反刍时间少，过瘤胃的速度快，因此采食量较大。牛采食的粗饲料量最多不应该超过反刍9h的数量，否则容易引起消化性和营养性疾病。

2. 食管沟反射

牛的食管沟是起始于贲门，向下延伸至网、瓣胃间的半开放孔道，是食管的延续。早期的犊牛瘤胃不具备消化牛奶和饲料的能力，只有皱胃具备这些功能。犊牛吮吸奶汁时食管沟收缩，将乳汁直接送入皱胃中。食管沟的闭合为反射性的，一些无机盐能刺激食管沟收缩，促使其闭合。在牛的生产中，经常利用食管沟反射的功能给成年牛投药，使药液直接进入瓣胃和皱胃，减少瘤胃微生物对药物的分解。

3. 瘤胃消化

瘤胃是肉牛对饲料营养物质进行消化利用的重要器官，瘤胃壁没有消化腺，不分泌胃液，只有皱胃是能分泌胃液的真胃；但瘤胃含有大量微生物，每克瘤胃内容物中有500亿~1000亿个细菌和20万~200万个纤毛虫。瘤胃具有适于微生物繁衍的环境条件，如适宜

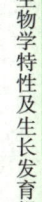

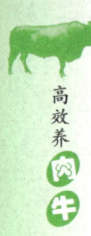

的温度（39～40.5℃），适宜的酸碱度（pH 5.0～7.5），以及厌氧的环境，瘤胃微生物依靠饲料中所提供的能量和粗蛋白质、微量元素和维生素而进行生长和繁殖，同时发酵饲料中的碳水化合物生成挥发性脂肪酸、合成菌体蛋白质以供牛体利用。瘤胃微生物可以合成B族维生素和维生素K，一般情况下可以满足牛的需要，不必考虑在饲料中另外添加。

> 【提示】 牛采食过量精饲料后，会产生一种以在瘤胃内积蓄大量乳酸为特征的全身性代谢紊乱的疾病。一般发病后呈现消化系统紊乱、血酸过高；当出现一系列全身性酸中毒症状而不及时治疗或正确用药会造成死亡，给养牛业造成一定损失。

第二节 肉牛的生长发育规律

肉牛在生长发育过程中，各阶段的增重及组织的生长是不同的，也是有规律的。

一 体重增长规律

体重是反映肉牛生长情况最直观、最常用的指标，主要有初生重、断奶体重、周岁体重、成年体重、平均日增重等指标。肉牛的生长曲线呈S形，即犊牛出生后的最初阶段生长较慢，之后生长加快，接近初情期的年龄或体重时，生长开始减缓，然后逐渐缓慢生长，直至达到成年体重。所以，初情期前后的一段时间是肉牛的快速生长期。

正常的饲料条件、饲养管理条件下，肉牛体的每月绝对增重是随着年龄增长而增加的，而每月的相对增重（当月增重÷月初增重×100）是随着年龄增长而下降的，到了成年则稳定在一定水平。除此而外，牛的增重还受性别、年龄、遗传及饲养管理等影响。因此，在生产中一定年龄的公、母牛要分开饲养，饲养标准严格按照营养需要配制，使其充分发育。

肉牛有"补偿性生长"的特点，即在某一阶段由于饲料或管理原因造成肉牛生长发育受阻，一旦恢复高饲养水平，牛体重增长速度大大增加，会在一段时间后达到正常体重。尽管如此，但由于饲养期延长，总的饲料消耗成本增加，所以，这种饲养方法并不可取。

二 肉牛体内组织增长规律

体内组织增长规律主要指骨骼、肌肉、脂肪等的生长规律。犊牛出生时腿相对较长，和整体结构不成比例，体高发育较早，体长、体宽发育较晚。幼龄阶段，骨骼生长较快，以后则躯干生长较快。早期的生长重点是头、四肢和骨骼，中期转为体长和肌肉的生长，后期是脂肪和体重的增加。通常情况下，牛的肌肉生长速度从快到慢，如初生到8月龄是肌肉生长最快的时期，其生长系数为5.3，而8月龄到12月龄其生长系数降为1.7，到1.5岁时其生长系数降为1.2。肌肉生长在出生后主要是肌肉纤维体积增大，并随年龄的增长，肉的纹理变粗，故老龄牛的肉质粗硬。肌肉中脂肪沉积发生在相对较晚时间，1岁以上的牛较易形成大理石状脂肪沉积。高能日粮饲喂1周岁达到成年体型，其骨骼和肌肉生长达到高峰的阉牛，其增重主要表现为脂肪量的增加，可以强化大理石纹理的形成。肉牛从断奶到性成熟，其骨骼和肌肉生长较为强烈，各种组织器官相应增大，性机能开始活动，体躯结构和消化类型趋于固定，其骨骼和体型主要向宽深度发展。

犊牛出生后发育是否良好，与母牛妊娠期的营养状况密切相关，因为胚胎期的营养由母体供给，所以培育好犊牛应从胚胎期开始。胚胎后期增重较快，特别是妊娠后期或产前的2~3个月。此外，品种、性别对肉牛体组织各部分的生长也有一定影响，早熟品种牛的肌肉和脂肪生长速度较晚熟品种快，而不同性别对脂肪的生长影响较大，公牛肌肉生长快，脂肪生长速度较慢，阉牛的脂肪沉积快于公牛，母牛较易长脂肪。

> 【提示】 饲养肉牛时要充分利用其生长发育速度快的时期，使其得到充分生长。在生长发育快的阶段，体组织中蛋白质含量高，水分含量高，脂肪含量少，肉牛对饲料的利用率相应提高。只强调后期育肥，从经济上是不合算的。

第二章
肉牛的品种、杂交利用及繁殖

核心提示

不同品种的牛，育肥期增重速度不一样，肉用品种牛的增重速度比本地黄牛（耕牛）快。我国黄牛品种丰富，大量利用国外肉牛品种和我国地方品种母牛杂交产生的改良牛作为育肥牛，其生长速度、饲料利用率和肉的品质都超过本地品种。

第一节　肉牛的品种分类及常见品种

一　肉牛品种分类

肉牛品种按照体型大小分为下列3类。

1. 中、小型早熟品种

体型较小，一般成年公牛体重550～700kg，成年母牛体重400～500kg。成年母牛体高在127cm以下的为小型，128～136cm的为中型。生长快，胴体脂肪含量多，皮下脂肪厚。如美国海福特、短角牛。

2. 大型品种

体型大，一般成年公牛体重1000kg以上，成年母牛体重700kg以上，成年母牛体高在136cm以上。肌肉发达、脂肪少，生长快，但晚熟。如法国的夏洛莱等。

3. 兼用品种

指具有两个生产力方向的牛品种。包括乳肉、肉乳或肉役兼用等不同类型。

二 肉牛常见品种

1. 国外肉牛品种

（1）夏洛莱牛

【产地及分布】夏洛莱牛原产于法国中西部到东南部的夏洛莱省和涅夫勒地区，是古老的大型役用牛，18世纪经过长期严格的本品种选育而成为举世闻名的大型肉牛品种。以其生长快、肉量多、体型大、耐粗放等优点受到国际市场的广泛欢迎，输往世界许多国家，参与新型肉牛品种的育成、杂交繁育，或在引入国进行纯种繁殖。

【外貌特征】最显著的特点是被毛为白色或乳白色，皮肤常有色斑；全身肌肉特别发达；骨骼结实，四肢强壮，体力强大。夏洛莱牛的头小而宽，角圆而较长，并向前方伸展，角质蜡黄，颈粗短，胸宽深，肋骨方圆，背宽肉厚，体躯呈圆筒状，后躯、背腰和肩胛部肌肉发达，并向后和侧面凸出，常形成"双肌"特征。公牛常有双鬐甲和凹背的缺点。成年活重，公牛平均为1100~1200kg，母牛700~800kg。

【生产性能】生长速度快，增重快，瘦肉多。且肉质好，无过多的脂肪。在良好的饲养条件下，6月龄公犊可以达250kg，母犊210kg。日增重可达140g。在加拿大，良好饲养条件下周岁公牛可达511kg。该牛作为专门化大型肉用牛，产肉性能好，屠宰率一般为60%~70%，胴体瘦肉率为80%~85%。16月龄的育肥母牛胴体重达418kg，屠宰率66.3%。夏洛莱母牛的泌乳量较高，一个泌乳期可产奶2000kg，乳脂率为4.0%~4.7%，但作为纯种繁殖时难产率较高（13.7%）。夏洛莱牛有良好的适应能力，耐旱抗热，冬季严寒不夹尾，不拱腰，盛夏不热喘，采食正常。夏季全日放牧时，采食快、觅食能力强，在不额外补饲的条件下，也能增重上膘。我国引进的夏洛莱母牛发情周期为21天，发情持续期36h，产后第一次发情时间为62天，妊娠期平均为286天。

> 【提示】 夏洛莱与我国本地黄牛的母牛杂交，杂种优势明显。夏杂一代具有父系品种的明显特征，毛色多为乳白或草黄色，体格略大、性情温驯且耐粗饲易于饲养管理，生长速度较快。

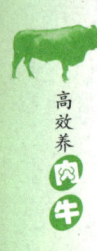

(2) 利木赞牛（利木辛牛）

【产地及分布】原产于法国中部的利木赞高原。在法国主要分布在中部和南部的广大地区，数量仅次于夏洛莱牛，育成后于20世纪70年代初，输入欧美各国，现在世界上许多国家都有该牛分布，属于专门化的大型肉牛品种。

【外貌特征】毛色为红色或黄色，背毛浓厚而粗硬，有助于抗拒严寒的放牧生活。口鼻周围、眼圈周围、四肢内侧及尾帚毛色较浅（即称"三粉特征"），角为白色，蹄为红褐色。头较短小，额宽，胸部宽深，体躯较长，后躯肌肉丰满，四肢粗短。利木赞牛全身肌肉发达，骨骼比夏洛莱牛略细，因而一般较夏洛莱牛小一些。平均成年体重：公牛1100kg、母牛600kg；在法国较好的饲养条件下，公牛活重可达1200~1500kg，母牛活重达600~800kg。

【生产性能】产肉性能高，胴体质量好，眼肌面积大，前后肢肌肉丰满，出肉率高，在肉牛市场上很有竞争力，其育肥牛屠宰率在65%左右，胴体瘦肉率为80%~85%，且脂肪少、肉味好、市场售价高。在集约饲养条件下，犊牛断奶后生长很快，10月龄体重即达408kg，周岁时体重可达480kg左右，哺乳期平均日增重为0.86~1.0kg。该牛8月龄的小牛就可生产出具有大理石纹的牛肉。因此，其是法国等一些欧洲国家生产牛肉的主要品种。

我国从法国引入利木赞牛，在河南、山东、内蒙古等地改良当地黄牛，杂种优势明显。利杂牛体型改善，肉用特征明显，生长强度增大。

> 【提示】由于利木赞牛的犊牛出生体格小，具有快速的生长能力，以及良好的体躯长度和令人满意的肌肉量，因而被广泛用于经济杂交来生产小牛肉。

(3) 皮埃蒙特牛

【产地及分布】原产于意大利北部的皮埃蒙特地区，原为役用牛，经长期选育，现已成为生产性能优良的专门化肉用品种。因其具有双肌肉基因，因此是目前国际公认的终端父本，已被世界上22个国家引进，用于杂交改良。

【外貌特征】 该牛体躯发育充分，胸部宽阔、肌肉发达、四肢强健，公牛毛色为灰色，眼、睫毛、眼睑边缘、鼻镜、唇以及尾巴端为黑色，肩胛毛色较深。母牛毛色为全白，有的个体眼圈为浅灰色，眼睫毛、耳郭四周为黑色，犊牛幼龄时毛色为乳黄色，4~6月龄胎毛退去后，呈成年牛毛色。牛角在12月龄变为黑色，成年牛的角底部为浅黄色，角尖为黑色。体型较大，体躯呈圆筒状，肌肉高度发达。成年体重：公牛不低于1000kg，母牛平均为500~600kg。平均体高公牛和母牛分别为150cm和136cm。

【生产性能】 肉用性能十分突出，其育肥期平均日增重1500g（1360~1657g），生长速度为肉用品种之首。公牛屠宰适期为550~600kg活重时，一般在15~18月龄即可达到此值。母牛14~15月龄体重可达400~450kg。其肉质细嫩，瘦肉含量高，屠宰率一般为65%~70%。经试验测定，该品种公牛屠宰率可达到68.23%，胴体瘦肉率达84.13%，骨骼13.6%，脂肪仅占1.5%。每100g肉中所含胆固醇的含量只有48.5mg。

南阳地区对南阳牛的杂交改良，已显示出良好的效果。通过244天的育肥，2000多头皮杂后代创造了18月龄耗料800kg、体重500kg、眼肌面积114.1cm^{2}的国内最佳纪录，生长速度达国内肉牛领先水平。

> 【提示】 我国已展开了皮埃蒙特牛的杂交改良。从意大利引进冻精及胚胎，在山东高密、河南南阳及黑龙江齐齐哈尔等地设有胚胎中心。

（4）比利时蓝白牛

【产地及分布】 原产于比利时王国的南部，占该国牛群的40%。该品种能够适应多种生态环境，在山地和草原都可饲养，是欧洲市场较好的双肌大型肉牛品种。

【外貌特征】 毛色主要是蓝白色和白色，也有少量带黑色毛片的牛。体躯强壮，背直，肋圆。全身肌肉极度发达，臀部丰满，后腿肌肉凸出。温顺易养。

【生产性能】 成年体重：公牛1250kg，母牛750kg。早熟，幼龄

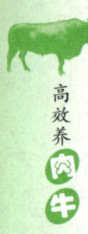

公牛可用于育肥。经育肥的蓝白牛，胴体中可食部分的比例大，优等者，胴体中含肌肉70%、脂肪13.5%、骨骼16.5%。胴体一级切块率高，即使前腿肉也能形成较多的一级切块。肌肉纤维细，肉质嫩，肉质完全符合国际市场的要求。

> 【提示】 比利时蓝白牛作为父本，与荷斯坦牛或地方黄牛杂交，杂交效果良好。犊牛初生重达50kg以上。适于作商品肉牛杂交的终端父本。

(5) 海福特牛

【产地及分布】 原产于英格兰西部的海福特郡。是世界上最古老的中小型早熟肉牛品种，现分布于世界上许多国家。

【外貌特征】 具有典型的肉用牛体型，分为有角和无角两种。颈粗短，体躯肌肉丰满，呈圆筒状，背腰宽平，臀部宽厚，肌肉发达，四肢短粗，侧望体躯呈矩形。全身被毛除头、颈垂、腹下、四肢下部及尾尖为白色外，其余均为红色，皮肤为橙黄色，角为蜡黄色或白色。

【生产性能】 成年母牛体重平均520~620kg，公牛900~1100kg；犊牛初生重28~34kg。该牛7~18月龄的平均日增重为0.8~1.3kg；在良好饲养条件下，7~12月龄的平均日增重可达1.4kg以上。据载，加拿大的1头公牛，育肥期日增重高达2.77kg。屠宰率一般为60%~65%，18月龄公牛活重可达500kg以上。该品种牛适应性好，在干旱高原牧场冬季严寒（-48~-50℃）的条件下，或夏季酷暑（38~40℃）条件下，都可以放牧饲养和正常生活繁殖，表现出良好的适应性和生产性能。

> 【提示】 与本地黄牛杂交，海杂牛体格加大，体型改善，宽度提高；犊牛生长快，抗病耐寒，适应性好，体躯被毛为红色，但头、腹下和四肢部位多为白毛。

(6) 短角牛

【产地及分布】 原产于英格兰东北部的诺森伯兰郡、达勒姆郡。

最初只强调育肥，到20世纪初已培育成为世界闻名的肉牛良种。近代短角牛的两种类型：即肉用短角牛和乳肉兼用型短角牛。

【外貌特征】肉用短角牛被毛以红色为主，有白色和红白交杂的沙毛个体，部分个体腹下或乳房部有白斑；鼻镜粉红色，眼圈色浅；皮肤细致柔软。该牛体型为典型肉用牛体型，侧望体躯为矩形，背部宽平，背腰平直，尻部宽广、丰满，股部宽而多肉。体躯各部位结合良好，头短，额宽平；角短细、向下稍弯，角呈蜡黄色或白色，角尖部为黑色，颈部被毛较长且多卷曲，额顶部有丛生的被毛。

【生产性能】该牛活重：成年公牛平均900~1200kg，母牛600~700kg；公、母牛体高分别为136cm和128cm左右。早熟性好，肉用性能突出，利用粗饲料能力强，增重快，产肉多，肉质细嫩。17月龄活重可达500kg，屠宰率为65%以上。大理石纹好，但脂肪沉积不够理想。

在东北、内蒙古等地用短角牛改良当地黄牛，杂种牛毛色紫红、体型改善、体格加大、产乳量提高，杂种优势明显。

> 【提示】乳用短角牛同吉林、河北和内蒙古等地的土种黄牛杂交育成了乳肉兼用型新品种——草原红牛。其乳肉性能得到全面提高，表现出了很好的杂交改良效果。

（7）安格斯牛

【产地及分布】属于古老的小型肉牛品种。原产于英国的阿伯丁、安格斯和金卡丁等郡，因此而得名。目前世界上大多数国家都有该品种牛。

【外貌特征】安格斯牛以被毛黑色和无角为重要特征，故也称无角黑牛，也有红色类型的安格斯牛。该牛体躯低矮、结实，头小而方，额宽，体躯宽深，呈圆筒形，四肢短而直，前后裆较宽，全身肌肉丰满，具有现代肉牛的典型体型。

【生产性能】安格斯牛成年公牛平均活重700~900kg，母牛500~600kg，犊牛平均初生重25~32kg，成年体高公、母牛分别为130.8cm和118.9cm。安格斯牛具有良好的肉用性能，被认为是世界上专门化肉牛品种中的典型品种之一。表现早熟，胴体品质高，出

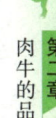

肉多。屠宰率一般为60%~65%，哺乳期日增重900~1000g。育肥期日增重（1.5岁以内）平均0.7~0.9kg。肌肉大理石纹很好。

> 【提示】 安格斯牛适应性强，耐寒抗病。缺点是母牛稍具神经质。

2. 国外兼用牛品种

兼用品种是肉乳兼用或乳肉兼用的育成品种。

（1）西门塔尔牛

【产地及分布】原产于瑞士西部的阿尔卑斯山区，主要产地为西门塔尔平原和萨能平原。在法国、德国、澳大利亚等国边邻地区也有分布。现成为世界上分布最广、数量最多的乳、肉、役兼用品种之一。

【外貌特征】属宽额牛，角较细而向外上方弯曲，尖端稍向上。毛色为黄白花或红白花，身躯缠有白色胸带，腹部、尾梢、四肢、在腓节和膝关节以下为白色。颈长中等，体躯长。属欧洲大陆型肉用体型，体表肌肉群明显易见，臀部肌肉充实，尻部肌肉深、多呈圆形。前躯较后躯发育好，胸深，尻宽平，四肢结实，大腿肌肉发达，乳房发育好。

【生产性能】成年公牛体重平均800~1200kg，母牛650~800kg。乳、肉用性能均较好，平均产奶量为4070kg，乳脂率3.9%。在欧洲良种登记牛中，年产奶4540kg者约占20%。生长速度较快，平均日增重可达1.0kg以上，生长速度与其他大型肉用品种相近，胴体肉多，脂肪少而分布均匀，公牛育肥后屠宰率可达65%左右。成年母牛难产率低，适应性强，耐粗放管理。兼具乳牛和肉牛特点的典型品种。

用该品种改良各地的黄牛，都取得了比较理想的效果。西门塔尔牛与当地黄牛的F1代、F2代2岁牛体重分别比黄牛体重提高24.18%和24.13%，其中F2代牛的屠宰率比黄牛提高9.25个百分点。在产奶性能上，从全国商品牛基地县的统计资料来看，207天的泌乳量，西杂一代为1818kg，西杂二代为2121.5kg，西杂三代为2230.5kg。

(2) 德国黄牛

【产地及分布】原产德国和奥地利,其中德国数量最多,由瑞士褐牛与当地黄牛杂交选育而成。

【外貌特征】毛色为浅黄(奶油色)到浅红色,体躯长,体格大,胸深,背直,四肢短而有力,肌肉强健。母牛乳房大,附着结实。

【生产性能】成年牛活重:公牛 900~1200kg,母牛 600~700kg;体高分别为 145~150cm 和 130~134cm。屠宰率62%,净肉率56%,分别高于南阳牛5.7和4.9个百分点。泌乳期产乳量4164kg,乳脂率4.15%(据1970年良种簿登记资料),比南阳牛高4倍多。母牛初产年龄为28个月,犊牛初生重平均为42kg,难产率很低。小牛易育肥,肉质好,屠宰率高。阉牛育肥至18月龄时体重达500~600kg。

> 【提示】 国内许多地方拟选用该品种改良当地黄牛。河南省南阳牛育种中心、陕西省秦川肉牛良种繁育中心引进饲养了大批量的德国黄牛。

(3) 丹麦红牛

【产地及分布】原产于丹麦的西南岛、洛兰岛及默恩岛。于1878年育成,以泌乳量高、乳脂率高及乳蛋白率高而闻名于世,现在许多国家都有分布。

【外貌特征】被毛呈一致的紫红色,不同个体间也有毛色深浅的差别;部分牛只的腹部、乳房和尾帚部生有白毛。该牛体躯长而深,胸部向前凸出;背腰平直,尻宽平;四肢粗壮结实;乳房发达而匀称。

【生产性能】成年牛活重,公牛 1000~1300kg,母牛 650kg;其体高分别为公牛148cm和母牛132cm;犊牛初生重40kg。产肉性能较好,屠宰率平均54%,育肥牛胴体瘦肉率65%。犊牛哺乳期日增重较高,平均为0.7~1.0kg。性成熟早,耐粗饲、耐寒、耐热、采食快,适应性强。丹麦红牛的产乳性能也好,据1989~1990年年鉴记载,丹麦红牛的年平均产奶量为6712kg,乳脂率为4.21%,乳蛋白率为3.30%,高产个体305天奶量超过10000kg。

用丹麦红牛改良我国地方黄牛,效果良好。如改良秦川牛,丹

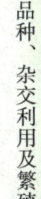

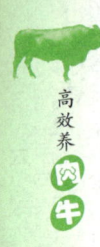

秦杂种一代公、母犊牛初生重比秦川牛分别提高24.1%和49.2%，30、90、180、360日龄体重分别比本地秦川牛提高了43.9%、30.6%、4.5%和23.0%。丹秦杂种牛背腰宽广，后躯宽平，乳房大。杂种一代牛在农户饲养的条件下，第一泌乳期225.2天泌乳2015kg，杂种优势十分明显。

3. 国内培育的肉用牛品种

（1）夏南牛

【产地及分布】夏南牛育成于河南省泌阳县，目前分布于全国各地。夏南牛体质健壮，抗逆性强，性情温顺，行动较慢；耐粗饲，食量大，采食速度快，耐寒冷，耐热性能稍差。

【外貌特征】毛色纯正，以浅黄、米黄色居多。公牛头方正，额平直，成年公牛额部有卷毛，母牛头清秀，额平稍长；公牛角呈锥状，水平向两侧延伸，母牛角细圆，致密光滑，多向前倾；耳中等大小，鼻镜为肉色。颈粗壮，平直。成年牛结构匀称，体躯呈长方形，胸深而宽，肋圆，背腰平直，肌肉比较丰满，尻部长、宽、平、直。四肢粗壮，蹄质坚实，蹄壳多为肉色。尾细长。母牛乳房发育较好。

【生产性能】公、母牛平均初生重38kg和37kg，18月龄公牛体重达400kg以上，成年公牛体重可达850kg以上。24月龄母牛体重达390kg，成年母牛体重可达600kg以上。母牛经过180天的饲养试验，平均日增重1.11kg，公牛经过90天的集中强度育肥，日增重达1.85kg。未经育肥的18月龄夏南公牛屠宰率60.13%，净肉率48.84%，眼肌面积117.7cm²，熟肉率58.66%，肌肉剪切力值2.61，肉骨比4.81:1，优质肉切块率38.37%，高档牛肉率14.35%。夏南牛初情期平均432天，最早290天；发情周期平均20天；初配时间平均490天；怀孕期平均285天；产后发情时间平均为60天；难产率1.05%。

> 【提示】夏南牛是以法国夏洛莱牛为父本，以南阳牛为母本，采用杂交创新、横交固定和自群繁育三个阶段，用开放式育种方法培育而成的肉用牛新品种，是中国第一个具有自主知识产权的肉用牛品种。

(2) 延黄牛

【产地及分布】 延黄牛的中心培育区在吉林省东部的延边朝鲜族自治州,以州内的图们市、龙井市农村和州东盛种牛场为核心区。

【外貌特征】 延黄牛全身被毛颜色均为黄红色或浅红色,股间色浅;公牛角较粗壮,平伸;母牛角细,多为龙门角。骨骼坚实,体躯结构匀称,结合良好;公牛头较短宽;母牛头较清秀,尻部发育良好。

【生产性能】 屠宰前短期育肥18月龄公牛平均宰前活重432.6kg,胴体重255.7kg,屠宰率59.1%,净肉率48.3%,日增重0.8~1.2kg。母牛初情期8~9月龄,初配期13~15月龄,农村一般延后至20月龄。公牛14月龄发情周期20~21天,持续期约20h,平均妊娠期283~285天;公牛初生重平均30.9kg,母牛28.8kg。

> 【提示】 延黄牛是以利木赞牛为父本,以延边黄牛为母本,采用杂交—回交—自群繁育、群体继代选育几个阶段而形成的肉牛品种。

(3) 辽育白牛

【产地及分布】 辽育白牛培育于辽宁省黑山县。分布在辽宁多个地市。

【外貌特征】 辽育白牛全身被毛呈白色或草白色,鼻镜肉色,蹄角多为蜡色;体型大,体质结实,肌肉丰满,体躯呈长方形;头宽且稍短,额阔唇宽,耳中等偏大,大多有角,少数无角;颈粗短,母牛平直,公牛颈部隆起,无肩峰,母牛颈部和胸部多有垂皮,公牛垂皮发达;胸深宽,肋圆,背腰宽厚、平直,尻部宽长,臀端宽齐,后腿部肌肉丰满;四肢粗壮,长短适中,蹄质结实;尾中等长度;母牛乳房发育良好。

【生产性能】 辽育白牛成年公牛体重910.5kg,母牛体重451.2kg;初生重公牛41.6kg,母牛38.3kg;6月龄体重公牛221.4kg,母牛190.5kg;12月龄体重公牛366.8kg,母牛280.6kg;24月龄体重公牛624.5kg,母牛386.3kg。辽育白牛6月龄断奶后持续育肥至18月龄,宰前重、屠宰率和净肉率分别为561.8kg、58.6%和49.5%;持续育肥

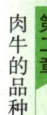

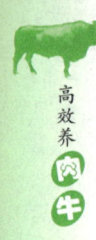

至22月龄，宰前重、屠宰率和净肉率分别为664.8kg、59.6%和50.9%。11~12月龄体重350kg以上、发育正常的辽育白牛，短期育肥6个月，体重达到556kg。母牛初配年龄为14~18月龄、产后发情时间为45~60天；公牛适宜初采年龄为16~18月龄；人工授精期受胎率为70%，适繁母牛的繁殖成活率达84.1%以上。

> 【提示】 以夏洛莱牛为父本，以辽宁本地黄牛为母本级进行杂交后，在第4代的杂交群中选择优秀个体进行横交和有计划选育，采用开放式育种体系，坚持档案组群，形成了辽育白牛。其是经国家畜禽遗传资源委员会审定通过的肉牛新品种。

4. 国内培育的兼用牛品种

（1）三河牛

【产地及分布】 三河牛产于内蒙古呼伦贝尔草原的三河（根河、得勒布尔河、哈布尔河）地区。是我国培育的第一个乳肉兼用品种，含西门塔尔牛血统。

【外貌特征】 三河牛毛色以黄白花、红白花片为主，头白色或有白斑，腹下、尾尖及四肢下部为白色毛。头清秀，角粗细适中，体躯高大，骨骼粗壮，结构匀称，肌肉发达，性情温驯。角稍向上向前弯曲。

【生产性能】 平均活重，公牛为1050kg，母牛为547.9kg；体高分别为公牛156.8cm和母牛131.8cm。初生重，公牛为35.8kg，母牛为31.2kg。三河牛年产乳量在2000kg左右，若条件好时可达3000~4000kg，乳脂率一般在4%以上。该牛产肉性能良好，未经育肥的阉牛，屠宰率一般为50%~55%，净肉率44%~48%，肉质良好，瘦肉率高。

> 【提示】 三河牛由于个体间差异很大，在外貌和生产性能上，表现均不一致，有待于进一步改良提高。

（2）草原红牛

【产地及分布】 草原红牛是由吉林省白城地区、内蒙古赤峰市、锡林郭勒盟南部和河北省张家口地区联合育成的一个兼用型新品种，于1985年正式命名为"中国草原红牛"。

【外貌特征】大部分有角，角多伸向前外方，呈倒八字形，略向内弯曲。全身被毛为紫红色或红色，部分牛的腹下或乳房有白斑；鼻镜、眼圈粉红色。体格中等大小。

【生产性能】成年活重，公牛为700~800kg，母牛450~500kg；初生重，公牛为37.3kg，母牛为29.6kg；成年牛体高，公牛为137.3cm，母牛为124.2cm。在以放牧为主的条件下，第一胎平均泌乳量为1127.4kg，年均产乳量为1662kg；泌乳期为210天左右。18月龄阉牛经放牧育肥，屠宰率达50.84%，净肉率40.95%。短期育肥牛的屠宰率和净肉率分别达到58.1%和49.5%，肉质良好。

> 【提示】草原红牛适应性好，耐粗放管理，对严寒酷热的草场条件耐力强，且发病率很低；繁殖性能良好，繁殖成活率为68.5%~84.7%。

(3) 新疆褐牛

【产地及分布】原产于新疆伊犁、塔城等地区。由瑞士褐牛及含有该牛血统的阿拉塔乌牛与当地黄牛杂交育成。

【外貌特征】被毛为深浅不一的褐色，额顶、角基、口轮周围及背线为灰白或黄白色。体躯健壮、肌肉丰满。头清秀，嘴宽，角中等大小、向侧前上方弯曲、呈半椭圆形，颈适中，胸较宽深，背腰平直。

【生产性能】成年体重，公牛平均为950.8kg，母牛为430.7kg；体高一般母牛为121.8cm。新疆褐牛平均产乳量2100~3500kg，高的个体产乳量达5162kg；平均乳脂率4.03%~4.08%，乳中干物质量13.45%。该牛产肉性能良好，在伊犁、塔城牧区的天然草场放牧9~11个月屠宰测定，1.5岁、2.5岁和阉牛的屠宰率分别为47.4%、50.5%和53.1%，净肉率分别为36.3%、38.4%和39.3%。

> 【提示】该牛适应性好，可在极端温度-40℃和47.5℃下放牧，抗病力强。

5. 国内的主要黄牛品种

中国黄牛是我国曾经长期以役肉兼用为主的黄牛群体的总称。泛指除水牛、牦牛以外的所有家牛。中国黄牛广泛分布于我国各地。按地理分布划分，中国黄牛包括中原黄牛、北方黄牛和南方黄牛三大类型。在地方黄牛中体型大、肉用性能好的培育品种有秦川牛、南阳牛、鲁西牛、晋南牛等优良品种。

（1）秦川牛

【产地及分布】因产于陕西关中地区的"八百里秦川"而得名。其中，渭南、蒲城、扶风、岐山等15个县市为主产区，尤以扶风、礼泉、乾县、咸阳、兴平、武功和蒲城7个县、市的秦川牛最为著名。目前全国各地都有分布。

【外貌特征】秦川牛体格高大，骨骼粗壮，肌肉丰满，体质强健，前躯发育好，具有肉役兼用牛的体型。头部方正，肩长而斜。胸部宽深，肋长而弓。背腰平直宽长，长短适中，结合良好。荐骨稍隆起，后躯发育中等。四肢粗壮结实，两前肢相距较宽，蹄叉很紧。角短而钝。被毛细致有光泽，毛色多为紫红色及红色；鼻镜呈肉红色，部分个体有色斑；蹄壳和角多为肉红色。公牛头大颈短，鬐甲高而厚，肉垂发达；母牛头清目秀，鬐甲低而薄，肩长而斜，荐骨稍隆起，缺点是牛群中常见有尻稍斜的个体。

【生产性能】肉用性能比较突出，尤其经过数十年的系统选育，秦川牛不仅数量大大增加，而且牛群的质量、等级、生产性能也有了很大提高。短期（82天）育肥后屠宰，18月龄和22.5月龄屠宰的公、母阉牛，其平均屠宰率分别为58.3%和60.75%，净肉率分别为50.5%和52.21%，相当于国外著名的乳肉兼用品种水平。13月龄屠宰的公、母牛其平均肉骨比（6∶13）、瘦肉率（76.04%）、眼肌面积（公106.5cm^2），远远超过国外同龄肉牛品种。平均泌乳期7个月，产奶量715.8kg（最高达1006.75kg）。秦川牛常年发情，在中等饲养条件下，初情期为9.3月龄，成年母牛发情周期20.9天，发情持续期平均39.4h，妊娠期285天，产后第一次发情约53天。秦川公牛一般于12月龄性成熟，2岁左右配种。

> 【提示】 秦川牛适应性良好，我国许多地方都引进秦川公牛以改良当地牛，杂交效果良好。秦川牛作为母本，曾与荷斯坦牛、丹麦红牛、兼用短角牛杂交，杂交后代的肉、乳性能均得到明显提高。

（2）南阳牛

【产地及分布】产于河南省南阳地区白河和唐河流域的广大平原地区，以南阳市郊区、南阳市、唐河、邓州市、新野、镇平、社旗、方城8个县（市）为主要产区。

【外貌特征】体格高大、肌肉发达、结构紧凑、四肢强健，它的皮薄、毛细，行动迅速、性情温顺、鼻镜宽、多为肉红色，其中部分带有黑点。公牛颈侧多有皱襞，尖峰隆起多8～9cm。毛色有黄、红、草白三种，以深浅不一的黄色为最多。一般牛的面部、腹部、四肢下部的毛色较浅。南阳牛的蹄壳以黄蜡色、琥珀色带血筋者较多。角型以萝卜角为主，公牛角基粗壮，母牛角细。鬐甲较高，肩部较凸出，背腰平直，荐部较高；额微凹；颈短厚而多皱褶，部分牛的胸部欠宽深，体长不足，尻部较斜，乳房发育较差。

【生产性能】产肉性能良好，15月龄育肥牛，体重达到441.7kg，日增重813g，屠宰率55.6%，净肉率46.6%，胴体产肉率83.7%，肉骨比为5∶1，眼肌面积92.6cm^2；表现为肉质细嫩，颜色鲜红，大理石花纹明显，味道鲜美。泌乳期6～8个月，产乳量600～800kg。南阳牛适应性强，耐粗饲。母牛常年发情，在中等饲养条件下，初情期在8～12月龄，初配年龄一般掌握在2岁。发情周期17～25天，平均21天。妊娠期平均289.8天，范围为250～308天，产后发情约需77天。

> 【提示】 用南阳黄牛与我国许多地方黄牛杂交改良，杂种牛体格高大，体质结实，生长发育快，采食能力强，耐粗饲，适应本地生态环境。四肢较长，行动迅速，毛色多为黄色，具有父本的明显特征。

(3) 晋南牛

【产地及分布】晋南牛产于山西省南部晋南盆地的运城地区。晋南牛是经过长期不断地人工选育而形成的地方良种。

【外貌特征】属于大型役肉兼用品种，体格粗壮，胸围较大，躯体较长，成年牛的前躯较后躯发达，胸部及背腰宽阔，毛色以枣红色为主，红色和黄色次之，富有光泽；鼻镜和蹄壳多为粉红色。公牛头短，额宽，颈较短粗，背腰平直，垂皮发达，肩峰不明显，臀端较窄；母牛头部清秀，体质强健，但乳房发育较差。晋南牛的角为顺风角。

【生产性能】产肉性能良好，18月龄时屠宰中等营养水平饲养的晋南牛，其屠宰率和净肉率分别为53.9%和40.3%；经高营养水平育肥者，屠宰率和净肉率分别为59.2%和51.2%。育肥的成年阉牛，屠宰率和净肉率分别为62%和52.69%。晋南牛育肥日增重、饲料报酬、形成"大理石肉"等性能优于其他品种，晋南牛的泌乳期为7~9个月，泌乳量为754kg，乳脂率为55%~61%。晋南牛的性成熟期为10~12月龄，初配年龄为18~20月龄，产犊间隔14~18个月，妊娠期287~297天，繁殖年限12~15年，繁殖率为80%~90%，犊牛初生重23.5~26.5kg。

> 【提示】用晋南牛改良我国一般黄牛效果较好。改良牛的体高和体重都大于当地牛，体型和毛色也酷似晋南牛。这表明晋南牛的遗传相当稳定。

(4) 鲁西牛

【产地及分布】鲁西牛产于山东省西南部的菏泽、济宁两地区，以郓城、鄄城、菏泽、嘉祥、济宁等10个县为中心产区。在鲁南地区、河南东部、河北南部、江苏和安徽北部也有分布。

【外貌特征】体躯高大，结构紧凑，肌肉发达，前躯较宽深，具有较好的肉役兼用体型。被毛从浅黄到棕红都有，而以黄色为最多，约占70%以上。一般前躯毛色较后躯深，公牛毛色较母牛的深。多数牛具有完全的"三粉特征"，即眼圈、口轮、腹下四肢内侧毛色较浅。垂皮较发达，角多为龙门角；公牛肩峰宽厚而高，胸深而宽，后躯发育差，尻部肌肉不够丰满，前高后低；母牛后躯较好，鬐甲低平，背腰短而平直，尻部稍倾斜，尾细长。高辕型牛肢高体短，而抓地虎型牛则体矮，胸深广，四肢粗短。

【生产性能】肉用性能良好，据菏泽地区测定，18月龄的育肥公、母牛的平均屠宰率为57.2%，净肉率为49.0%，肉骨比为6∶1，眼肌面积89.1cm^2。该牛皮薄骨细，肉质细嫩，大理石纹明显，市场占有率较高。总体上讲，鲁西牛以体大力强，外貌一致，品种特征明显，肉质良好而著称，但尚存在体成熟较晚、日增重不高、后躯欠丰满等缺陷。鲁西牛繁殖能力较强，母牛性成熟早，公牛稍晚。一般2~2.5岁开始配种。鲁西牛具有较强的抗绦虫病的能力（自有记载以来，从未流行过绦虫病）。母牛性成熟早，有的8月龄即能受胎。一般10~12月龄开始发情，发情周期平均22天，范围16~35天，发情持续期2~3天。妊娠期平均285天，范围270~310天。产后第一次发情平均为35天，范围22~79天。

(5) 延边牛

【产地及分布】延边牛是东北地区优良地方牛种之一。延边牛产于吉林省延边朝鲜族自治州及朝鲜，尤以延吉、珲春、和龙及汪清等县的牛著称。现在东北三省均有分布，属寒温带山区的役肉兼用品种。

【外貌特征】体质结实，抗寒性能良好，适宜于林间放牧，冬季都有暖棚，是北方水稻田的重要耕畜，是寒温带的优良品种。在体型外貌上，毛色为深浅不一的黄色，鼻镜呈浅褐色。被毛密而厚，皮厚有弹力。胸部宽深，体质结实，骨骼坚实，公牛额宽，角粗大，母牛角细长。鼻镜一般呈浅褐色，带有黑点。成年牛平均活重，公牛465.5kg，母牛365.2kg；体高公、母牛分别为130.6cm和121.8cm；体长公、母牛分别为151.8cm和141.2cm。

【生产性能】18月龄育肥公牛平均屠宰率为57.7%，净肉率47.23%。眼肌面积75.8cm^2；母牛泌乳期6~7个月，一般产奶量500~700kg；20~24月龄初配，母牛繁殖年限10~13岁。该牛耐寒、耐粗饲、抗病力强，适应性良好。

(6) 蒙古牛

【产地及分布】蒙古牛广泛分布于我国北方各省、自治区，以内

蒙古中部和东部为集中产区。

【外貌特征】毛色多样,但以黑色和黄色者居多,头部粗重,角长,垂皮不发达,胸较宽深,背腰平直,后躯短窄,尻部倾斜;四肢短,蹄质坚实。成年牛平均体重,公牛 350～450kg,母牛 206～370.0kg,地区类型间差异明显;体高公、母牛分别为 113.5～120.9cm 和 108.5～112.8cm。

【生产性能】泌乳力较好,产后 100 天内,日均产乳 5kg,最高日产乳 8.10kg。平均含脂率 5.22%。中等膘情的成年阉牛,屠宰前平均重 376.9kg,屠宰率为 53.0%,净肉率为 44.6%,眼肌面积 56.0cm^2。该牛繁殖率 50%～60%,犊牛成活率 90%;4～8 岁为繁殖旺盛期。

> 【提示】 蒙古牛终年放牧,在 -50～35℃ 不同季节气温剧烈变化条件下能常年适应,且抓膘能力强,发病率低,是我国最耐干旱和严寒的少数几个品种之一。

6. 其他牛种

(1) **水牛** 水牛是热带和亚热带地区特有的物种,主要分布在亚洲地区,约占全球饲养量的 90%。水牛具有乳、肉、役多种经济用途,适宜水田作业,以稻草为主要粗饲料,饲养方便,成本低。水牛肉味香,鲜嫩,且脂肪含量少。未改良水牛 3 年出栏,杂交后可 2 年出栏,生长速度慢于黄牛。役畜产畜化的发展趋势,对充分挖掘这一资源,促进水牛业发展就有重要意义。

(2) **牦牛** 牦牛是我国的主要牛种,数量仅次于黄牛和水牛,是青藏高原的当家品种。成年公、母牦牛体重分别为 300～450kg 和 200～300kg。其肉质细嫩、味美可口、野味浓、营养价值更高,符合当代人高蛋白、低脂肪、低热量、无污染和保健强身的摄食标准。

第二节 肉牛的经济杂交

一 肉牛的选种方法

肉牛选种的一般原则是:"选优去劣,优中选优"。种牛选择是从品质优良的个体中精选出最优个体,即是"优中选优"。而对种母牛大面积的普查鉴定、评定等级,同时及时淘汰劣等牛,即是"选优去劣"。种公牛的选择对牛群的改良起着关键作用,首先是审查系谱,其次是审查该公牛外貌表现及发育情况,最后还要根据种公牛的后裔测定成绩,以断定其遗传性是否稳定;种母牛的选择则主要根据其本身的生产性能或与生产性能相关的一些性状,此外还要参考其系谱、后裔及旁系的表现情况。肉牛选择方法如下。

1. 系谱选择

通过系谱记录资料是比较牛只优劣的重要途径。在肉牛业中,对小牛的选择,并考察其父母、祖父母及外祖父母的性能成绩,对提高选种的准确性有重要作用。据资料表明,种公牛后裔测定的成绩与其父亲后裔测定成绩的相关系数为 0.43,与其外祖父后裔测定成绩的相关系数为 0.24,而与其母亲 1~5 个泌乳期产奶量之间的相关系数只有 0.21、0.16、0.16、0.28、0.08。由此可见,在估计种公牛育种值时,对来自父亲的遗传信息和来自母亲的遗传信息不能等量齐观。

2. 本身表现选择(个体成绩选择)

当小牛长到 1 岁以上,就可以直接测量其某些经济性状,如 1 岁活重、肉牛育肥期增重效率等。而对于胴体性状,则只能借助超声波测定仪等仪器进行辅助测量,然后对不同个体作出比较。本身选择就是根据种牛个体本身和一种或若干种性状的表型值判断其种用价值,从而确定该个体是否选留,该方法又称为性能测定和成绩测验。具体做法是:可以在环境一致并有准确记录的条件下,与所有牛群的其他个体进行比较,或与所在牛群的平均水平比较。有时也可以与鉴定标准比较。对遗传力高的性状,适宜采用这种选择方法。

肉用种公牛的体型外貌主要看其体型大小,全身结构是否匀称,外形和毛色是否符合品种要求,雄性特征是否明显,有无明显外貌缺陷(如公牛母相,四肢不强壮结实,肢势不正,背线不平,颈线薄,胸狭腹垂,尖斜尻等缺陷)。生殖器官发育良好,睾丸大小正

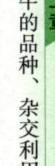

常，有弹性。凡体型外貌有明显缺陷、生殖器官畸形、睾丸大小不一等的都应淘汰。肉用种公牛的外貌评分不得低于一级。除外貌外，还要测量种公牛的体尺和体重，按照品种标准分别评出等级。另外，还需要检查其精液质量。

3. 后裔测验（成绩或性能试验）

后裔测验是根据后裔各方面的表现情况来评定种公牛好坏的一种鉴定方法，这是多种选择途径中最为可靠的一种选择途径。具体方法是将选出的种公牛与一定数量的母牛配种，对犊牛成绩加以测定，从而评价使（试）用种公牛品质优劣的程序。

二 肉牛的经济杂交方法

肉牛的经济杂交多用于生产性牛场，特别是用于黄牛改良、肉牛改良和奶牛的肉用生产。其目的是利用杂交优势，获得具有高度经济利用价值的杂交后代，以增强商品肉牛的数量和降低生产成本，获得较好的效益。

1. 二元杂交

二元杂交又称两品种固定杂交或简单杂交，即利用两个不同品种（品系）的公母牛进行固定不变的杂交，利用一代杂种的杂种优势生产商品牛。这种杂交方法简单易行，杂交一代都是杂种，具有杂种优势的后代比例高，杂种优势率最高。这种杂交方式的最大缺点是不能充分利用繁殖性能方面的杂种优势。通常以地方品种或培育品种为母本，只需引进一个外来品种作父本，数量不用太多，即可进行杂交。如利用西门塔尔牛或夏洛莱牛杂交本地黄牛。其杂交模式图如图 2-1 所示。

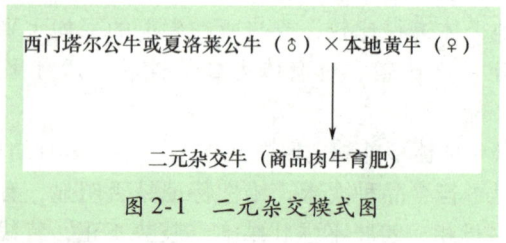

图 2-1 二元杂交模式图

> 【提示】 进行二元杂交时，配种的良种母牛一般是选择本地母牛，而公牛一定是优良的种牛。

2. 三元杂交

三元杂交又称三品种固定杂交，是从两品种杂交到的杂种一代母牛中选留优良的个体，再与另一品种的公牛进行杂交，所生后代全部作为商品肉牛育肥。第一次杂交所用的公牛品种称为第一父本，第二次杂交利用的公牛品种称为第二父本或终端父本。这种杂交方式由于母牛是一代杂种，具有一定的杂种优势，再杂交可望得到更高的杂种优势，所以三品种杂交的总杂种优势要超过两品种。其杂交模式图如图2-2所示。

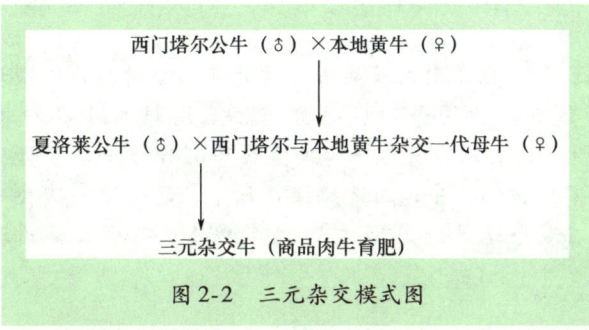

图2-2 三元杂交模式图

> 【提示】 进行三元杂交或终端杂交时，则选择杂交一代或二代的母牛。

3. 品种间的轮回杂交

用2个或3个以上品种的公母牛进行交替杂交，使逐代都能保持一定的杂种优势。如用本地黄牛与西门塔尔牛杂交一代母牛再与夏洛莱公牛杂交，杂交二代母牛再与西门塔尔公牛杂交。其杂交模式图如图2-3所示。

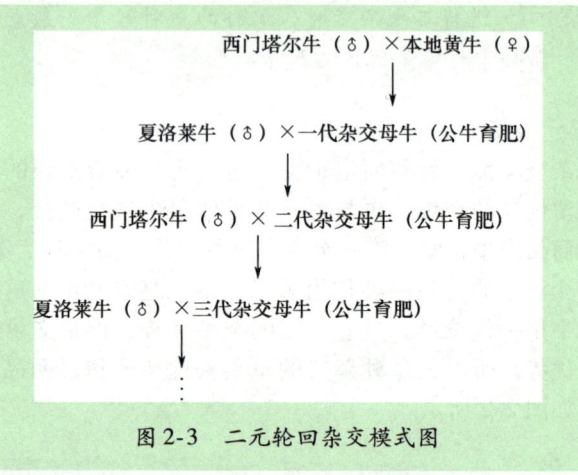

图2-3　二元轮回杂交模式图

⚠【注意】　采用肉用或兼用品种开展杂交时，为小型母牛选配的种公牛品种的平均成年体重不宜超过母牛品种体重的30%~40%，否则容易难产。大型公牛品种与中小型母牛品种杂交时不用初配母牛，而选配经产母牛。避免同一头公牛的冷冻精液在某个地区使用超过3~4年以上，否则容易出现近交现象。

第三节　肉牛的繁殖

一、牛的繁殖特性

1. 初情期

初情期是指母牛初次发情（公牛是出现性行为）和排卵（公牛是能够射出精子）的时间。动物到达初情期，虽然可以产生精子（公牛）或排卵（母牛），但性腺仍在继续发育，没有达到正常的繁殖力，母牛发情周期不正常，公牛精子产量很低。这个时候还不能进行繁殖利用。牛的初情期为6~12月龄，公牛略迟于母牛。由于品种、遗传、营养、气候和个体发育等因素，初情期的年龄也有一定的差异。如瑞士黄牛公牛初情期平均为264天，海福特牛公牛初情期则平均为 326 天。

> 【提示】 公牛的初情期比较难以判断，公牛常表现出嗅闻母畜外阴、爬跨其他牛、阴茎勃起、出现交配动作等多种多样的性行为，但精子还不够成熟，不具有配种能力。

2. 性成熟

性成熟就是指母牛卵巢能产生成熟的卵子，公牛睾丸能产生成熟的精子的现象，把这个时期牛的年龄（一般用月龄表示）叫作牛的性成熟期。性成熟期的早晚，因品种不同而有差异。培育品种的性成熟期比原始品种早，公牛一般为 9 月龄，母牛一般为 8～14 月龄。秦川牛母犊牛性成熟年龄平均为 9.3 月龄，而公犊牛则在 12 月龄左右。性成熟并不是突然出现的，而是一个延续若干时间的逐渐发展过程。

3. 适配年龄

适宜配种的年龄叫适配年龄。适配年龄的确定还应根据牛的具体生长发育情况和使用目的而定，一般比性成熟期晚一些，在开始配种时的体重应达到其成年体重的 70% 左右，体高达 90%，胸围达到 80%。由于公、母牛在 2～3 岁时一般的生长基本完成，可以开始配种。

初配年龄：早熟种 16～18 月龄，中熟种 18～22 月龄，晚熟种 22～27 月龄；肉用品种适配年龄在 16～18 月龄，公牛的适配年龄为 2.0～2.5 岁。

4. 繁殖年限

繁殖年限是指公牛用于配种的使用年限或母牛能繁殖后代的年限。公牛的繁殖年限一般为 5～6 年，繁殖 7 年后的公牛性欲显著降低，精液品质下降，此时应该将其淘汰；母牛的繁殖年限一般在 13～15 岁（11～13 胎），老龄牛的产奶性能下降，经济价值降低。

二 母牛的发情及鉴定

1. 发情周期与排卵

（1）发情周期 发情周期是指母牛性活动表现的周期性。母牛

出现第一次发情以后，其生殖器官及整个机体的生理状态有规律的发生一系列周期性变化，这种变化周而复始，一直到停止繁殖的年龄为止，这称之为发情的周期性变化。相邻两次发情的间隔时间为一个发情周期。成年母牛的发情周期平均为21天（18～25天）；育成母牛的发情周期平均为20天（18～24天）。根据母牛在发情周期中的生殖道和外部表现的变化，将一个发情周期分为发情期、发情后期、休情期和发情前期四个时期。

1）发情期。发情期也叫发情持续期，是指从发情开始到发情结束的时期，一般为18h（6～36h）。此期母牛表现为性冲动、兴奋、食欲减退等，详细描述见发情鉴定。

2）发情后期。母牛由性冲动逐渐进入静止状态，表现安静，卵巢上出现黄体并逐渐发育成熟，黄体酮分泌量逐渐增加，此期持续3～4天，有90%的育成母牛和50%的成年母牛从阴道流出少量的血。

3）休情期（间情期）。此期外观表现为相对生理静止时期，母牛的精神状态恢复正常，黄体由成熟到略微萎缩，黄体酮的分泌由增长到逐渐下降，此期为12～15天。

4）发情前期。发情前期是下次发情的准备阶段。随着黄体的逐渐萎缩消失，新的卵泡开始发育，卵巢稍变大，雌激素含量开始增加，生殖器官开始充血，黏膜增生，子宫颈口稍有开放，但尚无性表现，此期持续1～3天。

（2）排卵时间 成熟的卵泡突出卵巢表面破裂，卵母细胞、卵泡液及部分卵细胞一起排出，称为排卵。正确的估计排卵时间是保证适时输精的前提。在正常营养水平下，76%左右的母牛在发情开始后21～35h或发情结束后10～12h排卵。

（3）产后发情的出现时间 产后第一次发情距分娩的时间平均为63天（40～110天）。母牛在产犊后继续哺犊，会有相当数量的个体不发情。在营养水平低下时，通常会出现隔年产犊现象。

（4）发情季节 牛是常年、多周期发情动物，正常情况下，可以常年发情、配种。但由于营养和气候因素，在我国北方地区的冬季，母牛很少发情。大部分母牛只是在牧草丰盛季节（6～9月），膘情恢复后，集中出现发情。这种非正常的生理反应可以通过提高饲养水平和改善环境条件来克服。

2. 发情鉴定

发情鉴定是通过综合的发情鉴定技术来判断母牛的发情阶段，确定最佳的配种时间，以便及时进行人工授精，达到用较少的输精次数和精液消耗量，最大限度地提高配种受胎率的目的。通过发情鉴定，不仅可以判断母牛是否发情以及发情所处的阶段，以便适时配种，提高母牛的受胎率，减少空怀率，而且可以判断母牛的发情是否异常，以便发现问题，及时预防，同时也可为妊娠诊断提供参考。

（1）外部观察法 母牛外表兴奋，举动不安，尤其在圈舍内表现得更为明显。经常哞叫，眼光锐利，感应刺激性提高；岔开后腿，频频排尿；食欲减退，反刍的时间减少或停止，在运动场成群放牧时，常常爬跨其他牛，也接受其他牛爬跨。被爬跨的牛如果发情，则站着不动，并举尾；如果不是发情牛，则弓背逃走。发情牛爬跨其他牛时，阴门搐动并滴尿，具有与公牛交配的动作。其他牛常嗅发情牛的阴唇，发情母牛的背腰和尻部有被爬跨所留下的泥土、唾液，有时被毛弄得蓬松不整，外阴部肿大充血，在尾上端阴门附近，可以看出黏液分泌物的结痂，或有透明黏液从阴门流出。发情强烈的母牛，体温略有升高（升高 0.7～1℃）。

母牛的发情表现虽有一定的规律性，但由于内外因素的影响，有时表现不大明显或欠规律性，因此，在用外部观察法判断发情的同时，对于看似发情但又不能肯定的症状不太明显的母牛，可结合直肠检查法或其他方法进一步诊断。

（2）试情法 根据母牛性欲反应以及公牛爬跨情况来判断母牛的发情程度。此法简单易行，特别适用于群牧的繁殖牛群。为了清楚判断试情情况，需要给公畜或母畜安装特殊的颜料标记装置：一种是颌下钢球发情标志器。该装置是由一个具有钢球活塞阀的球状染料库固定于一个扎实的皮革笼头上构成的，染料库内装有一种有色染料。使用时，将此装置系在试情公牛的颌下，当它爬跨发情母牛的时候，活动阀门的钢球碰到母牛的背部，于是染料库内的染料

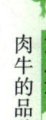

流出,印在母牛的背上,根据此标志,便可得知该母牛发情,即被爬跨。另一种是卡马氏发情爬跨测定器。该装置是由一个装有白色染料的塑料胶囊构成的。使用时,先将母牛尾根上的皮毛洗净并梳刷,再将此鉴定器黏着于牛的尾根上。黏着时,注意塑料囊箭头要向前,不要压迫胶囊,以免引起其变红色。当母畜发情时,试情公畜爬于其上并施加压力于胶囊上,胶囊内的染料由白色变为红色,根据颜色变化程度来推测母畜接受爬跨的安定程度。

当然,在没有以上装置时,也可以就简处理。例如,有的用粉笔涂擦于母牛的尾根上,如果母畜发情时,公畜爬跨其上而将粉笔颜色擦掉。有的将试情公牛的胸前涂以颜色,放在母牛群中,凡经爬跨过的发情母牛,可在尾部或背部留下标记。

(3) 直肠检查法　一般正常发情的母牛外部表现明显,排卵有一定规律。但由于品种及个体间的差异,不同发情母牛的排卵时间可能提前或延迟。为了正确确定牛发情时子宫和卵巢的变化,除进行试情及外部观察外,还需进行直肠检查。

操作方法如下:首先将被检母牛进行安全保定,一般可在保定架内进行,以确保人、畜安全。检查者要把指甲剪短磨光,洗净手臂并涂上润滑剂。术者先用手抚摸肛门,然后将五指并拢成锥状,以缓慢的旋转动作伸入肛门,掏出粪便;再将手伸入肛门,手掌展平,掌心向下,按压抚摸;在骨盆腔底部,可摸到一个长圆形质地较硬的棒状物,即为子宫颈;再向前摸,在正前方可摸到一个浅沟,即为角间沟;沟的两旁为向前下弯曲的两例子宫角,沿着子宫角大弯向下稍向外侧,可摸到卵巢。用手指检查其形状、粗细、大小、反应以及卵巢上卵泡的发育情况来判断母牛的发情。

发情母牛的子宫颈稍大、较软,由于子宫黏膜水肿,子宫角也增大,子宫收缩反应比较明显,子宫角坚实。不发情的母牛,子宫颈细而硬,子宫较松弛,触摸时不那么明显,收缩反应差。

大型、中型成年母牛的卵巢长 3.5~4.0cm,宽 1.5~2.0cm,高 2.0~2.5cm,成年母牛的卵巢较育成牛大。卵巢的表面有小突起,质地坚实。卵巢中的卵泡形状光而圆,发情最大时的直径,中型以上母牛为 2.0~2.5cm。实际上,卵泡埋于卵巢中,它的直径比所摸到的要大。发情初期卵泡直径为1.2~1.5cm，其表面突出光滑，触摸时略有波动。在排卵前6~12h，由于卵泡液的增加，卵泡紧张度增加，卵巢体积也有所增大。到卵泡破裂前，其质地柔软，波动明显。排卵后，原卵泡处有不光滑的小凹陷，以后就形成黄体。

母牛在发情的不同时期，卵巢上卵泡的发育表现出不同的变化规律。卵泡发育一般分为五个时期，见表2-1。

表2-1　母牛在发情不同时期的卵泡发育变化规律

时　　期	变　化　规　律
Ⅰ（卵泡出现期）	卵巢稍增大，卵泡直径为0.5~0.75cm，触摸时为软化点，波动不明显。母牛在这时已开始出现发情
Ⅱ（卵泡发育期）	卵泡增大到1~1.5cm，呈小球状，波动明显。此期母牛发情外部表现为明显—强烈—减弱—消失过程，全期10~12h
Ⅲ（卵泡成熟期）	卵泡大小不再增大，卵泡壁变薄，弹性增强，触摸时有一压就破的感觉，此期6~8h。这时，发情表现完全消失
Ⅳ（排卵期）	卵泡破裂，排卵，泡液流失，卵泡壁变为松软，成为一个小的凹陷
Ⅴ（黄体形成期）	排卵6h后，原来卵泡破裂处，可摸到一个柔软的肉样突体，这是黄体。以后黄体呈不大的面团块突出于卵巢表面

直肠检查时，要注意卵泡与黄体的区别，卵泡的成长过程是进行性变化，由小到大、由硬到软、由无波动到有波动、由无弹性到有弹性。而黄体则是退行性变化，发育时较大、较软，到退化时期越来越小，越来越硬。正常的卵泡是光滑的，与卵巢连接处无界限，而黄体像一个条状突起，突出于卵巢表面，与卵巢连接处有明显的界限。

（4）**阴道检查法**　用开膣器打开母牛阴道，发情母牛阴道黏膜充血潮红，表面光滑湿润，子宫颈外口充血，松弛，柔软开张，排出大量的透明黏液，呈很长的黏液线垂于阴门之外，不易扯断。发情初期的黏液较稀薄，随着发情时间的推移，逐渐变稠，量也由少变多；到发情后期，黏液量逐渐减少且黏性差。不发情的母牛阴道

黏膜苍白，干燥，子宫颈口紧闭。

操作的具体方法：保定好待检母牛，尾巴用绳子拴向一边，外阴用0.1%的新洁尔灭清洗消毒后用干净纱布揩干。把消毒过的开膣器轻轻插入母牛阴道，打开开膣器后，通过反光镜或手电筒光线检查阴道变化。应特别注意阴道黏膜的色泽及湿润程度，子宫颈部的颜色和形状，黏液的量、黏度和气味，以及子宫颈管开张及开张程度。在整个操作过程中，消毒要严密，操作要仔细，防止粗暴。

（5）**激素测定法**　母牛在发情时，黄体酮水平降低，雌激素水平升高。应用酶免疫测定技术或放射免疫测定技术测定血液、奶样或尿中雌激素或孕激素水平，便可进行发情鉴定。目前，国外已有十余种发情鉴定或妊娠诊断用酶免疫测定试剂盒供应市场，操作时只需按说明书介绍加适量的受检牛血样、奶样或尿样以及其他试剂，根据反应液颜色即可方便地鉴定发情结果。

3. 异常发情

母牛异常发情多见于初情期后、性成熟前以及繁殖季节开始阶段，也有因营养不良、内分泌失调、疾病以及环境温度突然变化等引起的异常发情。

（1）**隐性发情**　这种发情的外部症状不明显，难以看出，但卵巢上的卵泡正常发育成熟而排卵。母牛产后第一次发情，年老体弱的母牛或营养状况差时易发生隐性发情。在生产实践中，当发现母牛连续2次发情之间的间隔相当于正常发情间隔的2~3倍，即可怀疑中间有隐性发情。

（2）**短促发情**　由于发育的卵泡迅速成熟并破裂排卵，也可能卵泡突然停止发育或发育受阻而缩短了发情期而造成的短促发情，如果不注意观察，就极容易错过配种期。

> 【提示】　此种现象与炎热气候有关，多发生在夏季，也与卵泡发育停止或发育受阻有关。年老体弱的母牛或初次发情的青年母牛易发生此种现象。

（3）**假发情**　假发情母牛只有外部发情的明显症状，但卵巢上无卵泡发育和不排卵，又分为2种情况：一种是母牛怀孕后又出现爬跨其他牛的现象，而阴道检查发现子宫颈口不开张、无松弛和充血现象，无发情分泌物，直肠检查能摸到子宫增大和胎儿等特征；另一种是患有卵巢机能失调或有子宫内膜炎的母牛，也常出现假发情现象。

（4）**持续发情** 持续发情是指发情频繁而没有规律性。持续发情的发情时间超过正常发情周期或明显短于正常发情周期。主要是由卵泡不规律，生殖激素分泌紊乱所致，又分2种情况：一种情况是由卵巢囊肿而引起，这种母牛有明显发情症状，卵巢上有卵泡发育，但卵泡迟迟不成熟，不能排卵，而且继续增大、肿胀，甚至造成整个卵巢囊肿，充满卵泡液，由于卵泡过量分泌雌激素而使母牛持续发情；另一种情况是卵泡交替发育，左右2个卵巢交替出现卵泡发育，交替产生大量雌激素而使母牛持续发情。持续发情时发情持续期延长，有的母牛可以长达3天以上。

（5）**不发情** 母牛不发情的原因很多，有些是受营养不良或气候因素影响，有些是由母牛生殖器官先天性缺陷，有些是由母牛卵巢、子宫疾病或其他疾病引起。此外产后哺乳期的母牛一般发情较迟。对不发情母牛应该仔细检查，从加强饲养管理和治疗疾病两方面采取措施。

4. 影响母牛发情的因素（表2-2）

表2-2 影响母牛发情的因素

因　　素	表现状况
自然因素	牛一年四季均可发情，但发情持续时间的长短受到气候因素的影响。高温季节，母牛的发情持续期明显比其他季节短
营养水平	营养水平对于牛的初情期和发情影响很大。自然环境对牛发情持续期的影响，从某种程度上来说是由营养水平变化导致的。一般情况下，良好的饲养水平可增加牛的生长速度，提早牛的体成熟，也可加强牛的发情表现。但当营养水平过高时，牛过肥会导致发情特征不明显或间情期长
饲草种类	在牛采食的饲料中，有些植物可能有某种物质，影响牛的初情期和经产牛的再发情。如豆科木草中含有一种植物雌激素，当母牛长期采食豆科牧草时，母牛的流产率增多，乳房及乳头发达，导致牛繁殖力降低

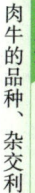

(续)

因　　素	表现状况
饲养管理	牛产前、产后分别饲喂低、高能饲料可以缩短第一次发情间隔期。如果产前喂以足够的能量而产后喂以低能量，则第一次发情间隔期延长，有一部分牛在产犊后长时期内不发情。同时尽可能采取提早断奶法，让母牛提前发情

三　母牛的配种

1. 配种时间

母牛适宜的输精时间在发情开始后 9～24h，2 次输精应间隔 8～12h。因为通常母牛的发情持续期为 18h，母牛在发情结束后 10～15h 排卵，卵子存活时间 6～12h，卵子到受精部位需 6h，精子进入受精部位 0.25～4h，当精子在生殖道内保持受精能力 24～50h 时，精子获能时间需 20h。

母牛多在夜间排卵，生产中应在夜间输精或清晨输精，避免气温高时输精，尤其在夏季，以提高受胎率。对老、弱母牛，其发情持续期短，配种时间应适当提前。

> 【提示】　母牛产后第一次发情时间一般在40天左右，这与营养状况有关。一般在产后2～4个发情期（即产犊后60～100天）配种，此时易受胎，应抓住有利时机配种。

2. 配种方法

（1）**自然交配**　自然交配又称本交，指公、母牛之间直接交配，这种方法对公牛的利用率低，购牛价高，饲养管理成本也高，且易传染疾病，生产上不宜采用。随着科技的发展，自然交配已被人工授精替代。

（2）**人工授精**　人工授精是指人工采集公牛精液，经质量检查并稀释、处理和冷冻后用输精器将精液输入母牛生殖道内，使母牛排出的卵子受精后妊娠。在我国大面积开展黄牛改良的工作中，人工授精已成为养牛业的现代、科学繁殖技术，并且已在全国范围内广泛推广应用，其加速了母牛育种工作进程和繁殖改良速度（使用优质肉公牛可以生产出优良的后代),极大地提高了优良公牛的配种效率(一头公牛则可配6000~12000头母牛)和配种母牛的受胎率,避免了生殖器官直接接触造成的疾病传播。

3. 人工授精操作

(1)采精前的准备

1)采精场地准备。采精要有一定的采精环境,以便使公牛建立起巩固的条件反射,同时防止精液污染。采精场应选择或建立在宽敞、平坦、安静、清洁的房子中,不论什么季节或天气均可照常进行工作,温度易控制。采精室应明亮、清洁、地面平坦防滑,宜采用水泥地面,并铺设防滑垫,室内设有采精架以保定台牛或设立假台牛,供公牛爬跨进行采精。室内采精场的面积一般为10m×10m,并附设喷洒消毒和紫外线照射杀菌设备。

2)假阴道准备。假阴道(图2-4)是一筒状结构,主要由外壳、内胎和集精杯三部分组成。外壳为一硬橡胶圆筒,上有注水孔;内胎为弹性强、薄而柔软无毒的橡胶筒,装在外壳内,构成假阴道内壁;集精杯由暗色玻璃或塑料制成,装在假阴道的一端。外壳和内胎之间可装温水和吹入空气,以保持适宜的温度(38~40℃)和压力。

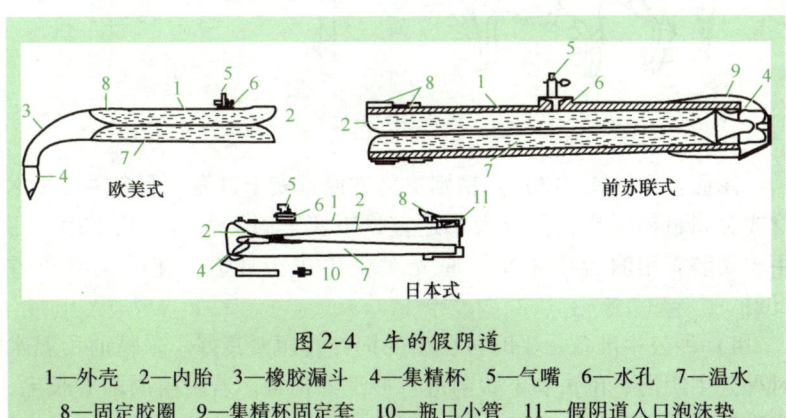

图2-4 牛的假阴道
1—外壳 2—内胎 3—橡胶漏斗 4—集精杯 5—气嘴 6—水孔 7—温水
8—固定胶圈 9—集精杯固定套 10—瓶口小管 11—假阴道入口泡沫垫

用前进行检查、安装、保温(37~40℃)备用。假阴道安装步骤如下：首先安装内胎及消毒。将内胎放入外壳，使露出两端的内胎长短相等，翻转在外壳上，以胶圈固定。用65%～70%的酒精，按照先集精瓶端后阴茎入口的顺序擦拭。在采精前，用生理盐水冲洗，最后装上集精杯；然后注水。将假阴道直立，水面达到中心注水孔即可，采精时内胎温度应达到40℃；再涂润滑剂。润滑剂多用灭菌的白凡士林，早春或冬季可用2∶1的白凡士林与液状石蜡的混合剂。涂抹深度约为假阴道全长的1/2，最后调节压力。从活塞注入空气，使假阴道入口闭合为放射状三条缝时才算适度。

假阴道每次使用后应清洗干净，并用75%酒精或紫外线灯进行消毒。玻璃及金属器械在有条件的地方可用高压灭菌锅消毒。

3）台牛准备。台牛（图2-5）可用发情母牛、去势公牛。采精前，台牛的臀部、外阴部和尾部必须消毒，顺序是先用2%来苏尔液擦拭，然后用净水冲洗，擦干。采精时，台牛要固定在采精架内，保持周围环境安静。

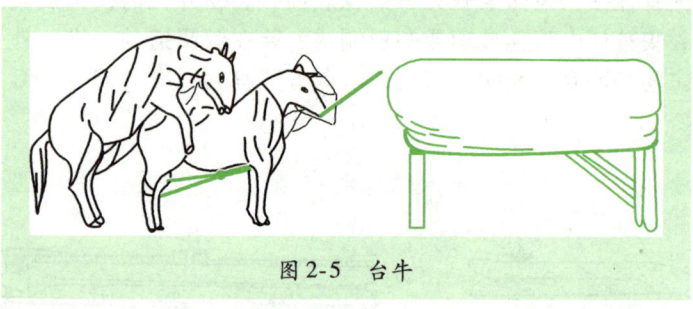

图2-5　台牛

用假台牛（图2-2）采精则更为方便且安全可靠。假台牛可用木材或金属材料制成，要求大小适宜，坚实牢固，表面柔软干净，用牛皮伪装。用假台牛采精，应先对公牛进行调教，使其建立条件反射。

4）种公牛准备。平时种公牛的饲养管理要良好。采精前用温水对种公牛阴筒、龟头和下腹部进行冲洗并消毒。若阴筒周围有长毛，应进行修剪。

5）采精人员准备。采精人员要技术熟练、相对固定，这样熟悉种公牛的个体习性，使种公牛射精充分。

(2) 采精 一种理想的采精方法，应具备下列四个条件：可以全部收集公牛一次射出的精液；不影响精液品质；公牛生殖器官和性机能不会受到损伤或影响；器械用具简单，使用方便。对公牛多采用假阴道法采精。假阴道法是一种利用模拟母牛阴道环境条件的人工阴道，诱导公牛射精而采集精液的方法。

利用假台牛采精时，最好是将假阴道安放到假台牛后躯内，使种公牛爬跨假台牛而在阴道内射精，这是一种比较安全而简单的方法。但实践中常采用手持假阴道采精法。采精时将公牛引至台牛后面，采精员站在台牛后部右侧，右手握持备好的假阴道，当公牛爬跨台牛而阴茎未触及台牛时，迅速将阴茎导入假阴道（呈35°左右的角度）内即可射精。射精后，将假阴道的集精杯端向下倾斜，随公牛下落，让阴茎慢慢回缩自动脱出；阴茎脱出后，将假阴道直立、放气、放水，送化验室进行精液检查，检查合格后稀释。采精前可使公牛空爬1次或2次。

值得注意的是，公牛对假阴道的温度比压力更为敏感，因此其温度要更准确。而且公牛的阴茎非常敏感，在向假阴道内导入阴茎时，只能用掌心托着包皮，切勿用手直接抓握伸出的阴茎。同时，牛交配时间短促，只有数秒钟，当公牛向前一冲后即行射精。因此，采精动作力求迅速敏捷准确，并防止阴茎突然弯折而损伤。

> ⚠ **【注意】** 为了既最大限度地采集公牛精液，又维持其健康体况和正常生殖机能，必须合理安排采精频率（公牛每周的采精次数）。1头种公牛1周内的采精次数在2~3次，或1周采1次，但须连续采取2个批次射精量。对于科学饲养管理的体壮公牛，每周采精6次不会影响其繁殖力。青年公牛的采精次数应酌减。随意增加采精次数，不仅会降低精液品质，而且会造成公牛生殖机能降低和体质衰弱等不良后果。

(3) 精液品质检查 通过精液品质的检查，可断定精液品质的优劣以及在稀释保存过程中精液品质的变化情况，以便决定能否用于输精或冷冻。精液品质检查的主要项目如下。

1）外观和精液量。牛精液的正常颜色呈乳白色或乳黄色。精液

量一般为 3～10mL。刚采下的牛精液密度大，精子运动翻滚如云，俗称"云雾状"，云雾状越显著，表明牛精子活力、密度越好。

2）精子密度。测定精子密度的简单方法是取 1 滴新鲜精液在显微镜下观察。将精子密度分为密（精子之间没有什么空隙，精子之间的距离小于 1 个精子长度）、中（精子之间有一定空隙，其距离大约等于 1 个精子的长度）、稀（精子之间的距离较大，大于 1 个精子的长度）三类。

另一种较精确的方法是，用血球计数板来计算精子数，以确定精子密度。牛每毫升精液中含精子数 12 亿个以上的为密，8 亿～12 亿个的为中，8 亿个以下的为稀。

还有一种较好的方法，是利用光电比色计测定，根据精子浓度越大透光性越差的特点，与标准管进行比较，能迅速准确地测出精子浓度。

3）精子活率。评定精子活率有 2 种方法：第一种是评分法。用直线前进运动的精子占总精子数的百分比来表示。方法是，在 40℃ 以下，用 400 倍显微镜进行观察。直线前进运动的精子占精子数 90% 为 0.9，80% 的为 0.8，以此类推。牛新鲜精液活率在 0.4 以下的，冷冻精液在 0.3 以上的才能用以受精。第二种是精子染色法。方法是，用苯胺黑、伊红作染料，活精子不着色，死精子着色，据此计算死、活精子的百分数。

4）精子形态检查。精子形态正常与否对受精率有密切关系。畸形精子和顶体异常精子都无受精能力，畸形精子过多则受精能力降低，死胎怪胎增多。

① 畸形率。畸形率指精液中畸形精子所占的比例。凡是形态不正常的精子均为畸形精子，如无头、无尾、双头、双尾、头大、头小、尾部弯曲等。这些畸形精子都无受精能力，检查方法是将精液 1 滴放于载玻片的一端，用另一边缘整齐的盖玻片呈 30°～60° 角把精液推成均匀的抹片。待干燥后，用 0.5% 龙胆紫酒精溶液染色 2～3min，之后用水冲洗。干燥后，在 400 倍以上的高倍显微镜下计数 500 个精子，之后计算畸形精子百分率。牛正常精液的畸形率不得越过 18%。

② 顶体异常率。正常精子的顶体内含有多种与受精有关的酶类，在受精过程中起着重要作用。顶体异常的精子失去受精能力。顶体异常一般表现有膨胀、缺损、部分脱落、全部脱落等情况。发生的原因可能与精子生成过程不正常或副性腺分泌物不良有关，是由射出的精子遭受低温打击和冷冻伤害所致。正常情况下，牛的顶体异常率不超过6%。

(4) 精液的稀释和保存 精液稀释后，扩大了精液量，提高了优良种公牛的利用率。如果1次采出4~6mL精液，按原精液进行输精，1头母牛的输精量为1mL，只能输4~6头母牛。精液稀释后可以输50~160头母牛。稀释液中含有营养物质和缓冲物质，可以补充营养及中和精子代谢产物，防止精子受低温打击，延长精子存活时间。

1) 稀释液配制原则和稀释比例。配制稀释液的原则是现用现配。如果隔日使用和短期保存（1周），必须严格灭菌、密封，放在0~5℃冰箱中保存，但卵黄、抗生素、酶类、激素等物质，必须在使用前添加，配制稀释液用水应为新鲜的蒸馏水或重蒸水。药品最好用分析纯，称量药品必须准确，充分溶解、过滤、消毒。所用的应是新鲜鸡蛋的卵黄。所有配制用品都必须认真清洗和严格消毒，抗生素和卵黄等必须在稀释液冷却后加入。

精液稀释比例主要按采得精液的精子密度和活率确定，以保证解冻后每个输精剂量所含的直线前进的精子数不低于标准要求。牛的精液一般稀释比例为1：（10~40），精子密度在25亿以上的精液可以1：（40~50）的比例稀释。

2) 精液稀释方法。精液在稀释前首先检查其活率和密度，然后确定稀释倍数。将精液与稀释液同时置于30℃左右的恒温箱或水浴锅内，进行短暂的同温处理，稀释时，将稀释液沿器皿壁缓慢加入，并轻轻摇动，使之混合均匀。如果作高倍稀释（20倍以上）时，分两步进行，先加入稀释液总量的1/3~1/2，在混合均匀后再加入剩余的稀释液。稀释完毕后，再进行活率、密度检查，如果活率与稀释前一样，则可进行分装、保存。

3) 精液的常温保存。常温保存的温度一般是15~25℃。春、秋

季可放置在室内,夏季也可置于地窖或用空调控制的房间内,故又称室温保存或变温保存。牛常温保存常用的稀释液配方见表2-3。

表2-3 牛常温保存常用的稀释液配方

	伊利尼变温液[①]	康乃尔大学液	乙酸液[②]
基础液			
葡萄糖/g	0.21	0.21	—
二水柠檬酸纳/g	2	1.46	2
氯化钾/g	0.04	0.04	—
磺乙酰胺钠/g	—	—	0.0125
氨基乙酸/g	—	0.937	1
氨苯磺胺/g	0.3	0.3	—
甘油/mL	—	—	1.25
蒸馏水/mL	100	100	100
稀释液			
基础液(容量%)	90	80	79
2.5%乙酸(容量%)	—	—	1
卵黄(容量%)	10	20	20
青霉素/(国际单位/mL)	1000	1000	1000
双氢链霉素/(μg/mL)	1000	1000	1000
硫酸链霉素/(μg/mL)	—	—	1200
氯霉素(%)	—	—	0.0005

注:① 充二氧化碳20min,使pH调至6.35。
　　② 稀释液配好后充氮20min。

4)精液的低温保存。低温保存的温度是0~5℃。一般将稀释好的精液置于冰箱或广口保温瓶中,在保存期间要保持温度恒定,不可过高或过低。操作时注意严格遵守逐步降温的操作规程,防止低温打击(冷休克)。具体操作方法是先将装入稀释后精液的容器用数层纱布或药棉包裹好,然后置于0~5℃的低温环境中。牛低温保存常用的稀释液配方见表2-4。

表2-4 牛低温保存常用的稀释液配方

	葡—柠—卵液	葡—氨—卵液	葡—柠—奶—卵液
基础液			
二水柠檬酸钠/g	1.40	—	1.00
奶粉/g	—	—	3.00
葡萄糖/g	3.00	5.00	2.00
氨基乙酸/g	—	4.00	—
蒸馏水/mL	100	100	1000
稀释液			
基础液（容量%）	80	70	80
卵黄（容量%）	20	30	20
青霉素/(国际单位/mL)	1000	1000	1000
双氢链霉素/(μg/mL)	1000	1000	1000

5）冷冻精液的制作和保存。

① 鲜精要求：将新鲜的精液置于30℃环境中，迅速准确检查每头种公牛的精液品质。其品质优劣与冷冻效果密切相关，牛冷冻精液的国家标准要求鲜精，精子活率（下限）65%，精子密度（下限）8亿/mL，精子畸形率（上限）15%。

② 精液稀释：牛精液冷冻保存稀释液见表2-5。

表2-5 牛精液冷冻保存稀释液

细管冻精稀释液	基础液：2.9%柠檬酸钠100.0mL，卵黄10.0mL；稀释液：取基础液41.75mL，加果糖2.5g，甘油7.0mL
	脱脂牛奶83.0mL，卵黄20.0mL，甘油7.0mL
颗粒冻精稀释液	12.0%蔗糖液75.0mL，卵黄20.0mL，甘油5.0mL
	2.9%柠檬酸钠液73.0mL，卵黄20.0mL，甘油7.0mL

注：所有稀释液每100mL中添加青霉素、链霉素至少各5万~10万国际单位，现配现用。配方中所用试剂应为化学纯，水用双蒸水。

冷冻前的精液稀释方法见表2-6。

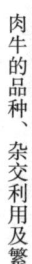

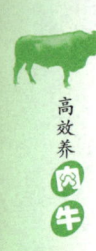

表2-6 冷冻前的精液稀释方法

1次稀释法	按常规稀释精液的要求，将精液冷冻保存稀释液按比例1次加入
2次稀释法	效果较好，但操作较为烦琐，常用于细管冷冻精液。2次稀释法的处理，一般将采集的精液先用不含甘油的基础液稀释至最终稀释倍数的1/2，经1h缓慢降温至5℃，然后再用含甘油的基础液在同温下作等量的第二次稀释。加入稀释液时可采用1次或多次加入或缓慢滴入等方法。经稀释的精液应取样检测其精子活率，要求不应低于原精的精子活率

③ 精液分装：目前冷冻精液的分装，一般采用颗粒、细管2种方法，亦称剂型。颗粒剂型是将处理好的稀释精液直接进行降温平衡，不必分装；细管剂型目前多采用0.25mL、0.5mL耐冻无毒塑料细管，有些大型种公牛站多采用自动细管冻精分装装置1次完成灌封、标记。对细管精液进行标记可用喷墨印刷机在塑料细管上印字和采用不同颜色的塑料细管来完成。

④ 降温和平衡：为了使精子免受低温打击造成损害，可采用缓慢降温的冻前处理方法，即将稀释后的精液由30℃以上温度，经1h缓慢降温至3~5℃。具体降温处理方法：将盛装稀释精液的试管封好管口，置于30℃水温的烧杯内，一起送至冰箱内或将盛装精液的试管或细管用6~8层纱布或毛巾包裹好放入冰箱内，使精液在冰箱内3~5℃环境中进行降温、平衡。

平衡是指将经缓慢降温后的精液，放在一定的温度下预冷，使其经历一定时间，经过平衡处理后的精液可增强冻结效果，其机理尚不清楚。有关平衡处理的温度和时间也尚不统一。欧美各国通常为4~5℃，前苏联多主张在0℃；还有人主张在-5℃下进行，时间2~4h；我国一般主张平衡温度为3~5℃，降温、平衡时间3~4h。

⑤ 冷冻：一般是将液氮盛于广口保温瓶或广口液氮容器内，在液氮面上约1cm距离。悬置一个铜纱网或其他冻精器材。利用液氮蒸发的冷气（其温度维持为1~11℃）冷却冻精器材和冻结经平衡的精液，制作冷冻精液，冷冻过程中的降温速率，通过调节精液与液氮面的距离和时间来加以控制。精液冷冻操作过程见表2-7。

表 2-7　精液冷冻操作

细管精液冷冻	将经平衡的细管精液，平铺摆放在纱网上，停留 5～10min 冻结，最后将合格的冻精移入液氮内储存。目前国内大型种公牛站使用计算机程序控制降温速冻装置，将经平衡的细管精液摆在细管架上，放于低温操作柜中，由计算机程序自动控制精液的降温速率，具有很好的冷冻效果
颗粒精液冷冻	先将灭菌的铜纱网（或灭菌铝饭盒盖）悬置液氮面上一定距离，使之冷却并维持在 -110～-80℃，或者用经液氮浸泡 5min 冷却的灭菌聚氯乙烯塑料板，漂浮液氮面上。然后迅速将平衡后的精液按剂量整齐地滴于网（板）上，停留 5min 熏蒸冻结，当精液颜色变白时浸入液氮内。最后将镜检合格的颗粒冻精，收集在有标记（品种、牛号、精液数量、生产日期、精液品质等）的灭菌纱布袋内，每一包装 50 粒或 100 粒，移入液氮内保存。在制作冷冻精液过程中，动作要快而准，要严格控制好精液冻结的降温速率，以求达到最佳的冻结效果。此外，每冻一批冷冻精液，必须随机取样检验，只有合格的冷冻精液才能作长期储存

⑥ 冷冻精液的保存：制作的冷冻精液，要存放于盛有液氮的液氮罐内保存和运输。液氮的温度为 -196℃，精子在这样低的温度下，完全停止运动和新陈代谢活动，处于几乎不消耗能量的休眠状态之中，从而达到长期保存的目的。

技术人员将抽样检查合格的各种剂型的冷冻精液，分别妥善包装以后，还要做好品种、种牛号、冻精日期、剂型、数量等标记。然后放入超低温的液氮内长期保存备用。保存中，必须坚持保存温度恒定不变、精液品质不变的原则，以达到精液长期保存的目的。

冻精取放时，动作要迅速，每次最好控制在 5～10s 之间，并及时盖好容器塞，以防液氮蒸发或异物进入。在液氮中提取精液时，切忌把包装袋提出液氮罐口外，而应置于罐颈之下。

液氮易于汽化，放置一段时间后，罐内液氮的量会越来越少，如果长期放置，液氮就会耗干。因此，必须注意罐内液氮量的变化并定期添加液氮，不能使罐内保存的细管精液或颗粒精液暴露在液氮面上，平时罐内液氮的容量应该达到整个罐的 2/3 以上。拴系精液包装袋的绳子，切勿让其相互绞缠，使得精液未能浸入液氮内而

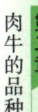

长时间悬吊于液氮罐中。

⑦ 冷冻精液的运输：冷冻精液需要运输到外地时，必须先查验一下精子的活力，并对照包装袋上的标签查看精子出处、数量，做到万无一失后方可进行运输。应有专人负责，办好交接手续，附带运输精液的单据。选用的液氮罐必须具有良好保温性能，不漏气、不漏液。运输时应加满液氮，罐外套上保护外套。装卸时应轻拿轻放，不可强烈振动，以免把罐掀倒。此外，防止液氮罐被强烈的阳光暴晒，以减少液氮蒸发。

> ⚠️ 【注意】液氮罐是长期储存精液的容器，为了使其中存放的精液质量不受影响，我们必须会使用液氮罐，并进行定期管护。日常要将液氮罐放置在干燥、避光、通风、阴凉的室内。不能倾斜更不能倒伏，要稳定安放不要随便四处挪动。要精心爱护随时检查，严防乱碰乱摔容器的事故发生。

（5）输精准备

1）输精前准备。牛用玻璃或金属输精器可用蒸汽、75%酒精或放入高温干燥箱内消毒；输精胶管因不宜高温，可用酒精或蒸汽消毒。输精器宜每头母牛准备一支。输精器在使用前用稀释液冲洗2次。

2）母牛准备。将接受输精的母牛固定在六柱栏内，尾巴固定于一侧，用0.1%新洁尔灭溶液清洗消毒外阴部，再用酒精棉球擦拭。

3）输精员安排。输精员要身着工作服，指甲需剪短磨光，戴一次性直肠检查手套或手臂洗净擦干后用75%酒精消毒，待完全挥发干再持输精器。

（6）精液的解冻与检查

1）颗粒精液的解冻。颗粒冻精解冻的稀释液要另配，解冻前先要配制解冻稀释液，一般常用2.9%柠檬酸钠溶液、维生素B_{12}（0.5mL）溶液、葡柠液（葡萄糖3%、二水柠檬酸钠1.4%）。各种解冻液均可分装于玻璃安瓿中，经灭菌后长期备用。解冻时，先取1~1.5mL解冻液放入小试管内，在40℃水浴中经2~3min后投入1或2粒精液颗粒。待溶化1h，即取出精液试管，在常温下轻轻摇动至完全解冻后，检查评定精子活率，然后进行输精。

2）细管精液的解冻。细管冷冻精液不需要解冻稀释液。方法有四种：第一种是由液氮罐内迅速取出一支细管冷冻精液，立即投入40℃温水中；第二种是放在室温下自然融化；第三种是握在手中或装在衣袋里靠体温融化；第四种是将冷冻细管精液装在输精器上直接输精，靠母牛阴道和子宫颈温度来溶解。细管精液品质检查可按批抽样测定，不需要每支精液都检查。

3）冷冻精液的检查。冷冻精液质量的检查，一般是在解冻后进行。其主要指标有精子活率、精子密度、精子畸形率及顶体完整率和存活时间等。要求各项指标符合用于输精冷冻精液的要求，方可用于配种，否则弃之。牛冷冻精液质量的国家标准（GB 4143—2008）主要指标见表2-8。

表2-8 奶牛、兼用牛、肉牛和黄牛的冷冻精液产品国家标准

剂　型	细管、颗粒和安瓿
剂量	细管：中型0.5mL，微型0.25mL；颗粒0.1±0.01mL；安瓿0.5mL
精子活力	解冻后的活力，指呈直线前进运动的精子百分率为（下限）30%（即0.3）；精子复苏率（下限）50%
每一剂量解冻后呈直线前进运动的精子数	细管：每支（下限）1000万个；颗粒：每粒（下限）1200万个；安瓿：每支（下限）1500万个
解冻后的精子畸形率	（上限）20%
解冻后的精子顶体完整率	（下限）40%
解冻后的精液无病原性微生物	每毫升中细菌菌落数（上限）1000个
解冻后的精子存活时间	在5~8℃储存时（下限）为12h；在37℃储存时（下限）为4h

4）精液解冻注意事项。一是冷冻精液宜临用时现解冻，立即输精。解冻后至输精之间的时间，最长不得超过2h，其中细管冻精应在1h之内，颗粒冻精应在2h之内；二是解冻时，应事先预热好解

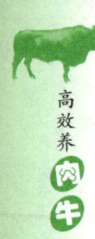

冻试管及解冻液,再快速由液氮容器内取出1粒(支)冻精,尽快融化解冻;三是在解冻中切忌精液内混入水或其他不利精子生存的物质,同时避免刺激气味(如农药)等对精子的不良影响;四是解冻时要恰当掌握冷冻精液的融化程度,不能时间长,否则会影响精子的受精能力;五是需要冷冻精液解冻后作短时间保存时,应采用含卵黄的解冻液,以1.0~15℃水温解冻,逐渐降到2~6℃环境中保存。保存温度要恒定,切忌温度升高。精液解冻后必须保持所要求的温度,严防在操作过程中温度出现回升或回降。冷冻精液解冻后不宜存放时间过长,应在1h内输精。

(7)输精适期 冷冻精液输入母牛生殖道以后,其存活时间大大缩短。这就给选定输精时机提出了更高的要求。输精时间过早,待卵子排出后,精子已衰老死亡;输精过晚,排卵后输精的受胎率又很低。所以使用冷冻精液输精的时间应当比使用新鲜精液适当推迟一些,输精间隔时间也应该短一些。母牛输精时机掌握在发情中、后期,发现母牛接受其他牛爬跨静立不动后8~12h输精。生产实践中一般这样掌握:早晨(9:00以前)发情的母牛,当日晚输精;中午前后发情的母牛,当日晚输精;下午(2:00以后)发情的母牛,次日早晨输精。

(8)输精方法 目前给牛输精常用的方法是直肠把握子宫颈输精法。术者左手臂上涂擦润滑剂后,左手呈楔形插入母牛直肠,触摸子宫、卵巢、子宫颈的位置,并令母牛排除粪便,然后消毒外阴部。为了保护输精器在插入阴道前不被污染,可先使左手四指留在肛门后,向下压拉肛门下缘,同时用左手拇指压在阴唇上并向上提拉,使阴门张开,右手趁势将输精器插入阴道。左手再进入直肠,摸清子宫颈后,左手心朝向右侧握住子宫颈,无名指平行握在子宫颈外口周围。这时要把子宫颈外口握在手中,假如握得太靠前会使颈口游离下垂,造成输精器不易对上颈口。右手持装有精液的输精器,向左手心中深插,输精器即可进入子宫颈外口。然后,多处转换方向向前探插,同时用左手将子宫颈前段稍作抬高,并向输精器上套。输精器通过子宫颈管内的硬皱襞时,会有明显的感觉。当输精器一旦越过子宫颈皱襞,立即感到畅通无阻,这时即抵达子宫体处。当输精器处于子宫颈管内时,手指是摸不到的,输精器一进入子宫体,即可很清楚地触摸到输精器的前段。确认输精器进入子宫体时,应向后抽退一点,勿使子宫壁堵塞住输精器尖端出口处,然后缓慢地、顺利地将精液注入,再轻轻地抽出输精器。

(9) 输精时的注意事项 一是输精操作时,若母牛努责过甚,可采用喂给饲草、捏腰、拍打眼睛、按摩阴蒂等方法使之缓解,若母牛直肠呈罐状时,可用手臂在直肠中前后抽动以促使松弛;二是操作时动作要谨慎,防止损伤子宫颈和子宫体;三是输精深度,子宫颈深部、子宫体、子宫角等不同部位输精的受胎率没有显著差别,但是输精部位过深容易引起子宫感染或损伤,所以采取子宫颈深部或子宫体输精是比较安全的。

四 妊娠及鉴定

1. 妊娠母牛的妊娠变化

(1) 生理变化 母牛配种后,精子在自身尾部摆动及生殖道蠕动作用下向输卵管壶腹部运动,并在此与卵巢排出的卵子相融合,形成一个受精卵,从受精卵形成开始到分娩结束的一段时间叫妊娠期。母牛妊娠(或怀孕)后,生理及形态会发生相应的变化。

(2) 生殖器官的变化

1)卵巢变化。妊娠后卵巢上的黄体成为妊娠黄体,并以最大体积持续存于整个妊娠期。

2)子宫变化。随着妊娠期延长,子宫体和子宫角随胚胎的生长发育而相应扩大。在整个妊娠期内孕角的增长速度远大于空角,所以孕角始终大于空角。在妊娠前半期,子宫体积增长速度快于胎儿。子宫壁变得较原来肥厚。至妊娠后半期,子宫的增长速度没有胎儿及胎水增长快,因而子宫壁被动扩张而变薄。妊娠后,子宫血流量增加,血管扩张变粗,尤其是动脉血管内膜褶皱变厚,加之和肌肉层的联系疏松,使原来间隔明显的动脉脉搏变为间隔不明显的颤动(孕脉)。

3)乳房变化。妊娠开始后,在黄体酮和雌激素作用下,乳房逐渐变得丰满,特别是到妊娠中后期,这种变化尤为明显。到分娩前几周,乳房显著增大,能挤出少量乳汁。

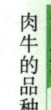

4）营养状况变化。妊娠母牛新陈代谢旺盛，食欲增加，消化能力提高，营养状况改善，毛色变得光润；加之胎儿、胎水的增长，所以母牛体重增加。妊娠后期，胎儿急剧生长，母牛要消耗在妊娠前期所积蓄的营养物质以满足胎儿生长发育的需要。此阶段如果饲养管理不当，母牛会逐渐消瘦；如果饲料中缺钙，母牛就会动用自身骨骼中的钙以满足胎儿发育的需要，严重时会使母牛后肢跛行，牙齿磨损得较快。

5）其他变化。随着胎儿逐渐增大，母牛腹内压力升高，内脏器官的容积减小，因而排粪排尿次数增加但量减少。由于胎儿增大，胎水增加，母牛腹部膨大，且孕侧比空侧凸出。至妊娠后半期，母牛的行动变得比较笨重、缓慢、谨慎且易疲劳和出汗。有些母牛至怀孕后期，巨大的子宫压迫后腔血管，使血液循环受阻，常见到下腹部和后肢出现水肿。

2. 妊娠诊断

通过妊娠诊断可以确定母牛是否妊娠，以便对已妊娠者加强饲养管理，对未妊娠者找出原因，及时补配，从而提高母牛的繁殖率。由于准确的受精时间很难确定，故常以最后一次受配或有效配种之日算起，母牛妊娠期平均为 285 天（范围 260～290 天），不同品种之间略有差异。其诊断方法如下。

（1）外部观察法 对配种后的母牛在下一个发情期到来前后，注意其是否 2 次发情，如果不发情，则可能受胎。但这并不完全可靠，因为有的母牛虽然没有受胎但在发情时表现不明显（安静发情/暗发情）或不发情，而有些母牛虽已受胎但仍有表现发情的（假发情）。另外，观察其行为、食欲、营养状况及体态等对妊娠诊断也有一定的参考价值。

（2）阴道检查法 妊娠母牛阴道黏膜变苍白，比较干燥。妊娠 1～2 个月时，子宫颈门附近即有黏稠黏液，但量尚少；至 3～4 个月后就很明显，并变得黏稠灰白或灰黄，如同稀糊；以后逐渐增多黏附在整个阴道壁上，附着于开膣器上的黏液呈条纹或块状。至妊娠后半期，可以感觉到阴道壁松软、肥厚，子宫颈位置前移，且往往偏于一侧。

(3) 直肠检查法 是判断母牛是否怀孕的最可靠的方法。在妊娠2个月左右，可以做出正确判断。如果有丰富的直肠检查经验和详细的记载，在1个月左右就可诊断。首先摸到子宫颈，再将中指向前滑动，寻找角间沟；然后将手向前、向下、再向后，试把2个子宫角都掌握在手内，分别触摸。经产牛子宫角有时不呈绵羊角状而垂入腹腔，不易全部摸到；这时可先握住子宫颈将子宫颈向后拉，然后手带着肠管迅速向前滑动，握住子宫角，这样逐渐向前移，就能摸清整个子宫角；再在子宫角尖端外侧或下侧寻找卵巢。

寻找子宫动脉的方法是将手掌贴骨盆顶向前移，越过岬部（荐骨前端向下凸起的地方）以后，可清楚地摸到腹主动脉的两粗大分支——髂内动脉。子宫中动脉和脐动脉共同起于髂内动脉。子宫中动脉从髂内动脉分出后不远即进入子宫阔韧带内，所以追踪时感觉它是游离的。触诊阴道动脉子宫支（子宫后动脉）的方法，是将指尖伸至相当于荐骨末端处，紧贴在骨盆侧壁的坐骨上棘附近，前后滑动手指。子宫后动脉是骨盆内比较游离的一条动脉，由上向下行，而且很短，所以容易识别。

牛直肠黏膜受到刺激易渗出血液，手在直肠内操作时，只能用指肚，指尖不要触及黏膜。手应随肠道收缩波面稍向后退，不可向前伸。

妊娠月份不同，母牛卵巢位置、子宫状态及位置及子宫动脉状况都会发生不同变化。

(4) 血奶中黄体酮水平测定法

1）全奶黄体酮含量测定法。分别采配种后 21~24 天和 42 天的奶样各一份，在室温下摇匀，取奶样 20μL，加抗体 0.1mL（稀释度为 1∶(10000~12000)），放置 15min，再加 H—孕酮 0.1mL，于 4℃孵育 16~24h 时，然后在水浴中加活性炭悬浮液 0.2mL（由活性炭 625mg、葡萄糖 4062.5mg、PBS（磷酸盐缓冲液）100mL），振荡 15min，3000 转/min 离心 10min，取上清液加闪烁液 5mL，过夜后测定黄体酮含量。

2）乳脂黄体酮测定法。取 2.5mL 奶样，加混合溶剂（15% 正丁醇，49% 正丁胺，36% 蒸馏水）0.5mL，混旋提取 30s，85℃水浴 1.5min，

离心2min（3000转/min），即提出乳脂。取提取的乳脂10μL，加1mL石油醚提取乳脂黄体酮（用前蒸馏），混旋提取30s加入1mL甲醇（90%），提取30s弃去石油醚，吸0.2mL（双样）甲醇液，65℃水浴挥发干，然后加入0.1mL缓冲液。最后测定乳脂黄体酮含量，加抗血清0.5mL［1：（13000~20000）］，室温放置15min，再加H—孕酮0.1mL，其余操作与全奶相同。

黄体酮判断值以大于5.0ng/mL为妊娠，小于5.0ng/mL为未妊娠。测定配种后21~24天全乳和乳脂的黄体酮值判别为妊娠的准确率分别为87.76%和86.60%。

（5）超声波诊断法 超声波诊断是利用超声波的物理特性和不同组织结构的特性相结合的物理学诊断方法。国内外研制的超声波诊断仪有好多种，国内研制的有两种：一种是用探头通过直肠探测母牛子宫动脉的妊娠脉搏，由信号显示装置发出不同的声音信号，来判断妊娠与否；另一种是用探头自阴道伸入，显示的方法有声音、符号、文字等形式。测定结果表明，妊娠30天内探测子宫动脉反应，40天以上探测胎心音可达到较高的准确率。用B超诊断仪测定时，其探头放置在右侧上方的腹壁上，探头方向朝向妊娠子宫角，显示屏可清楚地观察胎泡的位置、大小，并且可以定位照相。移动探头的方向和位置可见胎儿各部的轮廓、心脏的位置和跳动情况，以确定单胎或双胎等。

（6）激素反应法 给配种18~22天的牛肌注合成雌激素（苯甲酸雌二醇、己烯雌酚等）2~3mg，5天后不发情为妊娠。其原因是妊娠母牛黄体酮含量高，可以对抗适量的外源雌激素，以致不发情。

（7）碘酒法 取配种20~30天的母牛鲜尿10mL，滴入2mL 7%的碘酒溶液，充分混合，待5~6min后，颜色呈紫色的为妊娠，不变色或稍带碘酒色的为未妊娠。

（8）阴道黏液抹片检查法 取子宫颈阴道黏液一小块，置于载玻片中央，盖上另一玻片，轻轻旋转2~3转，去上面玻片，使其自然干燥，加上10%硝酸银几滴，1min后用水冲洗，再滴吉姆萨染色液3~5滴，加水1mL进行染色30min，用水冲洗后干燥镜检：如果视野中出现短而细的毛发状纹路，并呈紫红色或浅红色的为妊娠表现；若出现较粗纹路，为黄体期或妊娠6个月以后的症状；若是羊齿植物状纹路，为发情的黏液性状；出现上皮细胞团，则为炎症的表现。对妊娠23~60天的母牛检测准确率达90%以上。

（9）眼线法 母牛妊娠期瞳孔正上方巩膜上出现3根特别显露而竖立的粗血管，呈紫红色，称之为"妊娠血管"。这一症状自妊娠开始产生，产犊后7~15天消失。

五 母牛的分娩

1. 预产期预算

肉牛以妊娠期280天计，预产期为交配月份数减3，交配日数加6。

假如一头母牛是2011年8月22日交配，则预产期为2012年5月(8-3=5)28日(22+6=28)。

假如一头母牛是2011年1月30日交配，则预产期为2011年11月6日。推算方法为：1+12-3=10（月）（不够减可以预借1年），30+6=36（日）（超过1个月的日数可减去1个月30天，即下一个月的日数，把减去的1个月加到推算的月份上），所以是2011年11月6日。

2. 分娩前预兆（表2-9）

表2-9 分娩前预兆

部位	预兆
乳房	前一周左右，母牛乳房比原来大1倍，到产前2~3天，乳房肿胀，皮肤紧绷，乳头基部红肿，乳头变粗，用手可挤出少量浅黄色黏稠的初乳，有些母牛有漏奶现象
外阴部	临产前1周，外阴部松软、水肿，皮肤皱襞平展，阴道黏膜潮红，子宫颈口的黏液塞逐渐溶化。在分娩前1~2天，子宫颈塞随黏液从阴道排出，呈半透明索状悬垂于阴门外。当子宫颈扩张2~3h后，母牛便开始分娩
骨盆	临分娩前数天，骨盆部的韧带变得松弛、柔软，尾根两边塌陷，以适于胎儿通过。用手握住尾根上下运动时，会明显感到尾根与荐骨容易上下移动的现象
行为	母牛表现为活动困难，起立不安，尾高举，不时地回顾腹部，常作排粪尿姿势，时起时卧，初产牛则更显得不安。分娩预兆与临产间隔时间因个体不同而有所差异，一般情况下，在预产期前的1~2周，将母牛移入产房，对其进行特别照料，做好接产、助产工作。上述各种现象都是分娩即将来临的预兆，但要全面观察综合分析才能做出正确判断

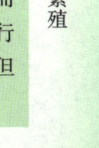

3. 分娩过程

(1) 开口期 是从子宫开始阵缩到子宫颈口充分开张为止，一般需 2~8h（范围为 0.5~24h）。特征是只有阵缩而不出现努责。初产牛不安，时起时卧，徘徊运动，尾根抬起，常作排尿姿势，食欲减退；经产牛一般比较安静，有时看不出有什么明显表现。

(2) 胎儿产出期 从子宫颈充分张开至产出胎儿为止，一般持续 3~4h（范围 0.5~6h），初产牛一般持续时间较长。若是双胎，则两胎儿排出间隔时间一般为 20~120min。特点是阵缩和努责同时作用。进入该期，母牛通常侧卧，四肢伸直，强烈努责，羊膜绒毛膜形成囊状突出阴门外，该囊破裂后，排出浅白或微带黄色的浓稠羊水。胎儿产出后，尿囊才开始破裂，流出黄褐色尿水。因此，牛的第一胎水一般是羊水，但有时尿囊可先破裂，然后羊膜囊才突出阴门破裂。在羊膜破裂后，胎儿前肢和唇部逐渐露出并通过阴门，这时母牛稍事休息，继续把胎儿排出。

(3) 胎衣排出期 从胎儿产出后到胎衣完全排出为止，一般需 4~6h（范围 0.5~12h）。若超过 12h，胎衣仍未排出，即为胎衣不下，需及时采取处理措施。此期特点是当胎儿产出后，母牛即安静下来，经子宫阵缩（有时还配合轻度努责）而使胎衣排出。

4. 接产前的准备

(1) 产房 产房应当清洁、干燥，光线充足，通风良好，无贼风，墙壁及地面应便于消毒。在北方寒冷的冬季，应有相应取暖设施，以防犊牛冻伤。

(2) 用品及药械 在产房里，接产用具及药械（70% 酒精、2%~5% 碘酒、煤酚皂、催产药物等）应放在一定的地方，以免临时缺此少彼，造成慌乱。此外，产房里最好还要备有一套常用的手术助产器械，以备急用。

(3) 接产人员 接产人员应当受过接产训练，熟悉牛的分娩规律，严格遵守接产的操作规程及值班制度。分娩期尤其要固定专人，并加强夜间值班制度。

5. 接产

接产的目的在于对母牛和胎儿进行观察，并在必要时加以帮助，达到母犊安全。但应特别指出，接产工作一定要根据分娩的生理特点进行，不要过早过多地干预。为保证胎儿顺利产出及母犊安全，接产工作应在严格消毒的原则下进行。其步骤如下：

（1）清洗消毒 清洗母牛的外阴部及其周围，并用消毒液（如1％煤酚皂溶液或0.1％高锰酸钾药液对外阴及周围体表和尾根部进行消毒）擦洗。用绷带缠好尾根，拉向一侧系于颈部。在产出期开始时，接产人员穿好工作服及胶围裙、胶鞋，并消毒手臂准备做必要的检查。

（2）临产检查 当胎膜露出时至胎水排出前，可将手臂伸入产道，进行临产检查，以确定胎向、胎位及胎势是否正常，以便对胎儿的反常做出早期矫正，避免难产的发生。如果胎儿正常，正生时，应三件（唇及两前蹄）俱全，可等候其自然排出。除检查胎儿外，还可检查母牛骨盆有无变形，阴门、阴道及子宫颈的松软扩张程度，以判断有无因产道反常而发生难产的可能。

（3）撕破胎膜 正常情况下，在胎儿唇部或头部露出阴门以前，不要急于扯破胎膜，以免胎水流失过早，不利于胎儿产出。当胎儿唇部或头部露出阴门外时，如果上面覆盖有胎膜，可把它撕破，并把胎儿鼻孔内的黏液擦净，以利于呼吸。

（4）注意观察 注意观察努责及产出过程是否正常。如果母牛努责，阵缩无力，或其他原因（产道狭窄、胎儿过大等）造成产仔滞缓，应迅速拉出胎儿，以免胎儿因氧气供应受阻，反射性吸入羊水，引起异物性肺炎或窒息。在拉胎儿时，可用产科绳缚住胎儿两前肢球节或两后肢系部（倒生）交于助手拉住，同时用手握住胎儿下颌（正生），随着母牛的努责，左右交替用力，顺着骨盆轴的方向慢慢拉出胎儿。在胎儿头部通过阴门时，要注意用手捂住阴唇，以防阴门上角或会阴撑破。在胎儿骨盆部通过阴门后，要放慢拉出速度，防止子宫脱出和产牛腹压突然下降而导致脑贫血。

（5）助产 一般情况下，母牛的分娩不需要助产，接产人员只需监督分娩过程即可。但当胎位不正、胎儿过大、母牛分娩无力等情况时，必须进行必要的助产。助产的原则是，尽可能做到母子安全，在不得已的情况下舍子保母，同时必须力求保持母牛的繁殖

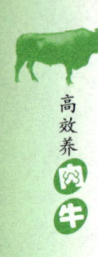

能力。

当胎儿口鼻露出,却不见产出时,将手臂消毒后伸入产道,检查胎儿的方向、位置和姿势是否正常。若头在上,两蹄在下,无曲肢为正常让其自然分娩;若是倒生,应及早拉出胎儿,以免脐带挤压在骨盆底下使胎儿窒息死亡。在拉胎儿时,用力应与母牛的阵缩同时进行。当胎头拉出后应放慢拉的动作,以防子宫内翻或脱出。

当胎儿前肢和头部露出阴门,但羊膜仍未破裂时,可将羊膜扯破。擦净胎儿口腔、鼻周围的黏液,让其自然产出。当破水过早,产道干燥或狭窄或胎儿过大时,可向阴道内灌入肥皂水,润滑产道以便拉出胎儿。必要时切开产道狭窄部,胎牛娩出后,立即进行缝合。

(6)清理 胎儿产出后,应立即将其口鼻内的羊水擦干,并观察呼吸是否正常。身体上的羊水可让母牛舔干,这样一方面母牛可因吃入羊水(内含催产素)而使子宫收缩加强,利于胎衣排出,另外还可增强母犊关系。为了尽快让犊牛体表变干和促进犊牛皮肤血液循环,护理人员可以使用洁净的草或干燥的软布帮助擦干,尤其是较为寒冷的季节要尽快擦干,以防犊牛受寒而发病。如果发现胎儿窒息要立即进行抢救。

(7)脐带处理 产出胎儿的脐带有时会自行扯断,一般不必结扎,但要用5%~10%碘酊充分消毒,以防感染;胎儿产出后,如果脐带还未断,应将脐带内的血液挤入犊牛体内,这对增进犊牛的健康有一定好处。人工断脐时脐带断端不宜留得太长。断脐后,可将脐带断端在碘酒内浸泡片刻或在其外面涂以碘酒,并将少量碘酒倒入羊膜鞘内。如果脐带有持续出血现象,须加以结扎。

(8)犊牛护理 犊牛产出后不久即试图站立,但最初一般是站不起来的,应加以扶助,以防摔伤。对母牛和新生犊牛注射破伤风抗毒素,以防感染破伤风。

6. 难产处理

在难产的情况下助产时,必须遵守一定的操作原则,即助产时除挽救母牛和胎儿外,要注意保持母牛的繁殖力,防止产道的损伤和感染。为便于矫正和拉出胎儿,特别是当产道干燥时,应向产道

内灌注大量滑润剂。为了便于矫正胎儿异常姿势，应尽量将胎儿推回子宫内，否则产道空间有限不易操作，要力求在母牛阵缩间歇期将胎儿推回子宫内。拉出胎儿时，应随母牛努责而用力。

难产极易引起犊牛的死亡，并严重危害母牛的繁殖力。因此，难产的预防是十分必要的。首先，在配种管理上，不要让母牛过早配种，由于青年母牛仍在发育，分娩时常因骨盆狭窄导致难产；其次，要注意母牛妊娠期间的合理饲养，防止母牛过肥、胎儿过大造成难产；另外，要安排适当的运动，这样不但可以提高营养物质的利用率使胎儿正常发育，还可提高母牛全身和子宫的紧张性，使分娩时增强胎儿活力和子宫收缩力，并有利于胎儿转变为正常分娩胎位、胎势，以减少难产及胎衣不下、产后子宫复位不全等的发生。

> 【提示】 在临产前及时对孕牛进行检查、矫正胎位，可以减少难产发生。

7. 产后护理

产后期是指从胎衣排出到生殖器官恢复到妊娠前状态的一段时间。产出胎儿时，子宫颈开张，产道黏膜表层可能造成损伤；产后子宫内又积存大量恶露，都为病原微生物的繁殖和侵入创造了条件，因此，对产后期的母牛应加以妥善护理，以促进母牛机体尽快恢复正常，预防疾病，保证其具有正常的繁殖机能。产后母牛的护理应做到以下几点：

（1）注意产后期卫生 应对母牛外阴部及周围区域进行清洗和消毒，并防止苍蝇叮蜇。常更换、消毒褥草。

（2）加强饲养 分娩之后，要及时供给母牛新鲜清洁的饮水和麸皮汤等，以补充机体水分。在产后最初几天，应供给母牛质好易消化的饲料，但不宜过多，以免引起消化道疾病。一般经5～6天可逐渐恢复正常饲养。

（3）注意日常监护 在分娩之后，还应观察母牛努责状况。如果产后仍有努责，应检查子宫内是否还有胎儿或滞留的胎衣及子宫内翻的可能，如果有上述情况应及时处理。牛产后3～4天恶露开始大量流出，头2天色暗红，以后呈黏液状，逐渐变为透明，10～12

天停止排出，恶露一般只腥不臭，如果母牛在产后3周仍有恶露排出或恶露腥臭，表示有子宫感染现象，应及时治疗。此外，还应观察母牛的精神状态、饮食欲、外生殖器官或乳房等，一旦有异常应查明原因，及时处理。

六 繁殖新技术

规模化饲养肉牛，可以充分利用繁殖方面的新技术，提高肉牛繁殖效率和能力。

1. 同期发情

同期发情又称同步发情，就是利用某些激素制剂人为地控制并调整一群母牛发情周期的进程，使之在预定时间内集中发情。同期发情可以使母牛群集中发情，有利于人工授精技术的推广，有利于生产的安排与组织（可使母牛配种妊娠、分娩及犊牛的培育在时间上相对集中，便于肉牛的成批生产和提高劳动效率）和提高繁殖率（能使乏情状态的母牛出现性周期活动）。

同期发情机理，母牛的发情周期从卵巢的机能和形态变化方面可分为卵泡期和黄体期两个阶段。卵泡期是在周期性黄体退化继而血液中黄体酮水平显著下降后，卵巢中卵泡迅速生长发育，最后成熟并导致排卵的时期，这一时期一般是从周期第18～21天。卵泡期之后，卵泡破裂并发育成黄体，随即进入黄体期，这一时期一般从周期第1～17天。黄体期内，在黄体分泌的孕激素的作用下，卵泡发育成熟受到抑制，母牛不表现发情，在未受精的情况下，黄体维持15～17天，即行退化，随后进入另一个卵泡期。相对高的孕激素水平可抑制卵泡发育和发情，由此可见黄体期的结束是卵泡期到来的前提条件。因此，同期发情的关键就是控制黄体寿命，并同时终止黄体期。

用于母牛同期发情处理应用的药物种类很多，方法也有多种，但较适用的是孕激素埋植法和孕激素阴道栓塞法以及前列腺素法三种。

（1）孕激素埋植法 将一定量的孕激素制剂装入管壁有小孔的塑料细管中，利用套管针或者专门埋植器将药管埋入耳背皮下，经一定天数，在埋植处作切口将药管同时挤出，同时，注射孕马血清促性腺激素500~800国际单位。也可将药物装入硅橡胶管中埋植，硅橡胶有微孔，药物可渗出。药物用量依种类而不同，如18-甲基炔诺酮为15~25mg。目前国外已有埋植物制品在市场出售。

（2）孕激素阴道栓塞法 栓塞物可用泡沫塑料块或硅橡胶环制成，后者为一螺旋状钢片，表面敷以硅橡胶。它们包含一定量的孕激素制剂。将栓塞物放在子宫颈外口处，其中激素即渗出。处理结束时，将其取出即可，或同时注射孕马血清促性腺激素。

孕激素的处理有短期（9~12天）和长期（16~18天）两种。长期处理后，发情同期率较高，但受胎率较低；短期处理后，发情同期率较低，而受胎率接近或相当于正常水平。如果在短期处理开始时，肌注3~5mg雌二醇（可使黄体提前消退和抑制新黄体形成）及50~250mg的黄体酮（阻止即将发生的排卵），这样就可提高发情同期化的程度。但由于使用了雌二醇，故投药后数日内母牛出现发情表现，但并非真正发情，故不要授精。使用硅橡胶环时，环内附有一胶囊，内装上述量的雌二醇和黄体酮，以代替注射。

孕激素处理结束后，在第二、第三、第四天内大多数母牛有卵泡发育并排卵。

（3）前列腺素法 前列腺素的投药方法有子宫注入（用输精管）和肌内注射两种，前者用药量少，效果明显，但注入时较为困难；后者操作容易，但用药量需适当增加。

前列腺素处理法只有当母牛在周期第5~18天（有功能黄体时期）才能产生发情反应。对于周期第五天以前的黄体，前列腺素并无溶解作用。因此，用前列腺素处理后，总有少数牛无反应，对于这些牛需作二次处理。有时为使一群母牛有最大程度的同期发情率，第一次处理后，表现发情的母牛不予配种，经10~12天后，再对全群牛进行第二次处理，这时所有的母牛均处于周期第5~18天之内。故第二次处理后母牛同期发情率显著提高。

前列腺素制剂不同，给药方法不同，其用药剂量也不相同：前列腺素的用量为子宫内注入3~5mg，肌内注射20~30mg；国产甲基前列腺素F2a、前列腺素F2a甲酯以及13去氢前列腺素3种制剂注入子宫颈的用量分别为1~2mg、2~4mg和1~2mg。国外生产的高

效 PGF2a 类似物制剂肌内注射 0.5mg 即可。

用前列腺素处理后，一般第 3~5 天母牛出现发情，比孕激素处理晚 1 天。因为从投药到黄体消退需要将近一天时间。

有人将孕激素短期处理与前列腺素处理结合起来，效果优于二者单独处理。即先用孕激素处理 5~7 天或 9~10 天，结束前 1~2 天注射前列腺素。不论采用什么处理方式，处理结束时配合使用孕马血清促性腺激素，均可提高同期发情率和受胎率。

同期发情处理后，虽然大多数牛的卵泡正常发育和排卵，但不少牛无外部发情症状和性行为表现，或表现非常微弱，其原因可能是激素未达到平衡状态；第二次自然发情时，其外部症状、性行为和卵泡发育则趋于一致。

2. 超数排卵

超数排卵简称超排，就是在母牛发情周期的适当时间注射促性腺激素，使卵巢比自然状况下有更多的卵泡发育并排卵。超数排卵可以诱发多个卵泡发育，增加受胎比例（双胎率提高），提高繁殖率。

（1）药物种类 用于超排的药物大体可分为两类：一类促进卵泡生长发育；另一类促进排卵。前者主要有孕马血清促性腺激素和促卵泡素；后者主要有人绒毛膜促性腺激素和促黄体素。

（2）处理方法 处理时间一般在预计发情到来之前 4 天即发情周期的第 16 天注射促卵泡素或孕马血清促性腺激素，在出现发情的当天注射人绒毛膜促性腺激素。目前各国对供体母牛作超排处理的方法是在供体母牛发情周期的中期肌注孕马血清促性腺激素，以诱导母牛有多数卵泡发育。两天后肌注前列腺素 F2a，或其类似物以消除黄体，2~3 天发情。为了使排出的卵子有较多的受精机会，一般在发情后授精 2~3 次，每次间隔 8~12h。

我国内蒙古自治区制定了超数排卵的地方标准。促卵泡素 5 天注射法：以母牛发情之日作为周期的 0 天，在母牛发情周期的第 9 天，每天早（7：00~8：00）和晚（19：00~20：00）各注射一次促卵泡素，连续 5 天，递减注射。

影响超数排卵效果的因素很多，有许多仍不十分清楚。一般不同品种不同个体用同样的方法处理,其效果差别很大。青年母牛的超数排卵效果优于经产母牛。此外,使用促性腺激素的剂量、前次超排至本次发情的间隔时间、采卵时间等均可影响超排效果。如果反复对母牛进行超排处理,需间隔一定时期。一般第二次超排应在首次超排后 60~80 天进行,第三次超排应在第二次超排后 100 天进行。增加用药剂量或更换激素制剂,药量过大、过于频繁地对母牛进行超排处理,则不仅超排效果差,还可能导致卵巢囊肿等病变。

3. 诱发发情

诱发发情是家畜繁殖控制的一种技术,它是指母牛在乏情期(如泌乳期生理性乏情、生殖病理性乏情)借助外源激素或其他方法人为引起母牛发情并进行配种,从而缩短母牛繁殖周期的一种技术。根据母牛的不同状况,可采用如下方法处理。

(1) 生长到初情期仍不见初次发情的青年母牛 可用"三合激素"(雌激素、雄激素和孕激素的配伍制剂)处理,剂量一般为 3~4 支/头。或用 18-甲基炔诺酮 15~25mg/头进行皮下埋植,12 周后取出,同时注射 800~1000 国际单位的孕马血清促性腺激素,可诱发发情。

(2) 对于泌乳期处于乏情的母牛 应促使犊牛断奶并与母牛隔离,同时肌内注射 100~200 国际单位促卵泡素,每日或隔日 1 次。每次注射后须作检查,如果无效,可连续应用 2、3 次,直至有发情表现为止。

(3) 患持久黄体或黄体囊肿的母牛 可用前列腺 F2a 进行治疗。前列腺素的作用是溶解黄体,从而引发发情。前列腺素的用量为:子宫内灌注只需 1mL/头;肌内注射需 2mL/头。

另外,肌内注射初乳 20mL 的同时,注射新斯的明 10mg,在发情配种时再注射促性腺激素释放激素(GnRH)类似物(如 LRH-A1)100μg,也可诱导母牛发情并排卵。

4. 胚胎移植

胚胎移植又称受精卵移植,就是将 1 头母畜(供体)的受精卵移植到另一头母畜(受体)的子宫内,使之正常发育,俗称"借腹怀胎"。胚胎移植不仅可以充分发挥优良母牛的繁殖潜力(一般情况

下，1头优良成年母牛一年只能繁殖1头犊牛，应用胚胎移植技术后，一年可得到几头至几十头优良母牛的后代，大大加速了良种牛群的建立和扩大），而且可以诱发肉牛产双胎（对发情的母牛配种后再移植一个胚胎到已排卵对侧的子宫角内。这样配种后未受孕的母牛可能因接受移植的胚胎而妊娠，而配种后受体母牛则由于增加了一个移植的胚胎而怀双胎。另外，也可对未配种的母牛在两侧子宫角各移植一个胚胎而怀双胎，从而提高生产效率）。

(1) 胚胎移植的操作原则

1）胚胎移植前后所处环境的一致性。即胚胎移植后的生活环境和胚胎的发育阶段相适应。包括生理上的一致性（即供体和受体在发情时间上的一致性）和解剖部位上的一致性（即移植后的胚胎与移植前所处的空间环境的相似性）以及种属一致性（即供体与受体应属同一物种，但并不排除种间移植成功的可能性）。

2）胚胎收集期限。胚胎收集和移植的期限（胚胎的日龄）不能超过周期黄体的寿命，最迟要在周期黄体退化之前数日进行移植。通常是在供体发情配种后3~5天内收集和移植胚胎。

3）避免不良因素影响。在全部操作过程中，胚胎不应受到任何不良因素（物理的、化学的、微生物的）的影响而危及生命力。移植的胚胎必须经鉴定并认为是发育正常者。

(2) 胚胎移植的基本程序 胚胎移植的基本程序包括供体超排与授精，受体同期发情处理、采卵、检卵和移植。超排和同期发情处理见前面。

1）胚胎回收（采卵）。从供体收集胚胎的方法有手术法和非手术法两种。

① 手术法：按外科剖腹术的要求进行术前准备。手术部位位于右肋部或腹下乳房至脐部之间的腹白线处，在此切开。伸进食指找到输卵管和子宫角，引出切口外。如果在输精后3~4天采卵，受精卵还未移到子宫角，此时可采用输卵管冲卵的方法：将一直径2mm，长约10cm的聚乙烯管从输卵管腹腔口插入2~3cm，另用注射器吸取5~10mL 30℃左右的冲卵液，连接7号针头，在子宫角前端刺入，再送入输卵管峡部，注入冲卵液。穿刺针头应磨钝，以免损伤子宫

内膜；冲洗速度应缓慢，使冲洗液连续地流出。如果在输精后5天收胚，还必须做子宫角冲胚。即用10~15mL冲卵液由宫管结合部子宫角上部向子宫角分叉部冲洗。为了使冲卵液不致由输卵管流出，可用止血钳夹住宫管结合部附近的输卵管，在子宫角分叉部插入回收针，并用肠钳夹住子宫与回收针后部，以固定回收针，并使冲卵液不致流入子宫体内。

② 非手术法：非手术采卵一般在输精后5~7天进行。可采用二路导管的冲卵器进行。二路导管冲卵器是由带气囊的导管与单路管组成的。导管中一路为气囊充气用，另一路为注入和回收冲卵液用。

导管中插1根金属通杆以增加硬度，使之易于通过子宫颈。一般用直肠把握法将导管经子宫颈导入子宫角。为防止子宫颈紧缩及母牛努责不安，采卵时可在腰荐或尾椎间隙用2%的普鲁卡因或利多卡因5~10mL进行硬膜外腔麻醉。操作前洗净外阴部并用酒精消毒。为防止导管在阴道内被污染，可用外套膜（有此商品出售）套在导管外，当导管进入子宫颈后，扯去套膜。将导管插入一侧子宫角后，从充气管向气囊充气，使气囊胀起并触及子宫角内壁，以防止冲卵液倒流。然后抽出通杆，经单路管向子宫角注入冲卵液，每次15~50mL，冲洗5、6次，并将冲卵液收集在漏斗形容器中。为更多地回收冲卵液，可在直肠内轻轻按摩子宫角。用同样方法冲洗对侧子宫角。

冲卵液多数为组织培养液，如林格液、杜氏磷酸盐缓冲液（PE）、布林斯特氏液（BMOC-3）和TCM-199等。常用的为杜氏磷酸盐缓冲液，加入0.4%的牛血清白蛋白或1%~10%的犊牛血清。

冲卵液温度应为35~37℃，每毫升要加入青霉素1000国际单位，链霉素500~1000μg，以防止生殖道感染。

2）胚胎检查。

① 检卵：将收集的冲卵液于37℃温箱内静置10~15min。当胚胎沉底后，移去上层液。取底部少量液体移至平皿内，静置后，在实体显微镜下先在低倍（10~20倍）下检查胚胎数量，然后在较大倍数（50~100倍）下观察胚胎质量。

② 吸卵：吸卵是为了移取、清洗、处理胚胎，要求目标准确，

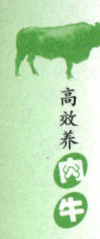

速度快，带液量少，无丢失。可用1mL的注射器装上特别的吸头进行吸卵，也可使用自制的吸卵管吸卵。

③胚胎质量鉴定：正常发育的胚胎，其中细胞（卵裂球）外形整齐，大小一致，分布均匀，外膜完整。无卵裂现象（未受精）和异常卵（外膜破裂、卵裂球破裂等）都不能用于胚胎移植。

3）胚胎移植。

①手术移植：先将受体母牛做好术前准备。已配种母牛，在右肋部切口，找到非排卵侧子宫角，再把吸有胚胎的注射器或移卵管刺入子宫角前端，注入胚胎；未配母牛在每侧子宫角各注入一个胚胎；然后将子宫复位，缝合切口。

②非手术移植：非手术移植一般在发情后第6~9天（即胚泡阶段）进行，过早移植会影响受胎率。在非手术移植中采用胚胎移植枪和0.25mL细管移植的效果较好。将细管截去适量，吸入少许保存液，吸一个气泡，然后吸入含胚胎的少许保存液，吸入一个气泡，最后再吸取少许保存液。将装有胚胎的吸管装入移植枪内，通过子宫颈插入子宫角深部，注入胚胎。非手术移植要严格遵守无菌操作规程，以防生殖道感染。

第三章
肉牛场的建设

核心提示　肉牛养殖场建设的目的是为肉牛创造一个适宜的环境条件，促进生产性能的充分发挥。按照工艺设计要求，应选择一个隔离条件好、交通运输便利的场址，合理进行分区规划和布局，加强肉牛舍的保温隔热、通风换气设计和施工，配备完善的设施设备等。

第一节　肉牛场的场址选择和规划布局

一　肉牛场的场址选择

1. 场址选择的原则

场址选择的原则：一要符合肉牛的生物学特性和生理特点；二要有利于保持牛体健康；三要能充分发挥其生产潜力；四要最大限度地发挥当地资源和人力优势；五要有利于环境的保护和安全。

2. 场址选择要素

（1）**地势和地形**　场地应选在地势高燥、避风、阳光充足的地方，这样的地势可防潮湿，有利于排水，便于牛体生长发育，防止疾病的发生。与河岸保持一定的距离，特别是在水流湍急的溪流旁建场时更应注意，地势一般要高于河岸，最低应高出当地历史洪水线以上。其地下水位应在2m以下，即地下水位需在青贮窖底部0.5m以下，这样的地势可以避免雨季洪水的威胁，减少土壤毛细管水上升而造成的地面潮湿。场地要向阳背风，以保证场区小气候温

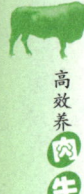

热状况相对稳定，减少冬季雨雪的侵袭。牛场的地面要平坦稍有坡度（坡度不超过2.5%），总坡度应与水流方向相同。地形应开阔整齐，尽量少占耕地，并留有余地来发展，理想的地形是正方形或长方形，应尽量避免狭长形或多边角。

> 【提示】 山区应选择在向阳南坡相对平坦的地方，不要选在山顶，也不要选在山谷。

(2) 土壤　场地的土壤应该具有较好的透水透气性能、抗压性强和洁净卫生。土壤透水透气，尿液不易聚集，场地干燥，渗入地下的废弃物在有氧的情况下分解产物，对牛场污染小，有利于保持牛舍及运动场的清洁与干燥，有利于防止蹄病等疾病的发生；土质均匀，抗压性强，有利于建筑牛舍。土壤的生物学指标见表3-1。

表3-1　土壤的生物学指标

污染情况	寄生虫卵数/（个/kg土）	细菌总数/（万个/kg土）	大肠杆菌值/（个/g土）
清洁	0	1	1000
轻度污染	1~10	—	—
中等污染	10~100	10	50
严重污染	>100	100	1~2

注：清洁和轻度污染的土壤适宜作场址。

> 【提示】 沙壤土是肉牛场场地的最好土壤，其次是沙土、壤土。

(3) 水源　场地的水量应充足，能满足牛场内的人、肉牛饮用和其他生产、生活用水，并应考虑防火和未来发展的需要，每头成年牛每日耗水量均为60L。要求水质良好，能符合饮用标准的水最为理想，不含毒素及重金属。此外在选择时要调查当地是否因水质不良而出现过某些地方性疾病等。水源要便于取用，便于保护，设备投资少，处理技术简单易行。通常以井水、泉水、地下水为好，雨水易被污染，最好不用。水质标准见表3-2、表3-3。

表 3-2 畜禽饮用水质量

项 目	自备井	地面水	自来水
大肠杆菌值/(个/L)	3	3	—
细菌总数/(个/L)	100	200	—
pH	5.5~8.5	—	—
总硬度/(mg/L)	600	—	—
溶解性总固体/(mg/L)	2000	—	—
铅/(mg/L)	Ⅳ类地下水标准	Ⅳ类地表水标准	饮用水标准
铬（六价）/(mg/L)	Ⅳ类地下水标准	Ⅳ类地表水标准	饮用水标准

表 3-3 水的质量标准（无公害食品 畜禽饮用水水质 NY 5027—2008）

	项 目	标准值	
		畜	禽
感官性状及一般化学指标	色	≤30°	
	浑浊度	≤20°	
	臭和味	不得有异臭、异味	
	总硬度（以 $CaCO_3$ 计）/(mg/L)	≤1500	
	pH	5.5~9.0	6.5~8.5
	溶解性总固体/(mg/L)	≤4000	≤2000
	硫酸盐（以 SO_4^{2-} 计）/(mg/L)	≤500	≤250
细菌学指标	总大肠菌群/(MPN/100mL)	成年畜 100，幼畜和禽 10	
毒理学指标	氟化物（以 F^- 计）/(mg/L)	≤2.0	≤2.0
	氰化物/(mg/L)	≤0.20	≤0.05
	砷/(mg/L)	≤0.20	≤0.20
	汞/(mg/L)	≤0.01	≤0.001
	铅/(mg/L)	≤0.10	≤0.10
	铬（六价）/(mg/L)	≤0.10	≤0.10
	镉/(mg/L)	≤0.05	≤0.01
	硝酸盐（以 N 计）/(mg/L)	≤10.0	≤3.0

（4）草料 饲草、饲料的来源，尤其是粗饲料，决定着牛场的

规模。肉牛场应距秸秆、干草和青贮饲料资源较近,以保证草料供应,降少成本,降低费用。一般应考虑 5000m 半径内的饲草资源,根据有效范围内年产各种饲草、秸秆总量,减去原有草食家畜消耗量,剩余的富余量便可决定牛场的规模。

(5) 交通 便利的交通是牛场对外进行物质交流的必要条件,但距公路、铁路和飞机场过近时,其噪声会影响牛的正常休息与消化,人流、物流频繁也易使牛患传染病,所以牛场应距交通干线 1000m 以上,距一般交通线 100m 以上。

(6) 社会环境 牛场应选择在居民点的下风向,径流的下方,距离居民点至少 500m,其海拔不得高于居民点,以避免肉牛排泄物、饲料废弃物、患传染病的尸体等对居民区的污染。同时也要防止居民区对肉牛场的干扰,如居民生活垃圾中的塑料膜、食品包装袋、腐烂变质食物以及生活垃圾中的农药造成的牛的中毒,带菌宠物传染病对牛的传染,生活噪声影响牛的休息与反刍。为避免居民区与肉牛场的相互干扰,可在两地之间建立树林隔离区。牛场附近不应有超过 90dB 噪声的工矿企业,不应有肉联、皮革、造纸、农药、化工等有毒有污染危险的工厂。

(7) 场地面积 场地面积可按每头牛 $160\sim200m^2$ 进行计算;牛舍及房舍的面积为场地总面积的 10%~20%。由于牛体大小、生产目的、饲养方式等不同,每头牛占用的牛舍面积也不一样。育肥牛每头所需面积为 $1.6\sim4.6m^2$,通栏育肥牛舍有垫草的每头牛占 $2.3\sim4.6m^2$。

(8) 其他因素 我国幅员辽阔,南北气温相差较大,应减少气象因素对牛的影响,如北方不要将牛场建设于西北风口处;山区牧场还要考虑建在放牧出入方便的地方,不要建在山顶,也不要建在山谷;牧道不要与公路、铁路、水源等交叉,以避免污染水源和防止发生事故;场址大小、间隔距离等,均应遵守卫生防疫要求,并应符合配备的建筑物和辅助设备及牛场远景发展的需要。

二 肉牛场的规划布局

1. 分区规划

规模化肉牛场可以分为管理区、辅助生产区、生产区、病牛隔离和粪污处理区等功能区，各区之间的功能联系如图 3-1 所示。

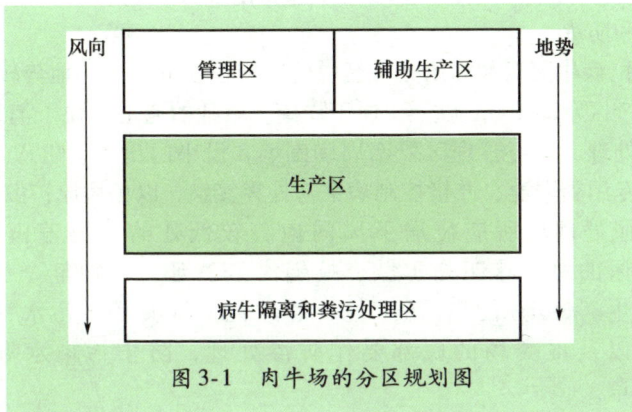

图 3-1　肉牛场的分区规划图

（1）**管理区**　包括办公室、财务室、接待室、档案资料室、试验室等。管理区应建在牛场入场口的上风处，严格与生产区隔离，保证 50m 以上的距离。管理区还应在水流或排污的上游方向，以保证管理区良好的卫生环境。为了防止疫病传播，场外运输车辆（包括牲畜）严禁进入生产区。汽车库应设置在管理区。除饲料仓库外，其他仓库应该设在管理区。外来人员只能在管理区活动，不得进入生产区。

（2）**辅助生产区**　为全场饲料调制、储存、加工、设备维修等部门。辅助区可设在管理区与生产区之间，其面积可按要求来决定。但也要适当集中，以节约水电线路管道，缩短饲草、饲料的运输距离，便于科学管理。粗饲料库设在生产区下风向地势较高处，与其他建筑物保持 60m 的防火距离。兼顾由场外运入，再运到牛舍两个环节。饲料库、干草棚、加工车间和青贮池，离牛舍要近一些，位置适中一些，便于车辆运送草料，以减小劳动强度。但必须防止牛舍和运动场因污水渗入而污染草料。

（3）**生产区**　是牛场的核心区，应设在管理区的下风向处，更能控制场外人员和车辆，使之不能直接进入生产区，以保证生产区最安全、最安静。大门口设立门卫传达室、消毒室、更衣室和车辆消毒池，严禁非生产人员出入场内，出入人员和车辆必须经消毒室

或消毒池严格消毒。生产区牛舍要合理布局，按育成、架子牛、育肥阶段等顺序排列，各牛舍之间要保持适当距离，布局整齐，以便于防疫和防火。

（4）病牛隔离和粪污处理区 此区应设在下风头，地势较低处，应与生产区距离100m以上，便于隔离。单独的通道，便于消毒，便于污物处理。病畜管理区要四周砌围墙，设小门出入，出入口建消毒池、专用粪尿池，严格控制病牛与外界接触，以免病原扩散。

粪尿处理场所应位居下风向地势较低处的牛场偏僻地带，防止粪尿的恶臭味四处扩散、蚊蝇滋生蔓延，影响整个牛场的环境卫生。该场所配有污水池、粪尿池、堆粪场，污水池地面和四周以及堆粪场的底部要作防渗处理，防止污染水源及饲料、饲草。

> 【提示】 存栏100头以下的小牛场可以因陋就简，利用现有的场所和旧房舍。

2. 肉牛舍朝向和间距

肉牛舍朝向直接影响到肉牛舍的温热环境维持和卫生，一般应以当地日照和主导风向为依据，使肉牛舍的长轴方向与夏季主导风向垂直。如我国夏季盛行东南风，冬季多为东北风或西北风，所以，南向的肉牛场场址和肉牛舍朝向是适宜的。肉牛舍之间应该有20m左右的距离。

3. 道路设置

肉牛场应设置清洁道和污染道，清洁道是供饲养管理人员、清洁的设备用具、饲料和健康肉牛等使用，污染道是供清粪、污浊的设备用具、病死和淘汰肉牛使用。清洁道在上风向，与污染道不交叉。

4. 绿化

绿化不仅可以美化环境，而且可以净化环境，改善小气候，兼有防疫防火的作用，牛场绿化包括场界林带的设置、场区隔离林带的设置、场内外道路两旁的绿化和运动场的遮荫林。

肉牛场的规划布局图如图3-2所示。

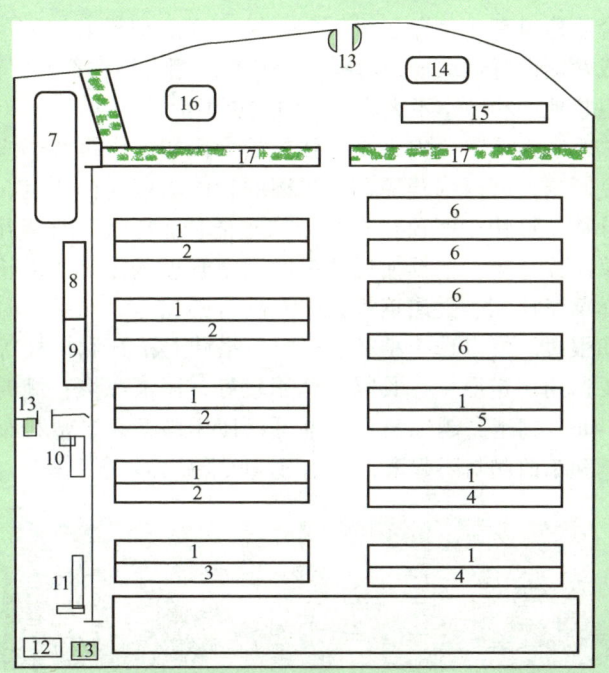

图 3-2 肉牛场的规划布局图

1—运动场 2—母牛舍 3—产房及犊牛舍 4—犊牛舍 5—育成牛舍 6—育肥牛舍
7—青贮窖 8—饲料加工及储存间 9—车库及工具间 10—办公附属用房
11—宿舍及食堂 12—配电室 13—门卫及消毒通道 14—堆粪池
15—隔离舍 16—污水处理池 17—绿化隔离带

第二节　肉牛舍的建设

一　肉牛舍的类型及特点

　　肉牛舍按墙壁的封闭程度不同可分为封闭式、半开放式、开放式和棚舍式；按屋顶的形状不同可分为钟楼式、半钟楼式、单坡式、双坡式和拱顶式；按牛床在舍内的排列不同分为单列式、双列式和多列式；按舍饲牛的对象不同分为成年母牛舍、犊牛舍、育成牛舍（架子牛舍）、育肥牛舍和隔离观察舍等。

1. 棚舍

棚舍或称凉亭式牛舍（图3-3），有屋顶，但没有墙体。在棚舍的一侧或两侧设置运动场，用围栏围起来。棚舍结构简单，造价低。适用于温暖地区和冬季不太冷地区的成年牛舍。

炎热季节为了避免肉牛受到强烈的太阳辐射，缓解热应激对牛体的不良影响，可以修建凉棚。凉棚的轴向以东西向为宜，可避免阴凉部分移动过快；棚顶材料和结构有秸秆、树枝、石棉瓦、钢板瓦以及草泥挂瓦等，根据使用情况和固定程度确定。如果长久使用可以选择草泥挂瓦、夹层钢板瓦、双层石棉瓦等，如果临时使用或使用时间很短，可以选择秸秆、树枝等搭建。秸秆和树枝等搭建的棚舍只要达到一定厚度，其隔热作用较好，棚下凉爽；棚的高度一般为3～4m，棚越高越凉爽。冬季可以使用彩条布、塑料布以及草帘将北侧和东西侧封闭起来，避免寒风吹袭牛体。

图3-3 凉亭式牛舍

2. 半开放式牛舍

（1）一般半开放式牛舍 半开放式牛舍有屋顶，三面有墙（墙上有窗户），向阳一面敞开或半敞开，墙体上安装有大的窗户，有部分顶棚，在敞开一侧设有围栏，水槽、料槽设在栏内，肉牛散放其中。每舍（群）15～20头，每头牛占有面积4～5m^2。这类牛舍造价低，节省劳动力，但冷冬防寒效果不佳。适用于青年牛和成年牛。

（2）塑料暖棚牛舍 是近年北方寒冷地区推出的一种较保温的

半开放式牛舍。与一般半开放式牛舍比，保温效果较好。塑料暖棚牛舍三面全墙，向阳一面有半截墙，有 1/2～2/3 的顶棚。向阳的一面在温暖季节露天开放，寒冷季节在露天一面用竹片、钢筋等材料作支架，上覆单层或双层塑料，两层膜间留有间隙，使牛舍呈封闭的状态，借助太阳能和牛体自身散发的热量，使牛舍温度升高，防止热量散失。塑料暖棚牛舍适用于各种肉牛（图3-4）。

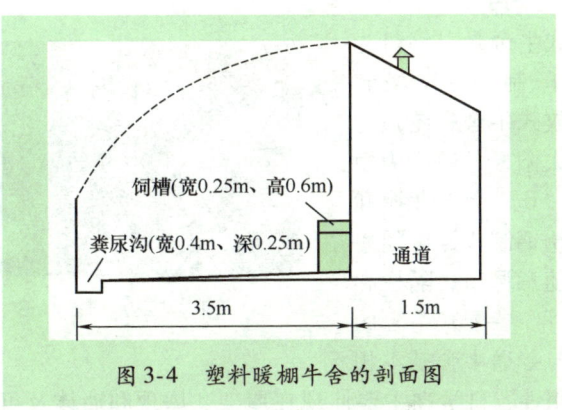

图 3-4　塑料暖棚牛舍的剖面图

修筑塑料暖棚牛舍要注意：一是选择合适的朝向，塑料暖棚牛舍需坐北朝南，南偏东或西角度最多不要超过15°，舍南至少10m应无高大建筑物及树木遮蔽；二是选择合适的塑料薄膜，应选择对太阳光透过率高、对地面长波辐射透过率低的聚氯乙烯等塑膜，其厚度以 80～100μm 为宜；三是合理设置通风换气口，棚舍的进气口应设在南墙，其距地面的高度以略高于牛体高为宜，排气口应设在棚舍顶部的背风面，上设防风帽，排气口的面积以 20cm×20cm 为宜，进气口的面积是排气口面积的一半，每隔3m远设置一个排气口；四是有适宜的棚舍入射角，棚舍的入射角应大于或等于当地冬至时的太阳高度角；五是注意塑膜坡度的设置，塑膜与地面的夹角应以55°～65°为宜。

3. 封闭式牛舍

封闭式牛舍（图3-5）四面有墙和窗户，顶棚全部覆盖，分单列式封闭舍和双列式封闭舍两类。单列式封闭牛舍只有一排牛床，舍宽6m、高2.6~2.8m，舍顶可修成平顶也可修成脊形顶，这种牛舍跨度小，易建造，通风好，但散热面积相对较大。单列式封闭牛舍适用于小型牛场。双列式封闭牛舍舍内设有两排牛床，两排牛床多采取头对头式饲养，中央为通道，舍宽12m、高2.7~2.9m，脊形棚顶。双列式封闭牛舍适用于规模较大的肉牛场，以每栋舍饲养100头牛为宜。

4. 装配式牛舍

装配式牛舍是以钢材为原料，工厂制作，现场装备，属开放式牛舍。屋顶为镀锌板或太阳板，屋梁为角铁焊接，"U"字形食槽和水槽为不锈钢制作，可随牛只的体高随意调节；隔栏和围栏为钢管。装配式牛舍的室内设置与普通牛舍基本相同，其适用性、科学性主要体现在屋架、屋顶和墙体及可调节饲喂设备上。装配式牛舍系先进技术设计，适用、耐用和美观，且制作简单，省时，造价适中。

图3-5 封闭式牛舍

二 肉牛舍的结构及要求

肉牛舍是由各部分组成的，包括基础、屋顶及顶棚、墙体、地面及楼板、门窗、楼梯等（其中屋顶和外墙组成肉牛舍的外壳，将肉牛舍的空间与外部隔开，屋顶和外墙称外围护结构）。肉牛舍的结构不仅影响到肉牛舍内环境的控制，而且影响到肉牛舍的牢固性和利用年限。

1. 基础

基础是牛舍地面以下承受畜舍的各种荷载并将其传给地基的构件，也是墙突入地面的部分，是墙的延续和支撑。它的作用是将畜舍本身重量及舍内固定在地面和墙上的设备、屋顶积雪等全部荷载传给地基。基础决定了墙和畜舍的坚固和稳定性，同时对畜禽舍的环境改善具有重要意义。

对基础的要求：一是坚固、耐久、抗震；二是防潮（基础受潮是引起墙壁潮湿及舍内湿度大的原因之一）；三是具有一定的宽度和深度。

2. 墙体

墙体是基础以上露出地面的部分，其作用是将屋顶和自身的全部荷载传给基础的承重构件，也是将畜舍与外部空间隔开的外围护结构，是畜舍的主要结构。以砖墙为例，墙的重量占畜舍建筑物总重量的 40%～65%，造价占总造价的 30%～40%。同时墙体也在畜舍结构中占有特殊的地位，据测定，冬季通过墙散失的热量占整个畜舍总散热量的 35%～40%，舍内的湿度、通风、采光也要通过墙体上的窗户来调节，因此，墙体对畜舍小气候状况的保持起着重要作用。

对墙体的要求：一是坚固、耐久、抗震、防火；二是具有良好的保温隔热性能，墙体的保温、隔热能力取决于所采用的建筑材料的特性与厚度，应尽可能选用隔热性能好的材料，保证最好的隔热设计，在经济上是最有力的措施；三是防水、防潮（墙体的防潮措施是用防水耐久材料抹面，以保护墙面不受雨雪侵蚀；做好散水和排水沟；设防潮层和墙围，如墙裙高 1.0～1.5m，生活办公用房踢脚高 0.15m，勒脚高约为 0.5m 等）；四是结构简单，便于清扫。

3. 屋顶

屋顶是牛舍顶部的承重构件和围护构件，它是由支承结构和屋面组成。支承结构承受着舍顶部包括自重在内的全部荷载，并将其传给墙体或柱；屋面起围护作用，可以抵御降水和风沙的侵袭，以及隔绝太阳辐射等，以满足生产需要。

对屋顶的要求：一是坚固、防水，屋顶不仅承接本身重量，而且承接着风沙、雨雪的重量；二是保温隔热，屋顶对于畜舍的冬季保温和夏季隔热都有重要意义，屋顶的保温与隔热作用比墙体重要，因为屋顶的面积大于墙体，舍内上部空气温度高，屋顶内外实际温差总是大于外墙内外温差，热量容易散失或进入舍内；三是不透气、光滑、耐久、耐火、结构轻便、简单、造价便宜，任何一种材料不可能兼有防水、保温、承重三种功能，所以正确选择屋顶、处理好

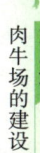

第三章 肉牛场的建设

三方面的关系,对于保证畜舍环境的控制极为重要;四是保持适宜的屋顶高度,肉牛舍的高度依牛舍类型、地区气温而异,按屋檐高度计,一般为2.8~4.0m,双坡式为3.0~3.5m,单坡式为2.5~2.8m,钟楼式稍高点,棚舍式略低些,北方牛舍应低,南方牛舍应高。如果为半钟楼式屋顶,后檐比前檐高0.5m。在寒冷地区,适当降低净高有利于保温。而在炎热地区,加大净高则是加强通风、缓和高温影响的有力措施。

4. 地面

地面的结构和质量不仅影响肉牛舍内的小气候、卫生状况,还会影响肉牛体的清洁,甚至影响肉牛的健康及生产力。地面的要求是坚实、致密、平坦,稍有坡度,不透水,有足够的抗机械、各种消毒液、消毒方式的能力。水泥地面要压上防滑纹(间距小于10cm,纵纹深0.4~0.5cm),以免牛滑倒,引起不必要的经济损失。

5. 门窗

肉牛舍门洞大小依牛舍而定。繁殖母牛舍、育肥牛舍门宽1.8~2.0m,高2.0~2.2m;犊牛舍、架子牛舍门宽1.4~1.6m,高2.0~2.2m。繁殖母牛舍、犊牛舍、架子牛舍的门洞数要求有2~5个(每一个横行通道一般设门洞1个),育肥牛舍1~2个。门一般设成双开门,也可设上下翻卷门。封闭式的窗应大一些,高1.5m,宽1.5m,窗台高距地面以1.2m为宜。

三 肉牛舍的设计

1. 牛舍的内部设计

牛舍内需要设置牛床、饲槽、水槽、饲喂通道、清粪通道与粪尿沟、牛栏和颈枷等。

(1) 牛床 牛床的要求是必须保证肉牛舒适、安静地休息,保持牛体清洁,并容易打扫。牛床应有适宜的坡度,通常为1%~1.5%。常用的短牛床,使牛的前身靠近饲料槽后壁,后肢接近牛床的边缘,使粪便能直接落在粪沟内。短牛床的长度一般为160~180cm。牛床的宽度取决于牛的体型,一般为60~120cm。牛床可以为砖牛床、水泥牛床或土质牛床。土质牛床常以三合土或灰渣掺黄土夯实而成。牛床应该造价低、保暖性好、便于清除粪尿。

目前牛床都采用水泥面层，并在后半部划线防滑。冬季，为降低寒冷气候对肉牛生产的影响，需要在牛床上加铺垫物。最好采用橡胶等材料作牛床面层。

牛床的规格直接影响到牛舍的规格，不同类型的牛需要的牛床规格不同，见表3-4。

表3-4　牛舍内不同牛床的规格

类别	长度/m	宽度/m	坡度（%）
繁殖母牛	1.6~1.8	1.0~1.2	1.0~1.5
犊牛	1.2~1.3	0.6~0.8	1.0~1.5
架子牛	1.4~1.6	0.9~1.0	1.0~1.5
育肥牛	1.6~1.8	1.0~1.2	1.0~2.0
分娩母牛	1.8~2.2	1.2~1.5	1.0~1.5

（2）饲槽　采用单一类型的全日粮配合饲料，即用青贮饲料和配合饲料调制成混合饲料，在采用舍内散栏饲养时，大部分精饲料在舍内饲喂，青贮饲料在运动场或舍内食槽内采食，青、干草一般在运动场上饲喂。饲槽位于牛床前，通常为统槽。饲槽长度与牛床总宽相等，饲槽底平面高于牛床。饲槽需坚固，表面光滑不透水，多为砖砌水泥砂浆抹面，饲槽底部平整，两侧带圈弧形，以适应牛用舌采食的习性。饲槽前壁（靠牛床的一侧）为了不妨碍牛的卧息，应做成一定弧度的凹形窝。也有采用无帮浅槽的，把饲喂通道加高30~40cm，前槽帮高20~25cm（靠牛床），槽底部高出牛床10~15cm。这种饲槽有利于饲料车运送饲料，饲喂省力，采食不"窝气"，通风好。肉牛饲槽尺寸见表3-5。

表3-5　肉牛饲槽尺寸

类别	槽内（口）宽/cm	槽有效深/cm	前槽沿高/cm	后槽沿高/cm
成年牛	60	35	45	65
育成牛	50~60	30	30	65
犊牛	40~50	10~12	15	35

（3）水槽　有条件的可在饲槽旁边距离地面0.5m处安装自动饮水设备，自动饮水器由水碗、弹簧活门和开关活门的压板构成，当

牛饮水时，鼻镜按压压板，输水管中的水便流入饮水器的水碗内，饮水完毕借助弹簧关闭，水即停止流入；一般在运动场边设置饮水槽，按每头牛20cm计算水槽的长度。槽深60cm，水深不超过40cm，要经常有水并保持水的洁净。或者在运动场也可设置这样的自动饮水器；在许多育肥牛舍中一般不设水槽，用饲槽作饮水槽饮水。饲喂后在水槽中放水让牛自由饮用。

（4）**饲喂通道** 在饲槽前设置饲喂通道，通道高出地面10cm，贯穿牛舍中轴线。道槽合一时，宽度为3.0m。饲槽和通道分开时，饲喂通道宽度为1.5~1.6m，保证送料车能顺利通过。

（5）**清粪通道与粪尿沟** 清粪通道的宽度一般为150~170cm，清粪通道也是牛进出的通道，要防牛滑倒。清粪通道要低于牛床。在牛床与清粪通道之间一般设有排粪明沟，明沟宽度为32~35cm、深度为5~15cm（一般将铁锹放进沟内清理），并要有一定的坡度，向下水道倾斜。粪沟过深会使牛蹄子损伤。当深度超过20cm时，应设漏缝沟盖，以免胆小牛不越或失足时下肢受伤。

（6）**牛栏和颈枷** 牛栏位于牛床与饲槽之间，和颈枷一起用于固定牛只，牛栏由横杆、主立柱和分立柱组成，每2个主立柱间的距离与牛床宽度相等，主立柱之间有若干分立柱，分立柱之间的距离为0.10~0.12m，颈枷两边分立柱之间的距离为0.15~0.20m。最简便的颈枷为下颈链式，用铁链或结实绳索制成，在内槽沿有固定环，绳索系于牛颈部、鼻环、角之间和固定环之间。此外，直链式、横链式颈枷也常用。

2. 不同类型牛舍的设计

专业化肉牛场一般只饲养育肥牛，牛舍种类简单，只需要肉牛舍即可；自繁自养的肉牛场牛舍种类复杂，需要有犊牛舍、育肥牛舍、繁殖牛舍和分娩牛舍。

（1）**犊牛舍** 犊牛舍必须考虑屋顶的隔热性能和舍内的温度及昼夜温差，所以墙壁、屋顶、地面均应重视。并注意门窗安排，避免有穿堂风。初生牛犊（0~7日龄）对温度的抗逆力较差，所以南方气温高的地方要注意防暑。在北方重点放在防寒上，冬天初生犊牛舍应铺上厚厚的垫草。犊牛舍不宜用煤炉取暖，可用火墙、暖气等，初生犊牛冬季室温在10℃左右，2日龄以上则因需放室外运动，所以注意室内外温差不超过8℃。

犊牛舍可分为2部分，即初生犊牛栏和犊牛栏。初生犊牛栏，长1.8～2.8m，宽1.3～1.5m，过道侧设长0.6m、宽0.4m的饲槽，门宽0.7m。犊牛栏之间用高1m的挡板相隔，饲槽端为栅栏（高1m）带颈枷，地面高出10cm，向门方向做1.5%坡度，以便清扫。犊牛栏长1.5～2.5m（靠墙为粪尿沟，也可不设），过道端设统槽，统槽与牛床间以带颈枷的木栅栏相隔，高1m，每头犊牛占面积3～4m^2。

（2）繁殖牛舍和育肥牛舍 繁殖牛舍和育肥牛舍可以采用封闭式、开放式或棚舍。具有一定保温隔热性能，特别是可以在夏季防热。繁殖牛舍和育肥牛舍的跨度由清粪通道、饲槽宽度、牛床长度、牛床列数、粪尿沟宽度和饲喂通道等条件决定。一般每栋牛舍容纳牛50～120头。以双列对头式设置为好。牛床长加粪尿沟需2.0～2.2m，牛床宽0.9～1.7m，中央饲喂通道1.6～1.8m，饲槽宽0.6m。其平面图和剖面图如图3-6、图3-7所示。

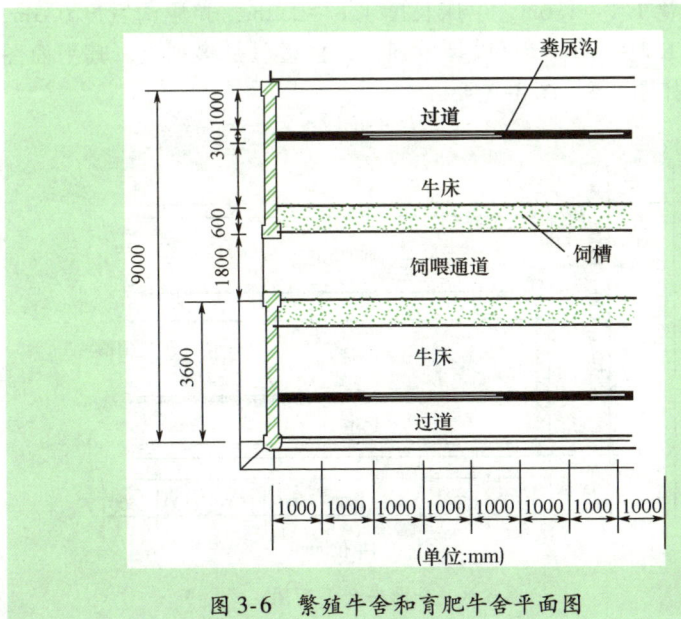

图3-6 繁殖牛舍和育肥牛舍平面图

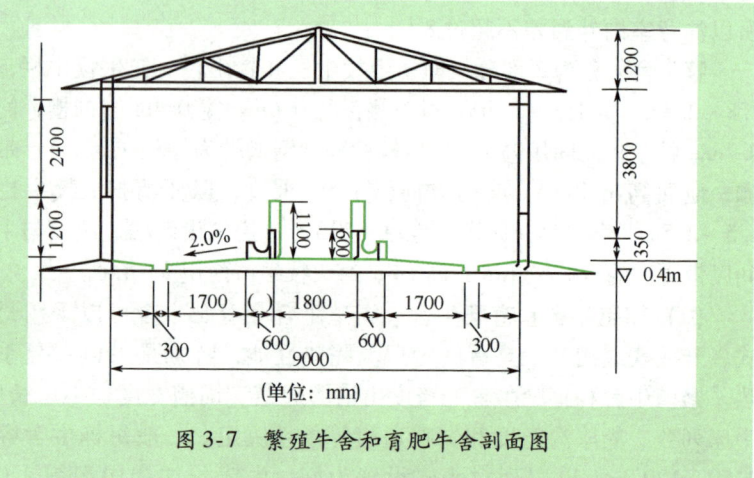

图 3-7 繁殖牛舍和育肥牛舍剖面图

(3) 分娩牛舍 分娩牛舍多采用密闭舍或有窗舍,有利于保持适宜的温度。饲喂通道宽 1.6~2m,饲槽宽度 0.6m,牛走道(或清粪通道)宽 1.1~1.6m,牛床长度 1.8~2.2m,粪尿沟宽度 0.3m,牛床宽度 1.2~1.5m。可以是单列式,也可以是多列式。其平面图和剖面图如图 3-8、图 3-9 所示。

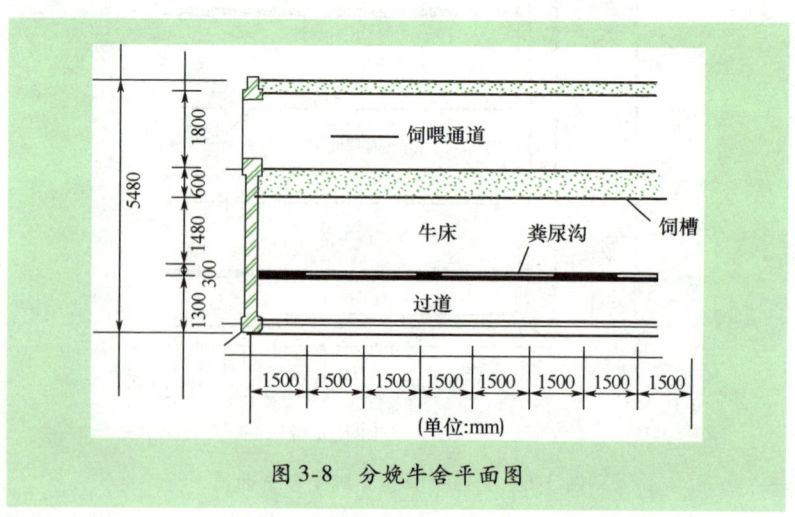

图 3-8 分娩牛舍平面图

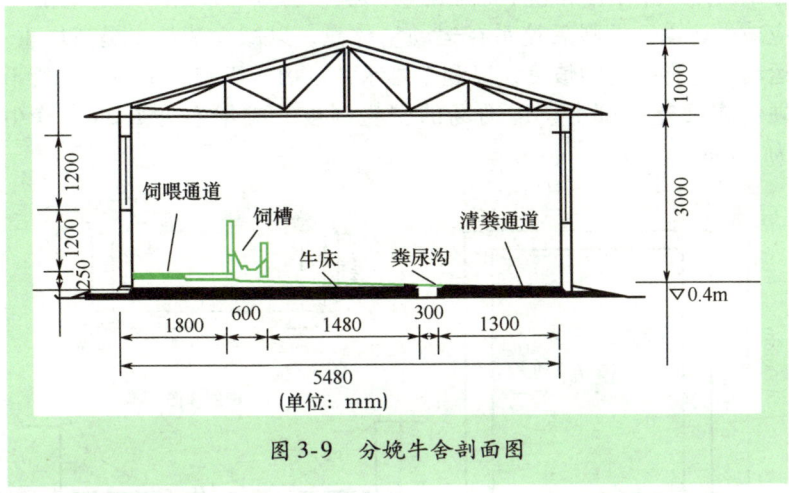

图 3-9　分娩牛舍剖面图

第三节　肉牛场的设施和设备

一　消毒设施

在生产区大门口和人员进入饲养区的通道口，分别修建供车辆和人员进行消毒的消毒池和消毒室。车辆用消毒池的宽度以略大于车轮间距即可，参考尺寸为长 4.0m、宽 3m、深 0.1m，池底低于路面，坚固耐用，不渗水（图 3-10）；消毒室（图 3-11）大小可根据外来人员的数量设置，一般为串联的 2 个小间，其中一个为消毒室，内设小型消毒池和洗浴设施或紫外线灯，紫外线灯每平方米功率 2~3W，另一个为更衣室。供人用消毒池，采用踏脚垫浸湿药液放入池内进行消毒，参考尺寸为长 2.8m、宽 1.4m、深 0.1m。

常用的场内清洗消毒设施有高压冲洗机、喷雾器（图 3-12）和火焰消毒器。

二　运动场

肉牛舍外的运动场大小应根据肉牛舍设计的载牛规模和体型大

小来决定。架子牛和犊牛的运动场面积分别为 15m² 和 8m²。育肥牛应减少运动，饲喂后拴系在运动场休息，以减少消耗，提高增重。运动场应有一定的坡度，以利于排水，场内应平坦、坚硬，一般不硬化或硬化一部分。运动场的围栏高度，成年牛为 1.2m，犊牛为 1.0m。

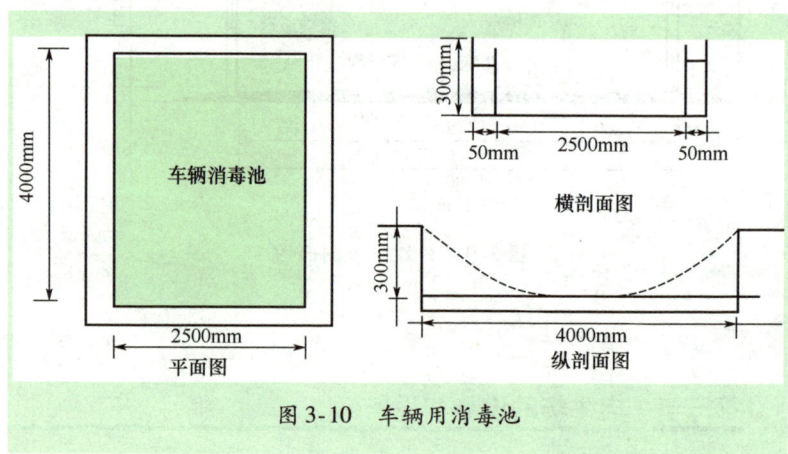

图 3-10 车辆用消毒池

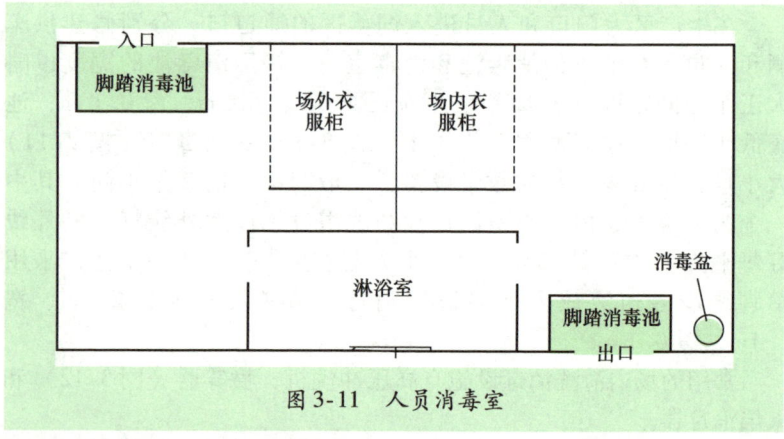

图 3-11 人员消毒室

场内设饮水池、补饲槽和凉棚等。在运动场的适当位置或凉棚下要设置补饲槽和饮水槽，以供牛群在运动场时采食粗饲料和随时饮水。根据牛数的多少决定建饲槽和饮水槽的多少和长短。每个饲槽长3~4m，高0.4~0.7m，槽上宽0.7m，底宽0.4m。每30头牛左右要有一个饮水槽，用水时加满，至少在早晚各加水1次，水槽要抗寒防冻。也可以用自动饮水器代替饮水槽。

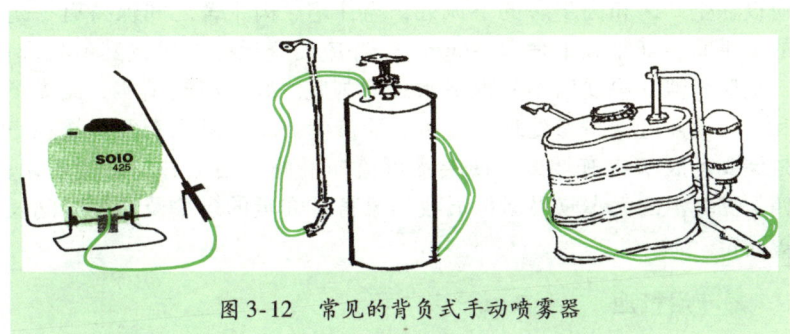

图 3-12　常见的背负式手动喷雾器

三　草库

草库大小应根据饲养规模、粗饲料的储存方式、日粮的精、粗饲料重等确定。用于储存切碎粗饲料的草库应建得较高，为5~6m。草库的窗户离地面也应高，至少为4m。草库应设防火门，距下风向建筑物应大于50m。

四　青贮窖或青贮池

青贮窖或青贮池应建在饲养区，靠近肉牛舍的地方，位置适中，地势较高，防止粪尿等污水浸入污染，同时要考虑进出料时运输方便，以减小劳动强度。根据地势、土质情况，可建成地下式或半地下式长方形或方形的青贮窖，长方形青贮窖的宽、深比以1:(1.5~2)为宜，长度以需要量确定。

五　饲料加工场

饲料加工场包括原料库、成品库、饲料加工间等。原料库的大小应能够储存肉牛场10~30天所需要的各种原料，成品库可略小于原料库，库房内应宽敞、干燥、通风良好。室内地面应高出室外30~50cm，地面以水泥地面为宜，房顶要具有良好的隔热、防水性

能，窗户要高，门窗注意防鼠，整体建筑注意防火等。

六 储粪场

肉牛场应设置粪尿处理区。粪场设置在多列肉牛舍的中间，靠近道路，有利于粪便的清理和运输。储粪场设置注意：一是储粪场应设在生产区和肉牛舍的下风处，与住宅、肉牛舍之间保持有一定的卫生间距（距肉牛舍30~50m），并应便于运往农田或其他处理；二是储粪池的深度以不受地下水浸渍为宜，底部应较结实，储粪场和污水池要进行防渗处理，以防粪液渗漏流失污染水源和土壤；三是储粪场底部应有坡度，使粪水可流向一侧或集液井，以便取用；四是储粪池的大小应根据每天牧场家畜排粪量的多少及储藏时间长短而定。

七 沼气池

建造沼气池，把牛粪、牛尿、剩草、废草等投入沼气池封闭发酵，产生的沼气供生活或生产用燃料，经过发酵的残渣和废水，是良好的肥料。目前，普遍推广水压式沼气池，其具有受力合理、结构简单、施工方便、适应性强、就地取材、成本较低等优点。

八 地磅和装卸台

对于规模较大的肉牛场，应设地磅，以便对各种车辆和牛等进行称重；修建装卸台，可减轻装车与卸车的劳动强度，同时减少牛的损失。装卸台可建成宽为3m、长约8m的驱赶牛的坡道，坡的最高处与车厢平齐。

九 排水设施与粪尿池

牛场应设有废弃物储存、处理设施，防止泄漏、溢流、恶臭等对周围环境造成污染。粪尿池设在肉牛舍外、地势低洼处，且应在运动场相反的一侧，池的容积以能储存20~30天的粪尿为宜，粪尿池必须离饮水井100m以外。由肉牛舍粪尿沟至粪尿池之间设地下排水管，向粪尿池方向应有2%~3%的坡度。

十 清粪形式及设备

肉牛舍的清粪形式有机械清粪、水冲清粪、人工清粪三类。我国肉牛场多采用人工清粪。机械清粪中采用的主要设备有连杆刮板式，适于单列式牛床；环行链刮板式，适于双列式牛床；双翼形推粪板式，适于舍饲散栏饲养肉牛舍。

十一 保定设备

1. 保定架

保定架是牛场不可缺少的设备，在打针、灌药、编耳号及治疗时使用。通常用圆钢材制成，架的主体高度170cm，前颈枷支柱高210cm，立柱部分埋入地下约40cm，架长150cm，宽70cm左右，如图3-13所示。

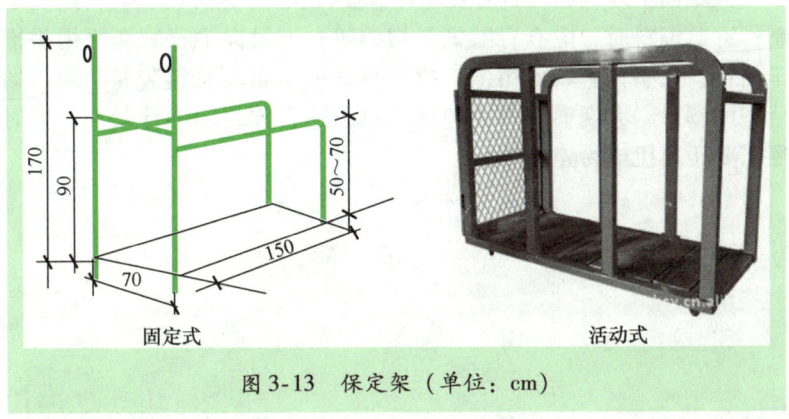

固定式　　　　　　　　　　活动式

图3-13　保定架（单位：cm）

2. 鼻环

鼻环有两种类型：一种是用不锈钢材料制成，质量好又耐用，但价格较高；另一种是用铁或铜材料制成，质地较粗糙，材料直径为4mm左右，价格较低。农村用铁丝自制的圈，易生锈，不结实，易将牛鼻拉破引起感染。

3. 缰绳与笼头

缰绳与笼头为拴系饲养方式所必需，采用围栏散养方式的可不用缰绳与笼头。缰绳通常系在鼻环上以便牵牛；笼头套在牛的头上，以便抓牛方便，而且牢靠。制作缰绳的材料有麻绳、尼龙绳，每根长1.6m左右，直径0.9~1.5cm。

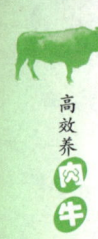

4. 吸铁器

由于牛的采食行为是不经咀嚼直接将饲料吞入口中，若饲料中混有铁钉、铁丝等容易误食，一旦吞入，无法排出，容易造成牛的创伤性网胃炎或心包炎。吸铁器有两种：一种用于体外，即在草料传送带上安装磁力吸铁装置；另一种用于体内，称为磁棒吸铁器。使用时将磁棒吸铁器放入病牛口腔近咽喉部，灌水促使牛吞入瘤胃，随瘤胃的蠕动，经过一定的时间，慢慢取出，瘤胃中混有的细小铁器会吸附在磁棒上一并带出。

十二 饲料生产与饲养器具

大规模生产饲料时，需要各种作业机械，如拖拉机和耕作机械。制作青贮饲料时，应有青贮饲料切碎机；一般肉牛育肥场可用手推车给料，大型育肥场可用拖拉机等自动或半自动给料装置给料；切草用的铡刀、大规模饲养用的铡草机；还有称料用的计量器，有时还需要压扁机或粉碎机等。

第四章
肉牛的饲料营养和日粮配制

核心提示

肉牛生产离不开营养，营养来源于饲料。饲料种类多种多样，但没有一种饲料原料的营养可以完全满足肉牛营养要求，必须将粗饲料（青绿饲料、干草、秸秆等）、精饲料（蛋白质饲料、能量饲料、矿物质饲料、添加剂饲料等）和副料等多种饲料合理搭配。肉牛生产中的饲料费用占生产成本的 70%~80%，必须因地制宜地选择饲料和选择适宜的加工调制方法，才能降低饲料费用，提高产品生产率，实现高产、高效、优质和低耗的目标。

第一节 肉牛的营养需要

一 肉牛需要的营养物质

1. 水

水是动物必需的养分，参与动物体内许多生物化学反应，具有运输其他养分的作用。体温调节、营养物质的消化代谢、有机物质的水解、废物的排泄、内环境的稳定、神经系统的缓冲、关节的润滑等都需要水的参与。

肉牛所需要的水主要来源于饮水、饲料水，另外有机物质在体内氧化分解或合成过程中所产生的代谢水也是水分来源之一。体内的水经复杂的代谢通过粪尿排泄、肺脏和皮肤的蒸发等途径排出体外，保持体内水的平衡。

肉牛对水的需要量与肉牛的品种、年龄、体重、饲料干物质采

食量、季节和气温等多种因素有关。生产实践中,应根据牛群的大小,设立足够的饮水槽或饮水器,保证每头肉牛都能够有机会自由饮水。同时还要注意饮水的质量,当水中食盐的含量超过1%时,就会发生食盐中毒,含过量亚硝酸盐和碱的水对肉牛也非常有害。

> 【提示】 动物的饮水量比采食干物质量多3~8倍,而且动物因缺水而死亡的速度比缺食物死亡快得多。必须供给肉牛充足、清洁的饮水,尤其是在高温环境下。

2. 干物质

肉牛干物质进食量(DMI)受体重、增重速度、饲料能量浓度、日粮类型、饲料加工、饲养方式和气候因素的影响。

根据国内的各方面试验和测定资料总汇得出,日粮代谢浓度在8.4~10.5MJ/kg干物质时,生长育肥牛的干物质需要量计算公式为

$$DMI = 0.062W^{0.75} + (1.5296 + 0.00371 \times W) \times G$$

式中,$W^{0.75}$为代谢体重(kg),即体重的0.75次方;W为体重(kg);G为日增重(kg)。

妊娠后半期母牛供参考的干物质进食量为

$$DMI = 0.062W^{0.75} + (0.790 + 0.005587 \times t)$$

式中,$W^{0.75}$为代谢体重(kg),即体重的0.75次方;W为体重(kg);t为妊娠天数(d)。

哺乳母牛供参考的干物质进食量为

$$DMI = 0.062W^{0.75} + 0.45FCM$$

式中,$W^{0.75}$为代谢体重(kg),即体重的0.75次方;W为体重(kg);FCM为4%乳脂标准乳预计量(kg)。

3. 能量

能量是肉牛营养的重要基础,它是构成体组织、维持生理功能和增加体重的主要原料。牛所需的能量除用于维持需要外,多余的能量则用于生长和繁殖。

> 【提示】 肉牛所需要的能量来源于饲料中的碳水化合物、脂肪和蛋白质。

最重要的能源是从饲料中的碳水化合物（粗纤维、淀粉等）在瘤胃的发酵产物——挥发性脂肪酸中取得的。脂肪的能量虽然比其他养分高2倍以上，但作为饲料中的能源来说并不占主要地位。蛋白质也可以产生能量，但从资源的合理利用及经济效益考虑，用蛋白质供能是不适宜的，在配制日粮时应尽可能以碳水化合物提供能量。

当能量水平不能满足肉牛需要时，则生产力下降，牛的健康状况恶化，饲料能量的利用率降低。生长期牛能量不足，则生长停滞。肉牛能量营养水平过高对生产和健康同样不利。能量营养过剩，可造成机体能量大量沉积（过肥），繁殖力下降。由于肉牛饲料的能量用于维持和增重的效率差异较大，以致饲料能量价值的评定和能量需要的确定比较复杂。

为了生产中应用方便，营养标准将肉牛综合净能值以肉牛能量单位表示，并以1kg中等玉米所含的综合净能值8.08MJ为一个肉牛能量单位，即 $RND = NEmf/8.08$。

4. 蛋白质

蛋白质是构成体组织、体细胞的基本原料，牛体的肌肉神经、结缔组织、皮肤、血液等，均以蛋白质为其基本成分；牛体表的各种保护组织如毛、蹄、角等，均由角质蛋白质与胶质蛋白质构成；蛋白质还是体内多种生物活性物质的组成部分，如牛体内的酶、激素、抗体等都是以蛋白质为原料合成的；蛋白质是形成牛产品的重要物质，肉、乳、绒毛等产品的主要成分都是蛋白质。

当日粮中缺乏蛋白质时，牛体内蛋白质代谢变为负平衡，幼龄牛生长缓慢或停止，体重减轻，成年牛体重下降。长期缺乏蛋白质，还会发生血红蛋白减少的贫血症；当血液中免疫球蛋白数量不足时，则牛的抗病力减弱，发病率增加。蛋白质缺乏的牛，食欲不振，消化力下降，生产性能降低；日粮蛋白质不足还会影响牛的繁殖机能，如母牛发情不明显，不排卵，受胎率降低，胎儿发育不良，公牛精液品质下降等。反之，过多地供给蛋白质，不仅造成浪费，而且可能有害。当蛋白质摄入过多时，其代谢产物的排泄加重了肝、肾的

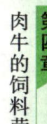

负担,来不及排出的代谢产物可导致中毒。蛋白质水平过高,对繁殖也有不利影响,公牛表现为精子发育不正常,精子活力降低及受精能力减弱,母牛则表现为形成受精卵或胚胎的活力下降。

5. 矿物质

饲料经过充分燃烧,剩余的部分就称其为矿物质或灰分。矿物质种类很多,根据其占畜体体重的比例大小可分为常量元素(0.01%以上)和微量元素(0.01%以下)两类。常量元素有钙、磷、钠、氯、硫、镁、钾等;微量元素有铁、铜、锰、锌、硅、硒、钴、碘、铬、氟、钼等。矿物质是肉牛体组织、细胞、骨骼和体液的重要成分。体内缺乏矿物质,会引起神经系统、肌肉运动、食物消化、营养输送、血液凝固和体内酸碱平衡等功能紊乱,影响肉牛健康,生长发育,繁殖和畜产品产量,乃至死亡。

> 【提示】 肉牛需要钙、磷、钾、钠、氯、硫、碘、铜、锰、锌等多种矿物质元素。

6. 维生素

维生素就是维持生命的要素。维生素属于低分子有机化合物,其功能在于启动和调节有机体的物质代谢。在饲料中虽然其含量甚微,但所起作用极大。维生素种类很多,目前已知的有20多种,分为脂溶性(A、D、E、K)和水溶性(B族和C)两大类。B族包括硫胺素(B_1)、核黄素(B_2)、烟酸(B_3)、吡哆醇(B_6)、泛酸(B_5)、叶酸、生物素(B_4)、胆碱和钴胺素(B_{12})。牛对维生素的需要量虽然极少,但缺乏了,就会引起许多疾病。维生素不足会引起机体代谢紊乱,犊牛表现生长停滞,抗病力弱;成年牛则出现生产性能下降和繁殖机能紊乱。牛体所需的维生素,除由饲料中获取外,还可由消化道微生物合成。

> 【提示】 肉牛生产中,维生素A、D、E、B和K比较重要,特别是犊牛日粮中应注意补充。

7. 粗纤维

为了保证肉牛的日增重和瘤胃正常发酵功能，日粮中粗饲料应占 40%～60%，含有 15%～17% 的粗纤维（CF）、19%～21% 的酸性洗涤纤维（ADF）、25%～28% 的中性洗涤纤维（NDF）。并且日粮中中性洗涤纤维总量的 75% 必须由粗饲料来提供。

二 肉牛的饲养标准（营养需要）

饲养标准是根据大量饲养实验结果和动物生产实践的经验总结，对各种特定动物所需要的各种营养物质的定额做出的规定，这种系统的营养定额及有关资料统称为饲养标准。简言之，即特定动物系统成套的营养定额就是饲养标准，简称"标准"。现行饲养标准则更为确切和系统地表述了经实验研究确定的特定动物（不同种类、性别、年龄、体重、生理状态、生产性能、不同环境条件等）能量和各种营养物质的定额数值，见表 4-1～表 4-7。

表 4-1 生长育肥牛的每日营养需要量

（中国肉牛的饲养标准 NY/T 815—2004）

体重/kg	日增重/kg	干物质/kg	肉牛能量单位（RND）	综合净能/MJ	粗蛋白质/g	钙/g	磷/g
150	0	2.66	1.46	11.76	236	5	5
	0.3	3.29	1.87	15.10	377	14	8
	0.4	3.49	1.97	15.90	421	17	10
	0.5	3.70	2.07	16.74	465	19	10
	0.6	3.91	2.19	17.66	507	22	11
	0.7	4.12	2.30	18.58	548	25	12
	0.8	4.33	2.45	19.75	589	28	13
	0.9	4.54	2.61	21.05	627	31	14
	1.0	4.75	2.80	22.64	665	34	15
	1.1	4.95	3.02	20.35	704	37	16
	1.2	5.16	3.25	26.28	739	40	16

（续）

体重 /kg	日增重 /kg	干物质 /kg	肉牛能量单位 （RND）	综合净能 /MJ	粗蛋白质 /g	钙 /g	磷 /g
	0	2.98	1.63	13.18	265	6	6
	0.3	3.63	2.09	16.90	403	14	9
	0.4	3.85	2.20	17.78	447	17	9
	0.5	4.07	2.32	18.70	489	20	10
	0.6	4.29	2.44	19.71	530	23	11
175	0.7	4.51	2.57	20.75	571	26	12
	0.8	4.72	2.79	22.05	609	28	13
	0.9	4.94	2.91	23.47	650	31	14
	1.0	5.16	3.12	25.23	686	34	15
	1.1	5.38	3.37	27.20	724	37	16
	1.2	5.59	3.63	29.29	759	40	17
	0	3.30	1.80	14.56	293	7	7
	0.3	3.98	2.32	18.70	428	15	10
	0.4	4.21	2.43	19.62	472	17	10
	0.5	4.44	2.56	20.67	514	20	11
	0.6	4.66	2.69	21.76	555	23	12
200	0.7	4.89	2.83	22.47	593	26	13
	0.8	5.12	3.01	24.31	631	29	14
	0.9	5.34	3.21	25.90	669	31	15
	1.0	5.57	3.45	27.82	708	34	16
	1.1	5.80	3.71	29.96	743	37	17
	1.2	6.03	4.00	32.30	778	40	17
	0	3.60	1.87	15.10	320	7	7
	0.3	4.31	2.56	20.71	452	15	10
225	0.4	4.55	2.69	21.76	494	18	11
	0.5	4.78	2.83	22.89	535	20	12
	0.6	5.02	2.98	24.10	576	23	13

（续）

体重/kg	日增重/kg	干物质/kg	肉牛能量单位（RND）	综合净能/MJ	粗蛋白质/g	钙/g	磷/g
225	0.7	5.26	3.14	25.36	614	26	14
	0.8	5.49	3.33	26.90	652	29	14
	0.9	5.73	3.55	28.66	691	31	15
	1.0	5.96	3.81	30.79	726	34	16
	1.1	6.20	4.10	33.10	761	37	17
	1.2	6.44	4.42	35.69	796	39	18
250	0	3.90	2.20	17.78	346	8	8
	0.3	4.64	2.81	22.72	475	16	11
	0.4	4.88	2.95	23.85	517	18	12
	0.5	5.13	3.11	25.10	558	21	12
	0.6	5.37	3.27	26.44	599	23	13
	0.7	5.62	3.45	27.82	637	26	14
	0.8	5.87	3.65	29.50	672	29	15
	0.9	6.11	3.89	31.38	711	31	16
	1.0	6.36	4.18	33.72	746	34	17
	1.1	6.60	4.49	36.28	781	36	18
	1.2	6.85	4.84	39.08	814	39	18
275	0	4.19	2.40	19.37	372	9	9
	0.3	4.96	3.07	24.77	501	16	12
	0.4	5.21	3.22	25.98	543	19	12
	0.5	5.47	3.39	27.36	581	21	13
	0.6	5.72	3.57	28.79	619	24	14
	0.7	5.98	3.75	30.29	657	26	15
	0.8	6.23	3.98	32.13	696	29	16
	0.9	6.49	4.23	34.18	731	31	16
	1.0	6.74	4.55	36.74	766	34	17
	1.1	7.00	4.89	39.50	798	36	18
	1.2	7.25	5.60	42.51	834	39	19
300	0	4.47	2.60	21.00	397	10	10
	0.3	5.26	3.32	26.78	523	17	12
	0.4	5.53	3.48	28.12	565	19	13

（续）

体重/kg	日增重/kg	干物质/kg	肉牛能量单位（RND）	综合净能/MJ	粗蛋白质/g	钙/g	磷/g
300	0.5	5.79	3.66	29.58	603	21	14
	0.6	6.06	3.86	31.13	641	24	15
	0.7	6.32	4.06	32.76	679	26	15
	0.8	6.58	4.31	34.77	715	29	16
	0.9	6.85	4.58	36.99	750	31	17
	1.0	7.11	4.92	39.71	785	34	18
	1.1	7.38	5.29	42.68	818	36	19
	1.2	7.64	5.69	45.98	850	38	19
325	0	4.75	2.78	22.43	421	11	11
	0.3	5.57	3.54	28.58	547	17	13
	0.4	5.84	3.72	30.04	586	19	14
	0.5	6.12	3.91	31.59	624	22	14
	0.6	6.39	4.12	33.26	662	24	15
	0.7	6.66	4.36	35.02	700	26	16
	0.8	6.94	4.60	37.15	736	29	17
	0.9	7.21	4.90	39.54	771	31	18
	1.0	7.49	5.25	42.43	803	33	18
	1.1	7.76	5.65	45.61	839	36	19
	1.2	8.03	6.08	49.12	868	38	20
350	0	5.02	2.95	23.85	445	12	12
	0.3	5.87	3.76	30.38	569	18	14
	0.4	6.15	3.95	31.92	607	20	14
	0.5	6.43	4.16	33.60	645	22	15
	0.6	6.72	4.38	35.40	683	24	16
	0.7	7.00	4.61	37.24	719	27	17
	0.8	7.28	4.89	39.50	757	29	17
	0.9	7.57	5.21	42.05	789	31	18
	1.0	7.85	5.59	45.15	824	33	19
	1.1	8.13	6.01	48.53	857	36	20
	1.2	8.41	6.47	52.26	889	38	20
375	0	5.28	3.13	25.27	469	12	12
	0.3	6.16	3.99	32.22	593	18	14
	0.4	6.45	4.19	33.85	631	20	15

（续）

体重/kg	日增重/kg	干物质/kg	肉牛能量单位（RND）	综合净能/MJ	粗蛋白质/g	钙/g	磷/g
375	0.5	6.74	4.41	35.61	669	22	16
	0.6	7.03	4.65	37.53	704	25	17
	0.7	7.32	4.89	39.50	743	27	17
	0.8	7.62	5.19	41.88	778	29	18
	0.9	7.91	5.52	44.60	810	31	19
	1.0	8.20	5.93	47.87	845	33	19
	1.1	8.49	6.26	50.54	878	35	20
	1.2	8.79	6.75	54.48	907	38	20
400	0	5.55	3.31	26.74	492	13	13
	0.3	6.45	4.22	34.06	613	19	15
	0.4	6.76	4.43	35.77	651	21	16
	0.5	7.06	4.66	37.66	689	23	17
	0.6	7.36	4.91	39.66	727	25	17
	0.7	7.66	5.17	41.76	763	27	18
	0.8	7.96	5.49	44.31	798	29	19
	0.9	8.26	5.64	47.15	830	31	19
	1.0	8.56	6.27	50.63	866	33	20
	1.1	8.87	6.74	54.43	895	35	21
	1.2	9.17	7.26	58.66	927	37	21
425	0	5.80	3.48	28.08	515	14	14
	0.3	6.73	4.43	35.77	636	19	16
	0.4	7.04	4.65	37.57	674	21	17
	0.5	7.35	4.90	39.54	712	23	17
	0.6	7.66	5.16	41.67	747	25	18
	0.7	7.97	5.44	43.89	783	27	18
	0.8	8.29	5.77	46.57	818	29	19
	0.9	8.60	6.14	49.58	850	31	20
	1.0	8.91	6.59	53.22	886	33	20
	1.1	9.22	7.09	57.24	918	35	21
	1.2	9.53	7.64	61.67	947	37	22
450	0	6.06	3.63	29.33	538	15	15
	0.3	7.02	4.63	37.41	659	20	17
	0.4	7.34	4.87	39.33	697	21	17

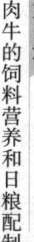

第四章 肉牛的饲料营养和日粮配制

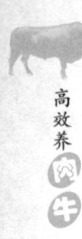

（续）

体重 /kg	日增重 /kg	干物质 /kg	肉牛能量单位 （RND）	综合净能 /MJ	粗蛋白质 /g	钙 /g	磷 /g
450	0.5	7.66	5.12	41.38	732	23	18
	0.6	7.98	5.40	43.60	770	25	19
	0.7	8.30	5.69	45.94	806	27	19
	0.8	8.62	6.03	48.74	841	29	20
	0.9	8.94	6.43	51.92	873	31	20
	1.0	9.26	6.90	55.77	906	33	21
	1.1	9.58	7.42	59.96	938	35	22
	1.2	9.90	8.00	64.60	967	37	22
475	0	6.31	3.79	30.63	560	16	16
	0.3	7.30	4.84	39.08	681	20	17
	0.4	7.63	5.09	41.09	719	22	18
	0.5	7.96	5.35	43.26	754	24	19
	0.6	8.29	5.64	45.61	789	25	19
	0.7	8.61	5.94	48.03	825	27	20
	0.8	8.94	6.31	51.00	860	29	20
	0.9	9.27	6.72	54.31	892	31	21
	1.0	9.60	7.22	58.32	928	33	21
	1.1	9.93	7.77	62.76	957	35	22
	1.2	10.26	8.37	67.61	989	36	23
500	0	6.56	3.95	31.92	582	16	16
	0.3	7.58	5.04	40.71	700	21	18
	0.4	7.91	5.30	42.84	738	22	19
	0.5	8.25	5.58	45.10	776	24	19
	0.6	8.59	5.88	47.53	811	26	20
	0.7	8.93	6.20	50.08	847	27	20
	0.8	9.27	6.58	53.18	882	29	21

(续)

体重/kg	日增重/kg	干物质/kg	肉牛能量单位(RND)	综合净能/MJ	粗蛋白质/g	钙/g	磷/g
500	0.9	9.61	7.01	56.65	912	31	21
	1.0	9.94	7.53	60.88	947	33	22
	1.1	10.28	8.10	65.48	979	34	23
	1.2	10.62	8.73	70.54	1011	36	23

注：为简化起见，小肠可消化粗蛋白质的需要量可按表中所列粗蛋白质的55%进行计算。

表4-2　生长母牛的每日营养需要量

体重/kg	日增重/kg	干物质/kg	肉牛能量单位(RND)	综合净能/MJ	粗蛋白质/g	钙/g	磷/g
150	0	2.66	1.46	11.76	236	5	5
	0.3	3.29	1.90	15.31	377	13	8
	0.4	3.49	2.00	16.15	421	16	9
	0.5	3.70	2.11	17.07	465	19	10
	0.6	3.91	2.24	18.07	507	22	11
	0.7	4.12	2.36	19.08	548	25	11
	0.8	4.33	2.52	20.33	589	28	12
	0.9	4.54	2.69	21.76	627	31	13
	1.0	4.75	2.91	23.47	665	34	14
175	0	2.98	1.63	13.18	265	6	6
	0.3	3.63	2.12	17.15	403	14	8
	0.4	3.85	2.24	18.07	447	17	9
	0.5	4.07	2.37	19.12	489	19	10
	0.6	4.29	2.50	20.21	530	22	11
	0.7	4.51	2.64	21.34	571	25	12
	0.8	4.72	2.81	22.27	609	28	13
	0.9	4.94	3.01	24.34	650	30	14

(续)

体重/kg	日增重/kg	干物质/kg	肉牛能量单位（RND）	综合净能/MJ	粗蛋白质/g	钙/g	磷/g
175	1.0	5.16	3.24	26.19	686	33	15
	0	3.30	1.80	14.56	293	7	7
	0.3	3.98	2.34	18.92	428	14	8
	0.4	4.21	2.47	19.46	472	17	10
	0.5	4.44	2.61	21.09	514	20	11
200	0.6	4.66	2.76	22.30	555	22	12
	0.7	4.89	2.92	23.43	593	25	13
	0.8	5.12	3.10	25.06	631	28	14
	0.9	5.34	3.32	26.78	669	30	14
	1.0	5.57	3.58	28.87	708	33	15
	0	3.60	1.87	15.10	320	7	7
	0.3	4.31	2.60	20.71	452	15	10
	0.4	4.55	2.74	21.76	494	17	11
	0.5	4.78	2.89	22.89	535	20	12
225	0.6	5.02	3.06	24.10	576	23	12
	0.7	5.26	3.22	25.36	614	25	13
	0.8	5.49	3.44	26.90	652	28	14
	0.9	5.73	3.67	29.62	691	30	15
	1.0	5.96	3.95	31.92	726	33	16
	0	3.90	2.20	17.78	346	8	8
	0.3	4.64	2.84	22.97	475	15	11
	0.4	4.88	3.00	24.23	517	18	11
250	0.5	5.13	3.17	25.01	558	20	12
	0.6	5.37	3.35	27.03	599	23	13
	0.7	5.62	3.53	28.38	637	25	14
	0.8	5.87	3.76	30.38	672	28	15

(续)

体重/kg	日增重/kg	干物质/kg	肉牛能量单位(RND)	综合净能/MJ	粗蛋白质/g	钙/g	磷/g
250	0.9	6.11	4.02	32.47	711	30	15
	1.0	6.36	4.33	34.98	746	33	17
	0	4.19	2.40	19.37	372	9	9
	0.3	4.96	3.10	25.06	501	16	11
	0.4	5.21	3.27	26.40	543	18	11
	0.5	5.47	3.45	25.01	581	20	12
275	0.6	5.72	3.65	27.03	619	23	13
	0.7	5.98	3.85	28.53	657	25	14
	0.8	6.23	4.10	30.38	696	28	15
	0.9	6.49	4.38	32.47	731	30	16
	1.0	6.4	4.72	34.98	766	33	17
	0	4.47	2.60	21.00	397	10	10
	0.3	5.26	3.35	27.07	523	16	12
	0.4	5.53	3.54	28.58	565	18	13
	0.5	5.79	3.74	30.17	603	21	14
300	0.6	6.06	3.95	31.88	641	23	14
	0.7	6.32	4.17	33.64	679	25	15
	0.8	6.58	4.44	35.82	715	28	16
	0.9	6.85	4.74	38.24	750	30	17
	1.0	7.11	5.10	41.17	785	32	17
	0	4.75	2.78	22.43	421	11	11
	0.3	5.57	3.59	28.95	547	17	13
	0.4	5.84	3.78	30.54	586	19	14
	0.5	6.12	3.99	32.22	624	21	14
325	0.6	6.39	4.22	34.06	662	23	15
	0.7	6.66	4.46	35.98	700	25	16
	0.8	6.94	4.74	38.28	736	28	17
	0.9	7.21	5.06	40.88	771	30	18
	1.0	7.49	5.45	44.02	803	32	18

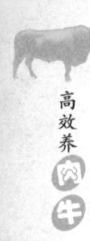

(续)

体重/kg	日增重/kg	干物质/kg	肉牛能量单位（RND）	综合净能/MJ	粗蛋白质/g	钙/g	磷/g
350	0	5.02	2.95	23.85	445	12	12
	0.3	5.87	3.81	30.75	569	17	14
	0.4	6.15	4.02	32.47	607	19	14
	0.5	6.43	4.24	34.27	645	21	15
	0.6	6.72	4.49	36.23	683	23	16
	0.7	7.00	4.74	38.24	719	25	16
	0.8	7.28	5.04	40.71	757	28	17
	0.9	7.57	5.38	43.47	789	30	18
	1.0	7.85	5.80	46.82	824	32	18
375	0	5.28	3.13	25.27	469	12	12
	0.3	6.16	4.04	32.59	593	18	14
	0.4	6.45	4.26	34.39	631	20	15
	0.5	6.74	4.50	36.32	669	22	16
	0.6	7.03	4.76	38.41	704	24	17
	0.7	7.32	5.03	40.58	743	26	17
	0.8	7.62	5.35	43.18	778	28	18
	0.9	7.91	5.71	46.11	810	30	19
	1.0	8.20	6.15	49.66	845	32	19
400	0	5.55	3.31	26.74	492	13	13
	0.3	6.45	4.26	34.43	613	18	15
	0.4	6.76	4.50	36.36	651	20	16
	0.5	7.06	4.76	38.41	689	22	16
	0.6	7.36	5.03	40.58	727	24	17
	0.7	7.66	5.31	42.89	763	26	17
	0.8	7.96	5.65	45.65	798	28	18
	0.9	8.26	6.04	48.74	830	29	19
	1.0	8.56	6.50	52.51	866	31	19

注：为简化起见，小肠可消化粗蛋白质的需要量可按表中所列粗蛋白质的55%进行计算。

表 4-3 妊娠母牛的每日营养需要量

体重/kg	妊娠月份	干物质/kg	肉牛能量单位（RND）	综合净能/MJ	粗蛋白质/g	钙/g	磷/g
300	6	6.32	2.80	22.60	409	14	12
	7	6.43	3.11	25.12	477	16	12
	8	6.60	3.50	28.26	587	18	13
	9	6.77	3.97	32.05	735	20	13
350	6	6.86	3.12	25.19	449	16	13
	7	6.98	3.45	27.87	517	18	14
	8	7.15	3.87	31.24	627	20	15
	9	7.32	4.37	35.30	775	22	15
400	6	7.39	3.43	27.69	488	18	15
	7	7.51	3.78	30.56	556	20	16
	8	7.68	4.23	34.13	666	22	16
	9	7.84	4.76	38.47	814	24	17
450	6	7.90	3.73	30.12	526	20	17
	7	8.02	4.11	33.15	594	22	18
	8	8.19	4.58	36.99	704	24	18
	9	8.36	5.15	41.58	852	27	19
500	6	8.40	4.03	32.51	563	22	19
	7	8.52	4.42	35.72	631	24	19
	8	8.69	4.92	39.76	741	26	20
	9	8.86	5.53	44.62	889	29	21
550	6	8.89	4.31	34.83	599	24	20
	7	9.00	4.73	38.23	667	26	21
	8	9.17	5.26	42.47	777	29	22
	9	9.34	5.90	47.61	925	31	23

注：为简化起见，小肠可消化粗蛋白质的需要量可按表所列粗蛋白质的55%进行计算。

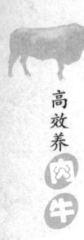

表4-4 哺乳母牛的每日营养需要量

体重/kg	干物质/kg	肉牛能量单位(RND)	综合净能/MJ	粗蛋白质/g	钙/g	磷/g
300	4.47	2.36	19.04	332	10	10
350	5.02	2.65	21.38	372	12	12
400	5.55	2.93	23.64	411	13	13
450	6.06	3.20	25.82	449	15	15
500	6.56	3.46	27.91	486	16	16
550	7.04	3.72	30.04	522	18	18

表4-5 哺乳母牛每千克4%标准乳中的营养含量

干物质/g	肉牛能量单位(RND)	综合净能/MJ	脂肪/g	粗蛋白质/g	钙/g	磷/g
450	0.32	2.57	40	85	2.46	1.12

表4-6 肉牛对日粮微量矿物元素的需要量 (单位:mg/kg)

微量元素	需要量(以日粮干物质计)			最大耐受浓度
	生长和育肥牛	妊娠母牛	泌乳早期母牛	
钴(Co)	0.10	0.10	0.10	10
铜(Cu)	10.00	10.00	10.00	100
碘(I)	0.50	0.50	0.50	50
铁(Fe)	50.00	50.00	50.00	1000
锰(Mn)	20.00	40.00	40.00	1000
硒(Se)	0.10	0.10	0.10	2
锌(Zn)	30.00	30.00	30.00	500

表4-7 肉牛对日粮维生素的需要量 (单位:国际单位/kg)

种类	需要量(以日粮干物质计)				最大耐受浓度
	生长和育肥牛	生长母牛	妊娠母牛	泌乳早期母牛	
维生素A	2200	2400	2800	3900	30000
维生素D	275	275	275	275	4500
维生素E	15	15	15	15	900

第二节　肉牛常用饲料原料

饲料原料是指以一种动物、植物、微生物或矿物质为来源的饲料。

一　粗饲料

凡是饲料中粗纤维含量为18%以上或细胞壁含量为35%以上的饲料统称为粗饲料。其特点是粗蛋白质含量很低（3%~4%）、维生素含量极低（每千克禾本科或豆科秸秆含胡萝卜素2~5mg）、粗纤维含量很高（在30%~50%之间）、无氮浸出物含量高（一般为20%~40%）、灰分中钙含量高磷含量低，矿物质中硅酸盐含量高，这对其他养分的消化利用有影响；粗饲料含总能高，但是含消化能低。粗饲料来源广、种类多、产量大、价格低，是牛在冬、春季节的主要饲料来源。常用的粗饲料有各种农作物秸秆、秕壳以及干草等（我国每年产5.7亿t，野生的禾本科草本植物量更大）。

1. 秸秆饲料

秸秆由茎秆和枯叶组成，包括禾本科秸秆和豆科秸秆两大类。其营养特点是质地坚硬，适口性差，不易消化，采食量低；粗纤维含量高，一般都在30%以上，其中木质素的比例大；粗蛋白质含量很低，仅3%~8%；粗灰分含量高，含有大量的硅酸盐，除豆科、薯秧外大多数钙、磷含量低；维生素中除维生素D外，其余均较缺乏；有机物的消化率一般不超过60%；但有机物总量高达80%以上，总能值大抵与玉米、淀粉相当。

> 【提示】 不同农作物秸秆、同一作物的不同生长阶段、同一种秸秆的不同部位，其营养成分和消化率均有一定差异，甚至差异很大。

（1）稻草　稻草是我国南方农区的主要粗饲料，其营养价值很低，但数量非常大（我国每年的稻草产量为1.88亿t）。牛、羊对其消化率为50%左右，猪一般在20%以下。

稻草的粗蛋白质含量为3%~5%，粗脂肪为1%左右，粗纤维为35%；粗灰分含量较高（17%），但硅酸盐所占比例大，钙、磷含量低，远低于家畜的生长和繁殖需要。

> 【提示】为提高稻草的饲用价值，除了添加矿物质和能量饲料外，还应对稻草作氨化、碱化处理。氨化处理后的稻草含氮量可增加1倍，且其中氮的消化率可提高20%~40%。

（2）玉米秸　玉米秸具有光滑外皮，质地坚硬，常作为反刍家畜的饲料。肉牛对玉米秸粗纤维的消化率在65%左右，对无氮浸出物的消化率在60%左右。玉米秸在青绿时，胡萝卜素含量较高，为3~7mg/kg。

生长期短的夏播玉米秸，比生长期长的春播玉米秸粗纤维少，易消化。同一株玉米秸，上部比下部的营养价值高，叶片又比茎秆的营养价值高。玉米秸的营养价值优于玉米芯，而和玉米苞叶的营养价值相似，但低于稻草。

> 【提示】为提高其饲用价值，一是在果穗收获前，在植株的果穗上方留下一片叶后，削取上梢饲用，或制成干草、青贮饲料（割取青梢改善了通风和光照，不会影响籽实产量）；二是收获后立即将全株分成上半株或上2/3株切碎直接饲喂或调制成青贮饲料。

（3）麦秸　麦秸的营养价值因品种、生长期的不同而有所不同。常用作肉牛饲料的有小麦秸、大麦秸和燕麦秸。小麦秸的粗纤维含量高，并含有硅酸盐和蜡质，适口性差，营养价值低。但经氨化或碱化处理后效果较好。大麦秸的产量比小麦秸要低得多，但适口性和粗蛋白质含量均高于小麦秸。

> 【提示】在麦类秸秆中，燕麦秸是饲用价值最好的一种。

（4）豆秸　豆秸有大豆秸、豌豆秸和蚕豆秸等种类。由于豆科作物成熟后叶子大部分凋落，因此豆秸主要以茎秆为主，茎已木质化，质地坚硬，其维生素与蛋白质含量也减少，但与禾本科秸秆相比较，其粗蛋白质含量和消化率都较高。大豆秸适于喂肉牛。在各类豆秸中，豌豆秸的营养价值最高，但是新豌豆秸水分较多，容易腐败变黑，使部分蛋白质分解，营养价值降低，因此豌豆秸在刈割后要及时晾晒，干燥后储存。

> 【提示】 在利用豆秸类饲料时，要很好地加工调制，搭配其他精、粗饲料混合饲喂。

（5）谷草 谷草即粟的秸秆，其质地柔软厚实，适口性好，营养价值高。在各类禾本科秸秆中，以谷草的品质最好，可铡碎与野干草混喂，效果更好。

2. 秕壳饲料

农作物在收获脱粒时，除分离出秸秆外还分离出许多包被籽实的颖壳、荚皮与外皮等，这些物质统称为秕壳。由于脱粒时常沾染很多尘土异物，也混入一部分瘪的籽实和碎茎叶，这样使它们的成分与营养价值往往有很大的变异。除稻壳、花生壳外，一般秕壳的营养价值略高于同一作物的秸秆。

（1）豆荚类 如大豆荚、豌豆荚、蚕豆荚等。无氮浸出物含量为42%~50%，粗纤维含量为33%~40%，粗蛋白含量为5%~10%，牛和绵羊的消化能分别为7.0~11.0 MJ/kg、7.0~7.7 MJ/kg，饲用价值较好，尤其适于反刍家畜利用。

（2）谷类皮壳 有稻壳、小麦壳、大麦壳、荞麦壳和高粱壳等。这类饲料的营养价值仅次于豆荚，但数量大，来源广，值得重视。其中稻壳的营养价值很差，对牛的消化能低，适口性也差，仅能勉强用作反刍家畜的饲料。

> 【提示】 稻壳经过氨化、碱化、高压蒸煮或膨化可提高其营养价值；大麦秕壳带有芒刺，易损伤口腔黏膜引起口腔炎，应当注意。

（3）其他秕壳 一些经济作物副产品如花生壳、油菜壳、棉籽壳、

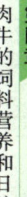

玉米芯和玉米苞叶等也常用作饲料。这类饲料营养价值很低，须经粉碎并与精饲料、青绿饲料搭配使用，主要用于饲喂牛、羊等反刍家畜。

> 【提示】 棉籽壳含 0.068% 棉酚，饲喂时要小心，以防引起中毒。

3. 干草

干草是将牧草及禾谷类作物在尚未成熟之前刈割，经自然或人工干燥调制成长期保存的饲草。因仍保留一定的青绿色，故也称"青干草"。青干草包括豆科干草（苜蓿、红豆草、毛苕子等）、禾本科干草（狗尾草、羊草等）和野干草（野生杂草晒制而成）三类。优质青干草含有较多的蛋白质、胡萝卜素、维生素 D、维生素 E 及矿物质。青干草的粗纤维含量一般为 20%～30%，所含能量为玉米的 30%～50%。豆科干草的蛋白质、钙、胡萝卜素含量很高，粗蛋白质含量一般为 12%～20%，钙含量为 1.2%～1.9%。禾本科干草含碳水化合物较高，粗蛋白质含量一般为 7%～10%，钙含量为 0.4% 左右。野干草的营养价值较以上两种干草要差些。

> 【提示】 青干草的营养价值取决于制作原料的植物种类、收割的生长阶段以及调制技术。禾本科牧草应在孕穗期或抽穗期收割，豆科牧草应在结蕾期或开花初期收割，晒制干草时应防止暴晒和雨淋。最好采用阴干法。

4. 树叶和其他饲用林产品

林业副产品主要包括树叶、树籽、嫩枝和木材加工下脚料。新采摘的槐树叶、榆树叶、松树针等蛋白质含量一般占干物质的 25%～29%，是很好的蛋白质补充料；同时，还含有大量的维生素和生物激素。树叶可直接饲喂畜禽，而嫩枝、木材加工下脚料可通过青贮、发酵、糖化、膨化、水解等处理方式加以利用。

利用针、阔叶林嫩枝叶作为畜禽饲料历史悠久，如用叶粉代替草粉在全价配合饲料中应用，质优价廉，很受市场青睐。我国现有森林面积 1.3 亿多公顷，树叶产量占全树生物量的 5%。每年各类乔木的嫩枝叶有5亿多吨，薪炭林及灌木林的嫩枝叶数量也相当巨大，如果能合理利用这一宝贵资源，对我国饲养业的发展，将会起到重要作用。

大多数树叶（包括青叶和秋后落叶）及其嫩枝和果实，可用作肉牛饲料。有些优质青树叶还是肉牛很好的蛋白质和维生素饲料来源，如紫穗槐、洋槐和银合欢等树叶。树叶外观虽硬，但养分丰富。青嫩鲜叶很容易消化，不仅可作为肉牛的维持饲料，而且可以用来生产配合饲料。树叶虽是粗饲料，但其营养价值远优于秸秕类。

树叶的营养成分随产地、品种、季节、部位和调制方法不同而异，一般鲜叶嫩叶的营养价值最高，其次为青干叶粉，青落叶、枯黄干叶的最差。树叶中维生素的含量也很丰富。

另外，许多树木的籽实，如橡子、槐豆等，果园残果、落果也是肉牛良好的多汁饲料。

> 【提示】 有些树叶中含有单宁，有涩味，肉牛不喜采食，必须经加工调制（发酵或青贮）后再喂。有的树木有剧毒，如夹竹桃等，要严禁饲喂。

二 青绿饲料

青绿饲料是指天然水分含量等于或大于60%的青绿多汁饲料。主要包括天然牧草、人工栽培牧草、田间杂草、青饲作物、叶菜类、非淀粉质根茎瓜类、水生植物及树叶类等。

这类饲料种类多、来源广、产量高、营养丰富，具有良好的适口性，能促进肉牛消化液分泌，增进食欲，是维生素的良好来源，以抽穗或开花前的营养价值较高，被人们誉为"绿色能源"。

青绿饲料是一类营养相对平衡的饲料，是肉牛不可缺少的优良饲料，但其干物质少，能量相对较低。在肉牛生长期可用优良青绿饲料作为唯一的饲料来源，但若要在育肥后期加快育肥则需要补充谷物、饼粕等能量饲料和蛋白质饲料。

1. 青绿饲料的营养特性

（1）**水分含量高** 陆生植物的水分含量为60%~90%，而水生植物的水分含量可高达90%~95%。因此青绿饲料中干物质含量一般较

低，能值较低。陆生植物每千克鲜重的消化能在 1.20~2.50 MJ 之间。

（2）粗蛋白质含量丰富、消化率高、品质优良、生物学价值高　一般禾本科牧草和叶菜类饲料的粗蛋白质含量在 1.5%~3.0% 之间，豆科牧草在 3.2%~4.4% 之间。若按干物质计算，前者粗蛋白质含量达 13%~15%，后者可高达 18%~24%。叶片中粗蛋白质含量较茎秆中多，豆科比禾本科多。青绿饲料的粗蛋白质品质较好，必需氨基酸全面，尤其以赖氨酸、色氨酸含量较高，故消化率高，蛋白质生物学价值较高，一般可达 70% 以上。

（3）粗纤维含量较低　幼嫩的青绿饲料含粗纤维较少，木质素低，无氮浸出物较高。若以干物质为基础，则其中粗纤维含量为 15%~30%，无氮浸出物含量为 40%~50%。粗纤维的含量随着植物生长期的延长而增加，木质素的含量也显著增加。一般来说，植物开花或抽穗之前，其粗纤维含量较低。

（4）钙磷比例适宜　各种青绿饲料的钙、磷含量差异较大，按干物质计，钙含量为 0.25%~0.5%，磷含量为 0.20%~0.35%，比例较为适宜，特别是豆科牧草中钙的含量较高。青绿饲料中矿物质含量因植物种类、土壤与施肥情况而异。青饲料中钙、磷多集中在叶片内，它们占干物质的百分比随着植物的成熟程度而下降。此外，青绿饲料尚含有丰富的铁、锰、锌、铜等微量矿物元素。牧草中钠和氯的含量一般不足，所以放牧肉牛时需要补给食盐。

（5）维生素含量丰富　青绿饲料是供应家畜维生素营养的良好来源，特别是含有大量的胡萝卜素，每千克饲料含 50~80mg，高于任何其他饲料；在正常采食情况下，放牧肉牛所摄入的胡萝卜素要超过其本身需要量的 100 倍。此外，青绿饲料中维生素 B 族、维生素 E、维生素 C 和维生素 K 的含量也较丰富，如青苜蓿中含硫胺素为 1.5mg/kg、核黄素 4.6mg/kg、烟酸 18mg/kg。但缺乏维生素 D，维生素 B_6（吡哆醇）的含量也很低。豆科青草中的胡萝卜素、B 族维生素等含量高于禾本科青草，春草的维生素含量高于秋草。

另外，青绿饲料幼嫩、柔软和多汁，适口性好，还含有各种酶、激素和有机酸，易于消化。肉牛对青绿饲料中有机物质的消化率为 75%~85%。

2. 我国主要的青绿饲料

(1) 牧草

1) 天然牧草。我国天然草地上生长的牧草种类繁多，主要有禾本科、豆科、菊科和莎草科 4 大类。这 4 类牧草干物质中无氮浸出物含量均在 40%~50% 之间；粗蛋白质含量稍有差异，豆科牧草的粗蛋白质含量偏高，在 15%~20% 之间，莎草科为 13%~20%，菊科与禾本科多在 10%~15% 之间，少数可达 20%；粗纤维含量以禾本科牧草含量较高，约为 30%，其他 3 类牧草约为 25%，个别低于 20%；粗脂肪含量以菊科含量最高，平均达 5% 左右，其他类在 2%~4% 之间；矿物质中一般都是钙的含量高于磷的，比例恰当。

总的来说，豆科牧草的营养价值较高。虽然禾本科牧草的粗纤维含量较高，对其营养价值有一定影响，但由于其适口性较好，特别是在生长早期，幼嫩可口，采食量高，因而也不失为优良的牧草。并且，禾本科牧草的匍匐茎或地下茎再生力很强，比较耐牧，对其他牧草可起到保护作用。菊科牧草往往有特殊的气味，肉牛不喜欢采食。

2) 栽培牧草。栽培牧草是指人工播种栽培的各种牧草，其种类很多，但以产量高、营养好的豆科牧草（如紫花苜蓿、草木樨、紫云英、苕子等）和禾本科牧草（如黑麦草、无芒雀麦、羊草、苏丹草、鸭茅、象草等）占主要地位。栽培牧草是解决青绿饲料来源的重要途径，可为肉牛常年提供丰富而均衡的青绿饲料。常见的栽培牧草及特性见表 4-8。

表 4-8　常见的栽培牧草及特性

名　称	特　点	营养价值	利　用
紫花苜蓿（紫苜蓿、苜蓿）	产量高、品质好、适应性强，是最经济的栽培牧草，被冠以"牧草之王"	紫花苜蓿的营养价值很高，在初花期刈割的干物质中粗蛋白质含量为 20%~22%，而且必需氨基酸组成较为合理，赖氨酸含量可高达 1.34%，钙含量为 3.0%，此外还含有丰富的维生素与微量元素	可青饲、放牧、调制干草或青贮；紫花苜蓿茎叶中含有皂角素，有抑制酶消化的作用，肉牛大量采食鲜嫩苜蓿后，可在瘤胃内形成大量泡沫样物质，引起臌胀病，甚至死亡，故饲喂鲜草时应控制喂量，放牧地最好采取豆、禾草混播

(续)

名称	特点	营养价值	利用
三叶草	目前栽培较多的为红三叶和白三叶。其草质柔软，适口性好	新鲜的红三叶含干物质13.9%，粗蛋白质2.2%。以干物质计，其所含可消化粗蛋白质低于苜蓿，但其所含的净能值则较苜蓿略高	既可以放牧，也可以制成干草、青贮利用；放牧时发生臌胀病的机会也较苜蓿为少，但仍应注意预防
苕子	分为毛苕子和普通苕子两种。其生长快，茎叶柔软，叶多，适口性好	其营养价值较高，蛋白质和矿物质含量都很丰富，是肉牛喜食的优质牧草；其籽实可以作为精饲料	既可青饲，又可青贮、放牧或调制干草。籽实因其中含有生物碱和氰苷，氰苷经水解酶分解后会释放出氢氰酸，饲用前须浸泡、淘洗、磨碎、蒸煮，同时要避免大量、长期、连续饲用，以免中毒
草木樨	草木樨既是一种优良的豆科牧草，也是重要的保土植物和蜜源植物。含有香豆素，有不良气味，故适口性差	其具有较高的营养价值，与苜蓿相似。以干物质计，草木樨含粗蛋白质19.0%，粗脂肪1.8%，粗纤维31.6%，无氮浸出物31.9%，钙2.74%，磷0.02%	可青饲、调制干草、放牧或青贮；饲喂时应由少到多，使肉牛逐步适应。肉牛采食了霉烂的草木樨后，遇到内外创伤或手术，血液不易凝固，有时会因出血过多而死亡
紫云英（红花草）	属于绿肥、饲料兼用作物，产量较高，鲜嫩多汁，适口性好	现蕾期营养价值最高，以干物质计，粗蛋白质含量31.76%，粗脂肪含量4.14%，粗纤维含量11.82%，无氮浸出物含量44.46%，灰分含量7.82%	由于现蕾期产量仅为盛花期的53%，就营养物质总量而言，则以盛花期刈割利用为佳

110

（续）

名称	特点	营养价值	利用
沙打旺	其适应性强，产量高，是饲料、绿肥、固沙保土等方面的优良牧草	沙打旺的茎叶鲜嫩，营养丰富。以干物质计，沙打旺含粗蛋白质23.5%，粗脂肪3.4%，粗纤维15.4%，无氮浸出物44.3%，钙1.34%，磷0.34%	因含有硝基化合物，有苦味，饲喂时应与其他牧草搭配使用
红豆草	花色粉红、艳丽，气味芳香，适口性极好	饲用价值可与紫花苜蓿相媲美，被称为"牧草皇后"。开花期干物质中含粗蛋白质15.1%，粗脂肪2.0%，粗纤维31.5%，无氮浸出物43.0%，钙2.09%，磷0.24%	可青饲、放牧或调制干草
黑麦草	黑麦草生长快，分蘖多，一年可多次收割，产量高，茎叶柔嫩光滑，适口性好	以开花前期的营养价值最高，新鲜黑麦草干物质含量约17%，粗蛋白质含量2.0%	可青饲、放牧或调制干草。黑麦草制成干草或干草粉再与精饲料配合，作肉牛育肥饲料效果很好
无芒雀麦	适应性广，生命力强，适口性好，茎少叶多	其营养价值高，幼嫩的无芒雀麦干物质中所含粗蛋白质不亚于豆科牧草，到种子成熟时，其营养价值明显下降	无芒雀麦有地下根茎，能形成絮结草皮，耐践踏，再生力强，青饲或放牧均宜
羊草	为多年生禾本科牧草，叶量丰富，适口性好	鲜草干物质含量为28.64%，粗蛋白质3.49%，粗脂肪0.82%，粗纤维8.23%，无氮浸出物14.66%，灰分1.44%	种子成熟后茎叶仍可保持绿色，可放牧、割草。抽穗期刈割调制成干草，颜色深绿，气味芳香，是各种家畜的上等青干草，也是我国出口的主要草产品之一

(续)

名称	特点	营养价值	利用
苏丹草	其具有高度适应性,抗旱能力特强,在夏季炎热干旱地区,一般牧草都枯萎而苏丹草却能旺盛生长	营养价值取决于其刈割日期。抽穗期刈割(蛋白质含量15.3%,粗脂肪含量2.8%,粗纤维含量只有25.9%)要比开花期和结实期刈割营养价值高,适口性也好,苏丹草的茎叶比玉米、高粱柔软,容易晒制干草。肉牛喜采食	用其喂肉牛的效果和用苜蓿、高粱干草的差别不大。利用时第一茬适于刈割鲜喂或晒制干草,第二茬以后可用于肉牛放牧。由于幼嫩茎叶含少量氢氰酸,为防止发生中毒,要等到植株高达50~60cm以后才可以放牧
高丹草	其产量高,抗倒伏和再生能力出色,抗病抗旱性好,茎秆更为柔软纤细,可消化的纤维素和半纤维素含量高而难以消化的木质素低,消化率高,适口性好	其营养价值高,在拔节期的营养成分为水分83%、粗蛋白质3%、粗脂肪0.8%、无氮浸出物7.6%、粗纤维3.2%、粗灰分1.7%,是肉牛的一种优良青绿饲料	调制干草和青贮,也可直接用于放牧。干草生产适宜刈割期是抽穗至初花期,即播种6~8周后,植株高度达到1~1.5m,可开始第一次刈割,留茬高度应不低于15cm,过低的刈割会影响再生,再次刈割的时间以3~5周以后为宜,间隔过短会引起产量降低
黑麦	其适应性广,耐旱、抗寒、耐瘠薄,分蘖再生能力强,生长速度快,产量高,适口性好	其营养丰富全面、饲用价值高。干物质中粗蛋白质占18%,尤以赖氨酸含量较高,是玉米、小麦的4~6倍,脂肪含量也高,并含有丰富的铁、铜、锌等微量元素和胡萝卜素,是肉牛冬、春季节的良好青绿饲料	利用其青饲,也可制作青贮或晒制青干草。一般冬前不刈割,待第二年3月初进入旺盛生长期开始青割,直到夏播前还可青割2~3次,每次青割留茬7~10cm,最后一次麦收时刈割,但不留茬

(续)

名　称	特　点	营养价值	利　用
象草	其产量高、管理粗放、利用期长	其营养价值较高，茎叶干物质中含粗蛋白质10.58%，粗脂肪1.97%，粗纤维33.14%，无氮浸出物44.70%，粗灰分9.61%	青割和青贮，也可以调制成干草备用。适时刈割，柔软多汁，适口性好，利用率高，是肉牛的好饲草

(2) 高产青饲作物 青饲作物是指农田栽培的农作物或饲料作物，在结实前或结实期收割作为青绿饲料用。常见的青饲作物有青刈玉米、青刈大麦、青割高粱、青刈燕麦、青割豆苗、籽粒苋等。高产青饲作物突破每亩土地常规牧草生产的生物总收获量，单位能量和蛋白质产量大幅度增加，一般青割作物用于直接饲喂，也可以调制成青干草或作青贮，这是解决青绿饲料供应的一个重要途径。

1）青刈玉米。玉米是重要的粮食和饲料兼用作物，其植株高大，生长迅速，产量高，茎中糖分含量高，胡萝卜及其他维生素丰富，饲用价值高。将青刈玉米用作肉牛饲料时可从吐丝到蜡熟期分批刈割，取代玉米先收籽粒再全部利用风干秸秆的习俗，在营养成分、产量上表现出巨大的优势。青刈玉米味甜多汁，适口性好，消化率高，营养价值远远高于收获籽实后剩余的秸秆，是肉牛的良好青绿饲料。

将玉米在乳熟期、蜡熟期收割，作肉牛的青绿饲料，其总收获量以绝对风干物质折算，当$0.067hm^2$产鲜草4500kg时，其粗蛋白质产量达87.8kg，比收籽粒加秸秆的粗蛋白质总产量高出15.9kg，即高出42%，比单独收获籽粒高出195%。玉米适期青刈，比收获籽粒加枯黄秸秆或者比单纯地收获籽实的蛋白质总产量高2~3倍，可消化蛋白质也同样增产。青饲玉米的能量为8846.2MJ，但比玉米成熟后分别收籽实和秸秆的总能量8244MJ要高7%。将饲用玉米留作青贮是养牛的良好青绿饲料，宜于大力推广。

> 【提示】 选择饲料专用玉米新品种,如"龙牧3号""新多2号"(属于多茎多穗型)等,可以青饲或青贮,即使果实成熟后茎叶仍保持鲜绿,草质优良,每公顷鲜草产量可达45~135t。

2)青刈大麦。大麦也是重要的粮饲兼用作物之一,有冬大麦和春大麦之分。大麦有较强的再生性,分蘖能力强,及时刈割后可收到再生草,因此是一种很好的青饲作物。青割大麦可在拔节至开花时,分期刈割,随割随喂。延迟收获则品质迅速下降。早期收获的青刈大麦质地鲜嫩,适口性好,可以直接作为肉牛的饲料,也可调制成青干草或青贮饲料利用。

3)青刈高粱。严格讲,饲用高粱可分为籽粒型高粱和饲草专用型高粱。籽粒型高粱主要用作配合饲料,饲草专用型高粱又包括两种类型,一种是甜高粱,另一种是高粱—苏丹草杂交种(即前面讲过的高丹草),如晋草1号、皖草2号、茭草、哥伦布草、约翰逊草等。甜高粱主要有饲用和粮饲兼用两种方式,饲用时主要以青贮为主。高粱—苏丹草杂交种主要以饲用为主,可进行青饲、干饲和青贮,是一种高产优质的饲用高粱类型;甜高粱通常是普通高粱与甜高粱杂交的F1代。其茎秆中汁多、含糖量高、植株高大、生物产量高,一般籽粒产量5250~6000kg/hm^2,茎叶鲜重7.5万kg/hm^2,茎秆中含糖分50%~70%。生产中可在籽粒接近成熟时收割,将高粱籽粒、茎叶一起青饲或青贮以后饲喂。

4)青刈燕麦。燕麦叶多茎少,叶片宽长,柔嫩多汁,适口性强,是一种极好的青刈饲料。青刈燕麦可在抽穗后,产量高时刈割饲喂肉牛。青割燕麦营养丰富,干物质中粗蛋白质含量14.7%,粗脂肪4.6%,粗纤维27.4%,无氮浸出物45.7%,粗灰分7.6%(其中,钙0.56%,磷0.36%),产奶净能为6.40MJ/kg。饲喂青割燕麦可为肉牛提供早春的维生素、蛋白质,可节约精饲料,降低成本,提高经济效益。

5)青刈豆苗。包括青刈大豆、青刈秣食豆、青刈豌豆、青刈蚕豆等,也是很好的一类青饲作物。与青饲禾本科作物相比,蛋白质含量高,且品质好,营养丰富,肉牛喜食,但大量饲喂肉牛时易发生臌胀病。刈割时间因饲喂目的不同而异，早期急需青绿饲料可在现蕾至开花初期株高40~60cm时刈割，刈割越早品质越好，但产量低。通常在开花至荚果形成时期刈割，此时茎叶生长繁茂，干物质产量最高，品质也好。

适时刈割的豆苗茎叶鲜嫩柔软，适口性好，富含蛋白质和各种氨基酸，胡萝卜素、维生素 B_1、维生素 B_2、维生素 C 和各种矿物质含量也高，是肉牛的优质青绿饲料。饲喂时，可整喂或切短饲喂，但多量采食易患臌胀症，应与其他饲料搭配饲喂为宜。除供青饲外，在开花结荚时期刈割的豆苗，还可供调制干草用。秋季调制的干草，颜色深，品质佳，是肉牛优良越冬饲料。也可制成草粉，作为畜禽配合饲料的原料。

6）籽粒苋。籽粒苋是一年生草本植物中的一种粮饲兼用作物，以高产、优质、抗逆性强、生长速度快等特性著称。籽粒苋的叶片柔软，茎秆脆嫩，适口性好，具有很高的营养价值。

籽粒苋的蛋白质和赖氨酸含量也高于其他谷物，特别是赖氨酸含量高（约1%），是任何作物所不能及的；粗脂肪含量高，不饱和脂肪酸达70%~80%；粗纤维含量低；茎、叶还含有丰富的有机盐、维生素和多种微量元素，钙、铁含量高于其他饲料作物。籽粒苋籽的营养成分也相当高，苋籽粗蛋白质含量比玉米高1倍，矿物质含量也高，特别是钾、镁、钙、铁等元素的含量是一般作物的几倍，甚至几十倍，苋籽的磷含量比玉米的高近3倍，钙高10倍以上。籽粒苋结实后老茎秆的蛋白质含量虽下降至8%~9%，但仍然接近玉米籽粒（9%~10%），并高于红薯干粉的营养水平。

籽粒苋青绿饲料产量高，全年可刈割3~5次，青刈产量比其他饲料作物高，一般亩产青绿茎叶都在10000kg以上，最高可达20000kg。而且其刈割后再生能力很强。

(3) 叶菜类 叶菜类饲料种类很多，除了作为饲料栽培的苦荬菜、聚合草、甘蓝、牛皮菜、猪苋菜、串叶松香草、菊苣、杂交酸模等以外，还有食用蔬菜、根茎瓜类的茎叶及野草野菜等，都是良好的青绿饲料来源。

1）苦荬菜（苦麻菜或山莴苣）。其生长快，再生力强，南方一

年可刈割5~8次，北方3~5次，一般每公顷产鲜草75~112.5t。苦荬菜鲜嫩可口，粗蛋白质含量较高，粗纤维含量较少，营养价值较高。

2）聚合草（饲用紫草、爱国草）。聚合草产量高，营养丰富，利用期长，适应性广，全国各地均可栽培，是优质青绿饲料。聚合草为多年生草本植物，再生性很强，南方一年可刈割5~6次，北方为3~4次，第一年每公顷产75~90t，第二年以后每公顷产112.5~150t，聚合草营养价值较高，其干草的粗蛋白质含量与苜蓿接近，高的可达24%，而粗纤维含量则比苜蓿低。风干聚合草茎叶的营养成分为：粗蛋白质21.09%，粗脂肪4.46%，粗纤维7.85%，无氮浸出物36.55%，粗灰分15.69%，钙1.21%，磷0.65%，胡萝卜素200.0mg/kg，核黄素13.80mg/kg。

聚合草有粗硬刚毛，肉牛不喜食，可在饲喂前先经粉碎或打浆，则具有黄瓜香味，或与粉状精饲料拌和，则适口性提高，饲喂效果较好。聚合草也可调制成青贮饲料或干草。如果晒制干草，须选择晴天刈割，就地摊成薄层晾晒，宜快干，以免日久颜色变黑，品质下降。

3）牛皮菜。又称莙荙菜，国内各地均有栽培。牛皮菜产量高，易于种植，叶柔嫩多汁，适口性好，营养价值较高。宜生喂，忌熟喂。煮熟放置时，易产生亚硝酸盐而致中毒。

4）杂交酸模（酸模菠菜、高秆菠菜、鲁梅克斯）。杂交酸模为蓼科酸模属多年生草本植物，抗寒、耐盐碱、耐旱涝、喜水肥，但易感白粉病，也易发生虫危害。在水肥条件较好的情况下，每公顷产量可达150~225t，折合干草为15~22.5t。其蛋白质含量高，干物质中粗蛋白质含量在叶簇期达30%~34%，并且还含有较高的胡萝卜素、维生素C等维生素。可整株喂牛。青贮时可加20%~30%的禾本科干草粉或秸秆，效果很好。因其水分很高，干物质含量低，故不适宜调制青干草。该草抗热性差，夏季产量很低，且因单宁含量高，适口性差。

5）菊苣。菊苣原产于欧洲，1988年我国从新西兰引入普那菊苣，现已在山西、陕西、浙江、河南等地推广种植。菊苣为菊科多年生草本植物，喜温暖湿润气候，抗旱、耐寒、耐盐碱、喜水肥，一年可刈割3~4次，每公顷产鲜草120~150t。

菊苣莲座期干物质中分别含粗蛋白质21.4%，粗脂肪3.2%，粗纤维22.9%，无氮浸出物37.0%，粗灰分15.5%；开花期干物质中分别含粗蛋白质17.1%，粗脂肪2.4%，粗纤维42.2%，无氮浸出物28.9%，粗灰分9.4%。动物必需的氨基酸含量高而且齐全，茎叶柔嫩，适口性良好，牛极喜食。一般多用于青饲，还可与无芒雀麦、紫花苜蓿等混合青贮，以备冬、春饲喂牛。

6）菜叶、蔓秧和蔬菜类。菜叶是指菜用瓜果、豆类的叶子及一般蔬菜副产品，人们通常不食用而作废料遗弃的。这些菜叶种类多、来源广、数量大，是值得重视的一类青绿饲料。以干物质计，其能量较高，易消化，畜禽都能利用。尤其是豆类叶子营养价值很高，能量大，蛋白质含量也较丰富；蔓秧是指作物的藤蔓和幼苗，一般粗纤维含量较高；白菜、甘蓝和菠菜等食用蔬菜，也可作为饲料。在蔬菜上市旺季，大量剩余的蔬菜、次菜及菜帮等均可饲喂肉牛。为了均衡全年的青绿饲料供应，还可适时栽种些蔬菜。

(4) 非淀粉质根茎瓜类饲料 非淀粉质根茎瓜类饲料包括胡萝卜、芜青甘蓝、甜菜及南瓜等。这类饲料天然水分含量很高，可达70%~90%，粗纤维含量较低，而无氮浸出物含量较高，且多为易消化的淀粉或糖分，是肉牛冬季的主要青绿饲料。至于马铃薯、甘薯、木薯等块根块茎类饲料，因其富含淀粉，生产上多被干制成粉后用作饲料原料，因此将其放在能量饲料部分介绍。

1）胡萝卜。胡萝卜产量高、易栽培、耐储藏、营养丰富，是家养肉牛冬、春季重要的青绿饲料。胡萝卜的营养价值很高，大部分营养物质是无氮浸出物，还含有蔗糖和果糖，故具甜味。胡萝卜素尤其丰富，为一般牧草饲料所不能及。胡萝卜还含有大量的钾盐、磷盐和铁盐等。一般来说，颜色愈深的胡萝卜，其胡萝卜素或铁盐含量愈高，红色的比黄色的高，黄色的又比白色的高。它的重要作用是在冬、春季饲养时作为青绿饲料和供给胡萝卜素等维生素。

在青绿饲料缺乏季节，向干草或秸秆比重较大的饲粮中添加一些胡萝卜，可改善饲粮口味，调节消化机能。对于种畜，饲喂胡萝

卜可供给丰富的胡萝卜素，对于公畜精子的正常生成及母畜的正常发情、排卵、受孕与怀胎，都有良好作用。胡萝卜熟喂，其所含的胡萝卜素、维生素C及维生素E会遭到破坏，因此最好生喂。

2）芜青甘蓝。芜青在我国较少用作饲料，但芜青甘蓝（也称灰萝卜）在我国已有近百年栽培历史。这两种块根饲料性质基本相似，水分含量都很高（约90%）。干物质中无氮浸出物含量相当高，大约为70%，因而能量较高，每千克消化能可达14.02MJ左右；鲜样由于水分含量高，消化能只有1.34MJ/kg。

这2种块根不仅能量价值高，而且其块根在地里存留时间可以延长，即使抽薹也不空心。因而可以解决块根类饲料在部分地区夏初难以储藏的问题。

3）甜菜。甜菜作物的品种较多，按其块根中干物质与糖分含量多少，可大致分为糖用甜菜、半糖用甜菜和饲用甜菜三种（表4-9）。

表4-9 甜菜不同品种的成分比较

类 别	干物质（%）	占干物质（%）		
		蛋白质	粗纤维	糖分
饲用甜菜	9~14	8~10	4~6	55~65
半糖用甜菜	14~22	6~8	4~6	60~70
糖用甜菜	22~25	4~6	4~6	65~75

由表4-9可见各类甜菜的无氮浸出物主要是糖分（蔗糖），但也含有少量淀粉与果胶物质。由于糖用与半糖用甜菜中含有大量蔗糖，故其块根一般不用作饲料而是先用以制糖，然后以其副产品甜菜渣作为饲料。

喂肉牛的主要是饲用甜菜。刚收获的甜菜不可立即饲喂肉牛，否则易引起腹泻。这可能与其块根中硝酸盐的含量有关，当经过一个时期储藏以后，大部分硝酸盐即可能转化为天门冬酰胺而变为无害。

4）南瓜（窝瓜）。既是蔬菜，又是优质高产的饲料作物。南瓜营养丰富，耐储藏，运输方便，是肉牛的好饲料。

南瓜中无氮浸出物含量高，且其中多为淀粉和糖类。中国南瓜含多量淀粉，而饲料南瓜含果糖和葡萄糖较多。南瓜中还含有很多的胡萝卜素和核黄素。南瓜含水分在90%左右，不宜单喂。

（5）水生饲料 水生饲料大部分原为野生植物，经过长期驯化选育已成为青绿饲料和绿肥作物。主要有水葫芦、水花生、绿萍、水芹菜和水竹叶等。这类饲料具有生长快、产量高、不占耕地和利用时间长等优点。在南方水资源丰富地区，因地制宜发展水生饲料，并加以合理利用，是扩大青绿饲料来源的一个重要途径。

水生饲料茎叶柔软，细嫩多汁，施肥充足者长势茂盛、营养价值较高，缺肥者叶少根多、营养价值也较低。这类饲料水分含量特别高，可达90%～95%，干物质含量很低，故营养价值也降低，因此，水生饲料应与其他饲料搭配饲用，以满足肉牛的营养需要。

此外，水生饲料最易带来寄生虫病如猪蛔虫、姜片虫、肝片吸虫等，利用不当往往得不偿失。解决的办法除了注意水塘的消毒、灭螺工作外，最好将水生饲料青贮发酵后饲喂，有的也可制成干草粉。

（6）树叶类 我国有丰富的林木资源，除少数不能饲用外，大多数树的叶子、嫩枝及果实都含有丰富的蛋白质、胡萝卜素和粗脂肪，可增强肉牛食欲，都可用作肉牛的饲料。如苹果叶、杏树叶、桃树叶、桑叶（桑树枝、叶营养价值接近，均为肉牛的优质饲料。采集可结合整枝进行，宜鲜用）、梨树叶、榆树叶、柳树叶、紫穗槐叶和刺槐叶（两者叶中蛋白质含量很高，氨基酸也十分丰富，是很好的饲料。鲜槐叶可直接青饲，其叶粉可作配合饲料原料）、泡桐叶（鲜泡桐叶肉牛不喜食，干制后可改善适口性）、橘树叶（橘叶采集宜结合秋末冬初修剪整枝时进行）及松针叶（富含维生素、微量元素、氨基酸、激素和抗生素等，对多种肉牛具抗病、促生长之效。一般以每年11月至第二年3月采集较好，采集时应选嫩绿肥壮松针，采集后避免阳光曝晒，采集到加工要求不应超过3天）等。

（7）藤蔓类 包括南瓜藤、丝瓜藤、番薯藤、马铃薯藤以及各种豆秧、花生秧等。

三 青贮饲料

青贮饲料是指将新鲜的青绿饲料（青绿玉米秸、高粱秸、牧草

等）切短装入密封容器里，经过微生物发酵作用，制成一种具有特殊芳香气味、营养丰富的多汁饲料。它能够长期保存青绿饲料的特性，扩大饲料资源，保证给家畜均衡供应青绿饲料。青贮饲料具有气味酸香、柔软多汁、颜色黄绿、适口性好等优点。

青绿饲料的优点很多，但是水分含量高，不易保存。为了长期保存青绿饲料的营养特性，保证饲料淡季供应，通常采用两种方法进行保存。一种方法是将青绿饲料脱水制成干草，另一种方法是利用微生物的发酵作用调制成青贮饲料。将青绿饲料青贮，不仅能较好地保持青绿饲料的营养特性，减少营养物质的损失，而且由于青贮过程中能产生大量芳香族化合物，使饲料具有酸香味，柔软多汁，改善了适口性，是一种长期保存青绿饲料的良好方法。此外，青贮原料中含有硝酸盐、氢氰酸等有毒物质，经发酵后会大大地降低有毒物质的含量，同时，青贮饲料中由于大量乳酸菌存在，菌体蛋白质含量比青贮前能提高20%~30%，很适合喂牛。

另外，青贮饲料制作简便、成本低廉、保存时间长、使用方便，解决了冬、春牛只供给青绿饲料的难题，是养牛的一类理想饲料。

1. 青贮饲料的特点

（1）青贮饲料可以保持青绿饲料的营养特性　青贮是将新鲜的青绿饲料切碎装入青贮窖或青贮塔内，通过密封措施，造成厌氧条件，利用厌氧微生物的发酵作用，达到保存青绿饲料的目的。因此，在储藏保存过程中氧化分解作用弱，机械损失少，较好地保持了青绿饲料原有的营养特性。

（2）青贮饲料适口性好，利用率高　青绿饲料经过微生物的发酵作用，产生大量芳香族化合物，具有酸香味，柔软多汁，适口性好。有些植物制成干草时，具有特殊气味或质地粗糙，适口性差，但青贮发酵后，成为良好的饲料。

（3）青贮饲料能长期保存　良好的青贮饲料，如果管理得当，青贮窖不漏气，则可多年保存，久者可达二三十年。青贮饲料可以在青绿饲料缺乏的冬、春季节，均衡地饲喂肉牛。

（4）调制青贮饲料受气候影响小、原料广泛　调制青贮饲料的原料广泛，只要方法得当，几乎各种青绿饲料，包括豆科牧草、禾本科牧草、野草野菜、青绿的农作物秸秆和茎蔓，均能青贮。青贮过程受气候影响小，在阴雨季节或天气不好时，晒制干草困难，但对青贮的影响较小，只要按青贮条件要求严格掌握，仍可制成优良青贮饲料。

（5）调制方法多种多样 除普通青贮法外，还可采用一些特殊青贮方法，如加酸、加防腐剂、接种乳酸菌或加氮化物等外加剂青贮及低水分青贮等方法，扩大了可青贮饲料的范围，使普通方法难青贮的植物得以很好地青贮。

2. 牛对青贮饲料的利用

青贮饲料是牛日粮的基本组成成分。肉牛对青贮饲料的采食量低（肉牛日粮主要由经发酵的青贮饲料组成时，采食时间减少，干物质采食量降低，这种降低可能是饲料中存在有机酸、铵、氨或它的前体物的缘故。所有这些物质均已被证明具有缩短采食时间和降低采食量的作用），但提高了饲料中有机物质的消化利用。如果以青绿饲料采食量为100%，青贮饲料的采食量为青绿饲料的35%~40%，低水分青贮饲料的采食量高于高水分青贮饲料，但比干草的采食量低。青贮饲料有机物质的消化率和干草差不多，但比青绿饲料略低。青贮饲料中无氮浸出物含量比青绿饲料中的含量低，糖类显著下降，例如，黑麦草青草中含糖9.5%，而黑麦草青贮中含糖量仅为2%，粗纤维含量相对提高。青贮饲料中蛋白氮含量显著提高，例如，苜蓿青贮后干物质中非蛋白质含量为62%，青刈饲料为22.6%，干草为26%，低水分青贮为44.6%。田间晒制干草、直接切制青贮、低水分青贮三种处理方法可消化氮的回收率分别为67%、60%和73%。

用青贮饲料饲喂肉牛时，在日粮中应当适量搭配青贮饲料，不宜过多，尤其是对初次饲喂青贮饲料的肉牛，要经过短期的过渡期适应。开始饲喂时少喂勤添，以后逐渐增加喂量。

四 能量饲料

能量饲料是指干物质中，粗纤维含量低于18%，同时粗蛋白质含量低于20%的饲料，包括谷实类、糠麸类、块根、块茎及其加工副产品，动植物油脂，糖蜜以及乳清粉等，常将其用来补充肉牛饲

料中能量的不足。能量饲料在肉牛饲粮中所占的比例最大,一般为50%~70%。

1. 谷实类

指禾本科籽实,如玉米、高粱、大麦、小麦、稻谷、燕麦等,含有丰富的无氮浸出物,占干物质的70%~80%,其中主要为淀粉,故消化率很高,是牛补充热能的主要来源。其蛋白质、矿物质含量一般较低,B族维生素和维生素E较多。育肥期肉牛日粮中能量饲料占40%~70%。需注意搭配蛋白质饲料,以补充钙和维生素A。

(1) 玉米 玉米的亩产量高,有效能值高,所含的可利用物质高于任何谷实类饲料,是在肉牛饲喂中使用比例最大的一种能量饲料,故有"饲料之王"的美称。而且其适口性好,易于消化。玉米含可溶性碳水化合物高,可达72%,其中主要是淀粉,粗纤维含量低,仅为2%,所以玉米的消化率可达90%。玉米的脂肪含量高,在3.5%~4.5%之间。含粗蛋白质偏低,约8.0%~9.0%,并且氨基酸组成欠佳,缺乏赖氨酸、蛋氨酸和色氨酸。**近些年来,研究培育高赖氨酸的玉米品种,但由于其产量较低,种植面积有限。**

玉米因适口性好、能量含量高,在瘤胃中的降解率低于其他谷实类,可以通过瘤胃达到小肠的营养物质比较高,因此,可大量用于牛的日粮中。青年牛或育肥的肉牛,整粒饲喂比粉碎饲喂效果较好。带芯玉米也可喂牛。

> **【提示】** 玉米品质不仅受储藏期和储藏条件的影响,而且还受产地和季节的影响,应注意褐变玉米的黄曲霉毒素含量高。另外,应注意玉米的水分含量,以防发热和霉变,一般控制在14%以下。将玉米压片(蒸汽压扁)后喂牛,在饲料效率及生产方面都优于整粒、细碎或粗碎的玉米。

(2) 大麦 大麦属一年生禾本科草本植物,按播种季节可分为冬大麦和春大麦两类。大麦籽实有两种,带壳者叫"草大麦",不带壳者叫"裸大麦",带壳的大麦,即通常所说的大麦,它的能量含量较低。大麦是一种坚硬的谷粒,在喂牛前必须将其压碎或碾碎,否则它将不经消化就排出体外。

大麦所含的无氮浸出物与粗脂肪均低于玉米,因外面有一层种子外壳,故粗纤维含量较高,为5%左右。其粗蛋白质含量为11%~14%,且品质较好。其赖氨酸含量比玉米、高粱中的含量约高1倍。大麦粗脂肪中的亚油酸含量很少,仅为0.78%左右。大麦的脂溶性维生素含量偏低,不含胡萝卜素,而含有丰富的B族维生素。含粗蛋白质10%以上,高于玉米,钙、磷含量也较高,可大量用来喂肉牛。牛因其瘤胃微生物的作用,可以很好地利用大麦。

> 【提示】 大麦粉碎太细易引起瘤胃臌胀,宜粗粉碎,或用水浸泡数小时或压片后饲喂可起到预防作用。此外,大麦进行压片、蒸汽处理可改善适口性及育肥效果,微波以及碱化处理可提高消化率。

(3) **高粱** 高粱的总产量仅次于小麦、水稻和玉米。高粱籽实含能量水平因品种不同而不同,带壳少的高粱籽实,其能量水平并不比玉米低多少,也是较好的能量饲料。高粱蛋白质含量略高于玉米,其氨基酸组成的特点和玉米相似,也缺乏赖氨酸、蛋氨酸、色氨酸和异亮氨酸。高粱的脂肪含量不高,一般为2.8%~3.3%,含亚油酸也低,约为1.1%。高粱的营养价值稍低于玉米。高粱含有单宁,单宁是影响高粱利用的主要因素之一,单宁含量高的高粱有涩味、适口性差,单宁可以在体内或体外与蛋白质结合,从而降低蛋白质及氨基酸的利用率。根据整粒高粱的颜色可以判断其单宁含量,褐色品种的高粱籽实含单宁高,白色的单宁含量低,黄色居中。现已培育出高赖氨酸高粱,但在实际使用中,仍不能广泛推广。

> 【提示】 高粱与玉米配合使用可提高饲料效率与日增重,因为两者配合饲喂可使它们在瘤胃消化和过瘤胃到小肠的营养物质有一个较好的分配。喂前最好压碎。很多加工处理,如压片、水浸、蒸煮及膨化等均可改善肉牛对高粱的利用。

(4) **小麦** 小麦具有谷实类饲料的通性,易于消化,适口性好。其粗蛋白质含量在谷类籽实中也是比较高的,一般在12%左右,高

者可达14%~16%。但过去很少作为饲料使用,近年来在饲料中的使用逐渐增多(小麦是否用于饲料取决于玉米和小麦本身的价格)。小麦是欧洲主要的谷实类饲料。

小麦粗蛋白质含量居谷实类之首位,一般达12%以上,但必需氨基酸尤其是赖氨酸含量不足,因而小麦蛋白质品质较差。无氮浸出物多,在其干物质中可达75%以上。粗脂肪含量低(约为1.7%),这是小麦能值低于玉米的主要原因。矿物质含量一般都高于其他谷实类,磷、钾等含量较高,但半数以上的磷为植酸磷。小麦中非淀粉多糖(NSP)含量较高,可达小麦干重的6%以上。小麦非淀粉多糖主要是阿拉伯木聚糖,这种多糖不能被动物消化酶消化,而且有黏性,在一定程度上影响小麦的消化率。

> 【提示】 小麦作为饲料时喂量不宜过大,否则会引起消化障碍(控制在50%以下)。饲喂时应粉碎或碾碎。

(5)稻谷 稻谷为禾本科稻属一年生草本植物。稻谷脱壳后,大部分果实种皮仍残留在米粒上,称为糙米。

稻谷即带外壳的水稻及旱稻的籽实,其中外壳量占稻谷重为20%~25%,糙米占70%~80%,颜色为白到浅灰黄色,有新鲜米的味道,不应有酸败或发霉味道。大米一般多作为人类的主食,用于饲料的多属于久存的陈米。大米的粗蛋白质含量为7%~11%,蛋白质中赖氨酸含量为0.2%~0.5%。糙米、碎米及陈米可以广泛用于肉牛饲料中,其饲用价值和玉米相似,但应粉碎饲用。此外,稻谷和糙米均可作为精饲料用于肉牛日粮中。

(6)燕麦 燕麦的品种相当复杂,一般常见的是普通燕麦,其他还有普通野生燕麦、红色栽培燕麦、大粒裸燕麦及红色野生燕麦等。按颜色分为白色、红色、灰黄色、黑色及混合色数种。按栽培季节也分冬燕麦和春燕麦两类。

燕麦的麦壳占的比重较大,一般占到28%,整粒燕麦籽实的粗纤维含量较高,达8%左右。主要成分为淀粉,含量为33%~43%,较其他谷实类少。含油脂较其他谷实类高,约为5.2%,脂肪主要分布于胚部,脂肪中的40%~47%为亚麻油酸。燕麦籽实的蛋白质含量高达 11.5% 以上，与大麦含量相似，但赖氨酸含量低。富含 B 族维生素，但烟酸含量较低，脂溶性维生素及矿物质含量均低。含粗蛋白质高于玉米和大麦，但因麸皮（壳）多，粗纤维超过 11%，适当粉碎后是牛的好饲料。

> 【提示】 燕麦有很好的适口性，但必须粉碎后饲喂，肉牛饲喂燕麦后有良好的生长性能。

2. 糠麸类饲料

糠麸类饲料是谷物加工后的副产品。我国的大宗糠麸类饲料主要是小麦麸（麸皮）和大米糠，它们是面粉厂和碾米厂的副产品。糠麸除无氮浸出物外，其他成分都比原粮多，含能量是原粮的 60% 左右。蛋白质含量为 15% 左右，比谷实类（平均蛋白质含量 10%）高 3%~5%；B 族维生素含量丰富，尤其含硫胺素、烟酸、胆碱和吡哆醇较多，维生素 E 含量也较多；物理结构疏松、体积大、重量轻，属于蓬松饲料，含有适量的粗纤维和硫酸盐类，有利于胃肠蠕动，易消化，有轻泻作用；可作为载体、稀释剂和吸附剂。但消化能或代谢能水平比较低，仅为谷实类的一半，但价格却比谷实类的一半还高很多；钙含量低磷含量高，但磷多以植酸磷形式存在，肉牛因瘤胃微生物作用可以利用植酸磷。

（1）小麦麸（麸皮） 以小麦籽实为原料加工面粉后的副产品。小麦麸主要由籽实的种皮、胚芽组成，并混有不同比例的胚乳、糊粉层成分。小麦麸的成分变异较大，主要受小麦品种、制粉工艺、面粉加工精度等因素影响。如果生产的面粉质量要求高，麸皮中来自胚乳、糊粉层成分的比例就高，麸皮的质量也相应较高，反之则麸皮的质量较低。

小麦麸的粗蛋白质含量高于原粮，一般为 12%~17%，氨基酸组成较佳，赖氨酸含量为 0.5%~0.7%，但蛋氨酸含量只有 0.11% 左右。与原粮相比，小麦麸中无氮浸出物（60% 左右）较少，但粗纤维含量高达 10% 以上，所以，小麦麸中有效能较低；钙含量少（0.1%~0.2%）磷含量多（0.9%~1.4%），钙、磷比例（约 1∶8）极不平衡，75% 的磷为植酸磷。另外，小麦麸中含铁、锰、锌较多。

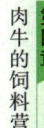

由于麦粒中B族维生素多集中在糊粉层与胚中，故小麦麸中B族维生素含量很高。如含核黄素3.5mg/kg，硫胺素8.9mg/kg。

小麦麸适口性好，是肉牛的良好饲料。小麦麸具有轻泻性，可通便润肠，是母畜饲粮的良好原料。在饲粮配制时，应与其他饲料或优质矿物饲料配合使用以调整钙磷比例。另外，因小麦麸含能量低，在肉牛育肥期宜与谷实类饲料搭配使用，肉牛精饲料中可用到小麦麸20%。

(2) 大米糠 为水稻加工大米的副产品。大米糠是糙米精制时产生的果皮、种皮、外胚乳和糊粉层等的混合物。大米糠的品质与成分，因糙米精制程度而不同，精制的程度越高，米糠的饲用价值越大。

大米糠中蛋白质含量高达13%，氨基酸含量与一般谷物相似或稍高于一般谷物，但赖氨酸含量高（0.55%）；脂肪含量比同类饲料高得多（为10%~17%），是麦麸、玉米糠的3倍多，脂肪酸组成中多为不饱和脂肪酸，油酸和亚油酸占79.2%。粗纤维含量较多，质地疏松，容重较轻。大米糠中无氮浸出物含量不足50%，有效能较高，干物质中综合净能为8.00MJ/kg；钙含量（0.07%）少磷含量（1.43%）多，钙、磷比例极不平衡（1:20），80%以上的磷为植酸磷，含锰、钾、镁较多。含B族维生素和维生素E丰富，如维生素B_1、维生素B_5、泛酸含量分别为19.6mg/kg、303.0mg/kg、25.8mg/kg。但缺乏维生素A、维生素D、维生素C。

> 【提示】 大米糠适于作肉牛的饲料，用量可达20%~30%。但大米糠中钙、磷比例严重失衡，因此在大量使用大米糠时，应注意补充含钙饲料。大米糠所含脂肪多，易氧化酸败，不能久存，所以常对其脱脂。

(3) 其他糠麸

1）大麦麸。大麦麸是大麦加工的副产品，分为粗麸、细麸及混合麸三类。粗麸多为碎大麦壳，因而粗纤维含量高；细麸的能量、蛋白质及粗纤维含量皆优于小麦麸；混合麸是粗细麸混合物，营养价值也居于两者之间。可用于饲喂肉牛，在不影响热能需要时可尽量使用,对改善肉质有益,但生长期肉牛仅可使用10%~20%,太多会影响生长。

2)高粱糠。高粱糠是高粱加工的副产品,有效能值较高,粗蛋白质含量11%~15%,粗脂肪含量4%~10%。但因其中含较多的单宁,适口性差,易引起便秘,故应控制用量。在高粱糠中,若添加5%的豆饼,再与青绿饲料搭配喂牛,则其饲用价值将得到明显提高。

3)玉米糠。玉米糠是玉米制粉过程中的副产品。其中果实种皮所占比例较大,粗纤维含量较高,粗蛋白质含量低,必需氨基酸含量也较低,胡萝卜素含量很低,但水溶性维生素和矿物质含量较高。玉米糠可作为肉牛的良好饲料。

> 【提示】 玉米品质对玉米糠品质影响很大,尤其含黄曲霉毒素高的玉米,玉米糠中毒素的含量为原料玉米的3倍多,使用时应注意。

4)小米糠。小米加工过程中,产生的种皮、秕谷和较多量的颖壳等副产品即为小米糠。其营养价值随加工程度而异,粗加工时,除产生种皮和秕谷外,还含许多颖壳,这种粗糠粗纤维含量很高,达23%以上,接近粗饲料;粗蛋白质含量只有7%左右,无氮浸出物40%,脂肪2.8%。在饲用前,将之进一步粉碎、浸泡和发酵,可提高消化率。

5)大豆皮。大豆皮是大豆加工过程中分离出的种皮,含粗蛋白质18.8%,粗纤维含量高,但其中木质素少,所以消化率高,适口性也好。

> 【提示】 粗饲料中加入大豆皮能提高肉牛的采食量,饲喂效果与玉米相同。

3. 块根、块茎及其加工副产品

块根块茎类饲料主要包括薯类、胡萝卜、甜菜等。这类饲料含水量高,体积大,适口性好,易消化。干物质中主要是无氮浸出物,

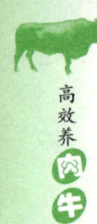

而蛋白质、脂肪、粗灰分等较少。纤维素含量一般不超过10%，且不含木质素，干物质的净能含量与籽实类相近；粗蛋白质含量只有1%~2%，赖氨酸、色氨酸含量较高；矿物质含量不一致，缺少钙、磷、钠，而钾的含量却丰富；维生素含量因种类不同而差别很大，胡萝卜中含有丰富的维生素，尤以含胡萝卜素最高；甘薯中则缺乏维生素，甜菜中仅含有维生素C，缺乏维生素D。

块根块茎类饲料适口性好，能刺激牛食欲，有机物质消化率高；产量高，生长期短，生产成本低，易组织轮作，但因含水量高，运输较困难，不易保存。由于其可溶性碳水化合物含量高，在瘤胃发酵速度快，所以喂量过多时会造成瘤胃pH下降，消化紊乱，平均日喂量不宜超过日粮干物质的20%（按干物质折算）。

(1) 甘薯 甘薯（红薯、白薯、红苕、地瓜）产量较高，亩产1000~1500kg，如果以块根中干物质计算，甘薯比水稻、玉米产量都高，其有效能值与稻谷近似，适合作为能量饲料。甘薯中粗蛋白质含量较低，在干物质中也只有3.3%，粗纤维少，富含淀粉，钙含量特别低。甘薯怕冷，宜在13℃左右下储存。甘薯粉渣是在甘薯制粉后留下的残渣。鲜粉渣含水分80%~85%，干燥粉渣含水分10%~15%。粉渣中的主要营养成分为可溶性无氮浸出物，容易被肉牛消化、吸收。由于甘薯中含有很少的蛋白质和矿物质，故其粉渣中也缺少蛋白质、钙、磷和其他无机盐类。甘薯易患黑斑病，患有黑斑病的甘薯及其制粉和酿酒的糟渣，不宜作为肉牛饲料，因为这种真菌会产生一种苦味，不但适口性差，还可导致牛发病。有黑斑病的甘薯有异味且含毒性酮，用其喂牛易导致喘气病，严重的会引起死亡。甘薯是肉牛的良好能量饲料。甘薯粉和其他蛋白质饲料结合，制成颗粒喂肉牛可取得良好的饲喂效果，但应在饲料中添加足够的矿物质饲料。

> **【提示】** 甘薯藤叶青绿多汁，适口性好，也是肉牛的良好饲料，鲜喂或青贮，其饲用效果都好。但牛采食过多的甘薯藤叶往往出现拉稀现象，故应注意控量饲用。

(2) 马铃薯（土豆） 马铃薯的能量营养价值次于木薯和甘薯，

含有大量的无氮浸出物，其中大部分是淀粉，约占干物质的70%。风干的马铃薯中粗纤维的含量为2%~3%，无氮浸出物为70%~80%，粗蛋白质含量8%~9%，每千克中含消化能14.23MJ左右。马铃薯含非蛋白氮较多，约占蛋白质含量的一半。含有一种含氰物质（龙葵素），主要分布在块茎青绿皮上、芽眼与芽中。在幼芽及未成熟的块茎和储存期间经日光照射变成绿色的块茎中含量较高，喂量过多可引起中毒。饲喂时要切除发芽部位并仔细选择，以防中毒。马铃薯经加工制粉后的剩余物为马铃薯粉渣，该粉渣与甘薯粉渣同样是含淀粉很丰富的饲料，其饲料成分和营养价值也几乎相同。干粉渣含蛋白质约4.1%左右，含可溶性无氮浸出物约70%，是很好的能量饲料。马铃薯粉渣可以用于肉牛饲料中。肉牛可以很好地利用马铃薯的非蛋白质含氮物和可溶性无氮浸出物，在日粮中的比例应控制在20%以下。

> 【提示】 马铃薯喂肉牛可生喂，也可熟喂。生喂时宜切碎后投喂。未成熟的、发芽或腐烂的马铃薯毒素含量多，大量投喂会引起中毒。

(3) 木薯 木薯为大戟科木薯属多年生植物，不仅是杂粮作物，而且也是良好的饲料作物。木薯干（脱水木薯）中无氮浸出物含量高，可达80%，因此其有效能值较高。粗蛋白质含量很低，以风干物质计，仅为2.5%。另外，木薯中矿物质贫乏，维生素含量几乎为零。木薯中含有毒物氢氰酸，其含量随品种、气候、土壤、加工条件等不同而异。经脱皮、加热、水煮、干燥可除去或减少木薯中氢氰酸。

> 【提示】 木薯在饲用前，最好要测定其中的氢氰酸含量，符合卫生标准方能饲用。若超标，要对其进行脱毒处理。在肉牛饲粮中，木薯干用量可达30%。

(4) 甜菜和甜菜渣 甜菜类作物有许多种类，一般视其块根中干物质含量和糖分含量的多少，可分为饲用甜菜、半糖用甜菜和糖

用甜菜三类。饲用甜菜的鲜样中含干物质9%~14%，干物质中含粗蛋白质8%~10%，含粗纤维4%~6%，含糖分50%~60%；半糖用甜菜鲜样中含干物质14%~20%，干物质中含粗蛋白质6%~8%，含粗纤维4%~6%，含糖分60%~70%；糖用甜菜鲜样中含干物质20%~25%，干物质中含粗蛋白质4%~6%，含粗纤维4%~6%，含糖分65%~75%。由于糖用和半糖用甜菜中含有大量蔗糖，故一般不作饲料用，而是用它制糖，其副产品——甜菜渣作饲料。甜菜渣是甜菜块根经过浸泡、压榨提取糖液后的残渣，呈粒状或丝状，为浅灰色或灰色，略具甜味。甜菜渣鲜样中水分含量为88%左右；湿甜菜渣经烘干后制成干粉料，干粉料中粗蛋白质含量为9%左右，粗纤维含量高，可达20%以上，无氮浸出物含量为50%左右，维生素和矿物质含量均低。注意干甜菜渣喂前应先用2~3倍重量的水浸泡，避免干饲后在消化道内大量吸水引起臌胀致病。甜菜渣加糖蜜和7.8%尿素可以制成甜菜渣块制品，其质硬、消化慢、尿素利用率高、安全性好，采食量可提高20%。

甜菜和甜菜渣也都是肉牛育肥的好饲料，干、鲜皆宜。新鲜的甜菜渣每头牛可喂40kg。干甜菜渣可以取代日粮中的部分谷实类饲料，但不可作为唯一的精饲料来源。干甜菜渣在牛育肥料中可取代50%左右的谷实物饲料，并且用它可以预防臌胀症。在犊牛料中，应尽量少用。

4. 其他能量饲料

（1）**油脂** 肉牛由于生产性能的不断提高，对日粮养分浓度尤其是日粮能量浓度的要求愈来愈高。对高产牛，常通过增大精饲料用量、减少粗饲料用量来配制高能量日粮，但这会引起瘤胃酸中毒等营养代谢疾病。鉴于这些原因，近几年来，油脂作为能量饲料在肉牛日粮中的应用愈来愈普遍。

油脂种类较多，按来源可将其分为动物油脂（家畜、家禽和鱼体组织（含内脏）提取的一类油脂）、植物油脂（植物种子中提取的油脂）、饲料级水解油脂（指制取食用油或生产肥皂过程中所得的副产品）和粉末状油脂（对油脂进行特殊处理，使其成为粉末状）四类。为避免动物疾病传播，预防传染性疾病，尤其疯牛病等，我国无公害食品标准中规定奶牛和肉牛均不允许使用动物性饲料原料，因此在肉牛上只能使用植物性油脂及其产品。

使用油脂的注意：一是油脂应储存于非铜质的密闭容器中，储存期间应防止水分混入和气温过高。二是饲粮添加油脂后，能量浓度增加，因此应相应增加饲粮中其他养分的水平。三是油脂容易氧化酸败，应避免使用已发生氧化酸败的油脂。为了防止油脂酸败，可加入占油脂0.01%的抗氧化剂。常用的抗氧化剂为丁羟甲氧基苯（BHA）和丁羟甲苯（BHT）。抗氧化剂添加到油脂中的方法是：若是液态油脂，直接将抗氧化剂加入并混匀；若是固态油脂，将油脂加热熔化，再加入抗氧化剂并混匀。四是避免使用劣质油脂，如高熔点的油脂（椰子油和棉籽油）和含毒素油脂（棉籽油、蓖麻油和桐籽油等）以及被二噁英污染的油脂。五是由于瘤胃内可溶的脂肪酸（如 $C_8 \sim C_{14}$ 脂肪酸和较长碳链不饱和脂肪酸）能抑制瘤胃微生物，若补饲油脂不当，会使纤维素消化率降低。

（2）糖蜜 糖蜜为制糖工业副产品。糖蜜一般呈黄色或褐色液体，大多数糖蜜具甜味，但柑橘糖蜜略有苦味。糖蜜的原料不同，所产生的糖蜜的颜色、味道、黏度和化学成分也有很大差异。即使是同一种糖蜜，受产地、季节、制糖工艺和储存条件等不同的影响，其营养成分也有一定差异。

糖蜜中主要成分是糖类（主要是蔗糖、果糖和葡萄糖），如甘蔗糖蜜含蔗糖24%~36%，甜菜糖蜜含蔗糖47%左右。糖蜜中含有少量的粗蛋白质，其中多数属非蛋白质氮，如氨、硝酸盐和酰胺等。糖蜜中矿物质含量较多（8.1%~10.5%），其中钙含量（0.1%~0.81%）多磷含量（0.02%~0.08%）少，钾含量很高（2.4%~4.8%），如甜菜糖蜜钾含量高达4.7%。糖蜜中有效能量较高，甜菜糖蜜对牛的消化能为12.12MJ/kg，增重净能为4.75MJ/kg。

由于糖蜜有甜味，故能掩盖饲粮中其他成分的不良气味，提高饲料的适口性。糖蜜有黏稠性，故能减少饲料加工过程中产生的粉尘，并能作为颗粒饲料的优质黏结剂。糖蜜富含糖分，可为肉牛瘤胃微生物提供充足的速效能源，从而提高微生物的活性。糖蜜中含有缓泻因子，可能是因为硫酸镁和氯化镁的缘故，或者是消化道中

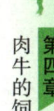

蔗糖酶活性不高,从而引起粪便含水量增加。糖蜜在混合精饲料中,肉牛适宜用量为10%~20%。

五 蛋白质饲料

饲料干物质中粗蛋白质含量大于或等于20%,同时粗纤维含量小于18%的饲料,称作蛋白质饲料。蛋白质饲料包括植物性蛋白质饲料、动物性蛋白质饲料、非蛋白氮饲料和单细胞蛋白饲料四类。

1. 植物性蛋白质饲料

植物性蛋白质饲料的蛋白质含量较高,赖氨酸和色氨酸的含量较低。其营养价值随原料的种类、加工工艺和副产品有很大差异。一些豆科籽实、饼粕类饲料中还含有抗营养因子。

(1) 豆类籽实 豆类籽实包括大豆、豌豆、蚕豆等,曾作为我国主要役畜的蛋白质饲料。其总营养价值与禾谷类籽实相似,可消化蛋白质较多,是肉牛重要的蛋白质饲料。现在一般以食用为主,全脂大豆经加热或膨化用在高热能饲料和颗粒料中。

1) 大豆。大豆为双子叶植物纲豆科大豆属一年生草本植物。将大豆按种皮颜色分为黄色大豆、黑色大豆、青色大豆、其他大豆和饲用豆(秣食豆)五类,其中以黄豆最多,其次为黑豆。

大豆的蛋白质含量高,为32%~40%(如黄豆和黑豆的粗蛋白质含量分别为37%和36.1%),氨基酸组成良好,植物蛋白中普遍缺乏的赖氨酸含量较高,如黄豆和黑豆中的含量分别为2.30%和2.18%,但蛋氨酸等含硫氨基酸含量不足。大豆脂肪含量高,达17%~20%,其中不饱和脂肪酸较多,亚油酸和亚麻酸可占55%。综合净能为8.25MJ/kg。碳水化合物含量不高,无氮浸出物含量仅26%左右,其中蔗糖占无氮浸出物总量的27%,水苏糖、阿拉伯木聚糖、半乳糖分别占16%、18%、22%;淀粉在大豆中含量甚微,仅为0.4%~0.9%;纤维素占18%。矿物质中钾、磷、钠较多,钙的含量高于谷实类,但仍低于磷,但60%的磷为不能利用的植酸磷,铁含量较高。其维生素与谷实类相似,含量略高于谷实类,B族维生素多而维生素A、维生素D少。

生大豆中存在多种抗营养因子,如胰蛋白酶抑制因子、血细胞凝集素、脲酶、致甲状腺肿物质、赖丙氨酸、植酸、抗维生素因子、大豆抗原、皂甙、雌激素和胀气因子等，它们影响饲料的适口性、消化性与肉牛的一些生理过程。将生大豆直接饲喂肉牛，会导致腹泻和生产性能的下降，降低维生素 A 的利用率，饲喂价值较低。因此，生产中一般不直接饲用生大豆。大豆经焙炒、压扁、微波、挤压以及制粒等加热处理后饲喂。

> 【提示】 肉牛饲料中也可使用生大豆，但应控制喂量，且不宜与尿素同用，这是由于生大豆中含有尿素酶，会使尿素分解，易发生氨中毒。需配合胡萝卜素含量高的粗饲料饲用。另外，大豆蛋白质中含蛋氨酸、色氨酸、胱氨酸较少，最好与禾谷类籽实混合饲喂。

2）豌豆。豌豆除作食用外，也供作饲料。豌豆风干物中粗蛋白质含量 20.0%~24%，介于谷实类和大豆之间。豌豆中清蛋白、球蛋白和谷蛋白含量分别为 21.0%、66.0% 和 2%。蛋白质中含有丰富的赖氨酸，而其他必需氨基酸含量都较低，特别是含硫氨基酸与色氨酸。干豌豆中碳水化合物的含量约为 60%，淀粉含量为 24.0%~49.0%，粗纤维含量约为 7%，粗脂肪约为 2%，且多为不饱和脂肪酸。各种矿物质微量元素含量都偏低。干豌豆富含维生素 B_1、维生素 B_2 和烟酸，胡萝卜素含量比大豆多，与玉米近似，缺乏维生素 D。能值虽比不上大豆，但也与大麦和稻谷相似。

> 【提示】 豌豆中含有微量的胰蛋白酶抑制因子、外源植物凝集素、致胃肠胀气因子、单宁、皂角苷和色氨酸抑制剂等抗营养因子，因此不宜生喂。一般在肉牛饲粮中加入的量为 12% 以下。

3）蚕豆。蚕豆是一种比较好的饲料资源。主要在我国南方作为配合饲料原料。蚕豆主要以蛋白质和淀粉为主。粗蛋白质含量以及蛋白质和氨基酸的消化率均低于大豆，干物质中平均粗蛋白质含量为 23.0%~31.2%，氨基酸中赖氨酸和精氨酸较多，赖氨酸（1.60%~1.95%）比谷实类高 6~7 倍；色氨酸、胱氨酸和蛋氨酸比较短缺。

无氮浸出物含量高于大豆，为47.3%~57.5%，是大豆的2倍多。粗脂肪含量1.2%~1.8%，其中油酸45.6%、亚油酸30.0%、亚麻酸12.8%。能值虽比不上大豆，但也与大麦和稻谷相似。各种矿物质含量都偏低。维生素含量高于大米和小麦。

> 【提示】 蚕豆中也含有胰蛋白酶抑制因子、肌醇六磷酸等抗营养因子，不宜生喂。一般肉牛饲料中加入的量为15%以下。

(2) 饼粕类　饼粕类是豆科籽实或其他科植物籽实提取大部分油脂后的副产品。由于原料不同和加工方法不同，其营养及饲用价值有相当大的差异。饼粕类是配合饲料的主要蛋白质原料。使用广泛，用量较大。

1) 大豆粕（饼）。大豆粕是指以黄豆制成的油粕（油饼），与黑豆制成的不同，是所有粕（饼）中最好的。一般大豆不直接用作饲料，因为豆类饲料中含有一种不良的物质，生喂时，会影响饲料的适口性和饲料的消化率，这种不良物质需要通过110℃3min的加热才能消除掉。生豆粕是指大豆在榨油时未加热或加热不足的豆粕。它们在使用前也需要上述同样的加热处理。

大豆饼粕的蛋白质含量较高，在40%~44%之间，可利用性好，必需氨基酸的组成比例也相当好，尤其是赖氨酸含量，是饼、粕类饲料中含量最高者，可高达2.5%~2.8%，比棉仁饼、菜籽饼及花生饼的含量高出1倍。大豆饼粕在氨基酸含量上的缺点是蛋氨酸不足，因而，在主要使用大豆饼粕的日粮中一般要另外添加蛋氨酸，才能满足动物的营养需要。

大豆饼粕是牛的优质蛋白质饲料，可用于配制代乳饲料和犊牛的开口食料。质量好的大豆饼粕色黄味香，适口性好，但其加入量不要在日粮中超过20%。

2) 菜籽粕（饼）。菜籽粕（饼）的蛋白质含量为36%左右，代谢能只有8.4MJ/kg，矿物质和维生素比豆饼丰富，含磷较高，含硒比大豆饼粕高6倍，居各种饼粕之首。菜籽粕（饼）中含有硫葡萄糖苷酯类衍生物（如异硫氰酸酯、硫氰酸酯）、单宁、芥子碱、皂角苷等有害物质。其有苦涩味，影响蛋白质利用效果，阻碍生长。菜籽饼含芥子毒素，犊牛和孕牛最好不喂。

菜籽粕（饼）对牛的副作用要低于单胃动物。菜籽粕在牛瘤胃内的降解速度低于大豆粕，过了瘤胃部分的降解速度较大。加拿大、瑞典、中国等国家先后育成毒素（含硫葡萄糖苷脂和芥子碱）低的油菜品种，叫"双低"油菜。由双低油菜籽加工的菜籽饼粕，所含毒素也少。对于这样的菜籽粕（饼），在饲料中可加大用量。

3）棉籽粕（饼）。棉花籽实脱油后的粕（饼），因加工条件不同，营养价值相差很大。完全脱了壳的棉仁所制成的粕（饼），叫作棉仁粕（饼）。其蛋白质含量可达41%以上，甚至可达44%，代谢能水平可达10MJ/kg左右，与大豆饼不相上下。而由不脱掉棉籽壳的棉籽制成的棉籽粕（饼），蛋白质含量不过22%左右，代谢能只有6.0MJ/kg左右，在使用时应加以区分。

在棉籽内，含有对畜禽健康有害的物质——棉酚和环丙烯脂肪酸。棉酚是一种黄色的多酚色素，存在于种子的腺体内，它是腺体的主要色素，占总色素量的95%。在棉仁粕（饼）内大部分棉酚和蛋白质及棉籽的其他成分相结合，只有小部分以游离形式存在。生棉籽中游离的棉酚含量依棉花品种、栽培环境不同，其含量在0.4%~1.4%之间。棉酚可引起畜禽中毒，畜禽游离棉酚中毒一般表现为采食量减少、呼吸困难、严重水肿、体重减轻，以致死亡。一般游离棉酚中毒是慢性中毒。动物尸体解剖可见胸腔和腹腔有大量积液，肝脾出血、肝细胞坏死、心肌损伤和心脏扩大等病变。在生长中通常的症状是，日粮中棉籽粕（饼）用量过度时发现增重慢，饲料报酬低。

牛因瘤胃微生物可以分解棉酚，所以棉酚的毒性相对小。棉籽粕（饼）可作为良好的蛋白质饲料来源，是喂牛的好饲料。在犊牛日粮中，用量不超过20%，在架子牛日粮中，可占精饲料的60%。如果长期过量饲用则影响其种用性能，要进行脱毒，常用的去毒方法为煮沸1~2h，冷却后饲喂。去壳机榨或浸提的棉籽饼含粗纤维10%左右，粗蛋白32%~40%；带壳的棉籽饼含粗纤维高达15%~20%，粗蛋白20%左右。

4）花生仁粕（饼）。花生脱壳取油的工艺可分浸提法、机械压

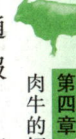

榨法、预压浸提法和土法夯榨法四种。用机械压榨法和土法夯榨法榨油后的副产品为花生饼，用浸提法和预压浸提法榨油后的副产品为花生粕。

花生（仁）饼蛋白质含量约44%，花生（仁）粕蛋白质含量约47%，蛋白质含量高，但63%的为不溶于水的球蛋白，可溶于水的白蛋白仅占7%。氨基酸组成不平衡，赖氨酸、蛋氨酸含量偏低，精氨酸含量在所有植物性饲料中最高，赖氨酸与精氨酸之比在100∶380以上。花生（仁）饼粕的有效能值在饼粕类饲料中最高，花生（仁）饼干物质中综合净能为8.24MJ/kg。花生（仁）粕干物质中综合净能为7.39MJ/kg。无氮浸出物中大多为淀粉、糖分和戊聚糖。残余脂肪熔点低，脂肪酸以油酸为主，不饱和脂肪酸占53%~78%。钙磷含量低，磷多为植酸磷，铁含量略高，其他矿物元素较少。胡萝卜素、维生素D、维生素C含量低，B族维生素较丰富，烟酸含量高，但核黄素含量低。

> 【提示】 因肉牛瘤胃微生物有分解毒素的功能，它们对黄曲霉毒素不很敏感，感染黄曲霉毒素的花生饼粕，可以用氨化处理去毒。花生粕在瘤胃的降解速度很快，不适合作为肉牛唯一的蛋白质饲料原料。

花生（仁）饼粕适口性好，对肉牛的饲用价值与大豆饼粕相当。饲喂时适于和精氨酸含量低的菜籽饼粕等配合饲用。花生（仁）饼粕有通便作用，采食过多易导致软便。经高温处理的花生（仁）饼粕，蛋白质溶解度下降，可提高过瘤胃蛋白量，提高氮沉积量。为避免黄曲霉毒素中毒，幼牛应避免饲用。

5）芝麻粕（饼）。芝麻粕（饼）不含对畜禽不良作用的因素，是安全的饼粕饲料。芝麻粕（饼）的粗纤维含量在7%左右，代谢能含量9.5MJ/kg，视脂肪含量多少而异。芝麻粕（饼）的粗蛋白质含量可达40%。

芝麻粕（饼）最大的特点是蛋氨酸含量特别高，可达0.8%以上，比大豆粕、棉仁粕含量高出1倍，比菜籽粕、向日葵粕约高1/3，是所有植物性饲料中含蛋氨酸最多的饲料。但是，芝麻粕

（饼）的赖氨酸含量不足，配料时应注意。肉牛日粮中可以提高其用量，可用于犊牛和育肥牛。

6）向日葵仁粕（饼）。向日葵仁粕（饼）是向日葵籽生产食用油后的副产品。向日葵仁饼粕的营养价值取决于脱壳程度，完全脱壳的饼粕营养价值很高，其饼、粕的粗蛋白质含量可分别达到41%和46%，与大豆饼粕相当。但脱壳程度差的产品，其营养价值较低。氨基酸组成中，赖氨酸低，含硫氨基酸丰富。粗纤维含量较高，有效能值低，残留脂肪量为6%~7%，其中50%~75%的为亚油酸。矿物质中钙、磷含量高，但磷以植酸磷为主，微量元素中锌、铁、铜含量丰富。B族维生素含量均较高，其中烟酸和硫胺素的含量均位于饼粕类之首。

向日葵仁饼粕适口性好，是肉牛良好的蛋白质原料，肉牛采食后，瘤胃内容物pH下降，可提高瘤胃内容物溶解度。脱壳向日葵仁饼粕的饲用价值与豆粕相当。但含脂肪高的压榨向日葵饼采食过多，易造成体脂变软。未脱壳的向日葵仁饼粕粗纤维含量高，有效能值低，若作为配合饲料的主要蛋白质饲料来源时，必须调配能量值或增大日喂量，否则育肥效果不佳。

7）亚麻仁饼粕。亚麻仁饼粕是亚麻籽经脱油后的副产品。粗蛋白质含量一般为32%~36%，氨基酸组成不平衡，赖氨酸、蛋氨酸含量低，富含色氨酸，精氨酸含量高，赖氨酸与精氨酸之比为100∶250。粗纤维含量高，为8%~10%，有效能值较低。残余脂肪中亚麻酸含量可达30%~58%。钙磷含量较高，硒含量丰富，是优良的天然硒源之一。维生素中胡萝卜素、维生素D含量少，但B族维生素含量丰富。

亚麻仁饼粕是反刍动物饲料中良好的蛋白质来源，适口性好，可提高肉牛育肥效果，改善其被毛光泽。饲料中使用亚麻仁饼粕时，需添加赖氨酸或搭配赖氨酸含量较高的饲料，以提高饲喂效果。

8）椰子粕。椰子粕是将椰子胚乳部分干燥为椰子干，再提油后所得的副产品，为浅褐色或褐色，粗纤维含量高而有效能值低。粗蛋白质含量为20%~23%，氨基酸组成欠佳，缺乏赖氨酸、蛋氨酸及组氨酸，但精氨酸含量高。所含脂肪属饱和脂肪酸，B族维生素含

量高。椰子粕易滋生真菌而产生毒素。该饲料适口性好,是肉牛的良好蛋白质来源,但为防止便秘,精饲料中加入量以20%以下为宜。

9) 蓖麻籽饼粕(大麻子)。蓖麻籽饼粕是蓖麻籽提油后所得的副产品。蓖麻籽饼粕含粗蛋白质量因去壳程度不同有所差异,一般为25%~45%,其中有60%为球蛋白,16%为白蛋白,20%为谷蛋白。氨基酸较为平衡,其中赖氨酸0.87%~1.42%,蛋氨酸0.57%~0.87%,亮氨酸和精氨酸等含量均较高。含粗脂肪1.4%~2.6%,粗纤维14%~43%。蓖麻籽饼粕营养价值较高,但因其含有蓖麻毒蛋白、蓖麻碱、CB-1A变应原和血球凝集素四种有毒物质,必须经过脱毒,才能饲喂。

(3) 其他植物性蛋白质饲料

1) 玉米蛋白粉。玉米蛋白粉是玉米淀粉厂的主要副产物之一,为玉米除去淀粉、胚芽、外皮后剩下的产品。玉米蛋白粉粗蛋白质含量35%~60%,氨基酸组成不佳,蛋氨酸、精氨酸含量高,赖氨酸和色氨酸严重不足,赖氨酸与精氨酸的比为100:(200~250),与理想比值相差甚远。粗纤维含量低(2%左右),易消化,代谢能与玉米近似或高于玉米,为高能饲料。矿物质含量少,铁较多,钙、磷含量较低。维生素中胡萝卜素含量较高,B族维生素少;富含色素,主要是叶黄素和玉米黄质,前者是玉米含量的15~20倍,是较好的着色剂。玉米蛋白粉可用作肉牛的部分蛋白质饲料原料,因其比重大,可配合比重小的原料饲用,精饲料中的添加量以30%为宜,过高影响生产性能。在使用玉米蛋白粉的过程中,应注意其真菌含量,尤其是黄曲霉毒素的含量。不同厂家生产的玉米蛋白粉的含量和外观差异较大,这是导致玉米蛋白粉质量差异较大的主要原因。一般来说,蛋白质含量高,颜色鲜艳,灰分含量较低的玉米蛋白粉,营养价值相对较高。

玉米蛋白粉呈浅黄色、金黄色或橘黄色,色泽均匀,多数为固体状,少数为粉状,具有发酵气味;无发霉、变质、虫蛀、结块,不带臭气味,无掺杂。加入抗氧化剂、防霉剂等添加剂时应作相应的说明。

2) 玉米胚芽粕。玉米胚芽粕是以玉米为原料,在生产淀粉前,

将玉米浸泡、粉碎、分离胚芽,然后取油后的副产物产品。

玉米胚芽粕的粗蛋白含量为20%~27%,是玉米的2~3倍,其中的蛋白都是白蛋白和球蛋白,是玉米蛋白中生物学价值最高的蛋白质。淀粉含量为20%,粗脂肪含量为5%~7%,粗纤维6%~7%,粗灰分5.9%,钙含量少磷含量多,钙磷比例不平衡。维生素E含量非常丰富,高达87mg/kg,能值较低。

玉米胚芽粕适口性好,是肉牛的良好饲料来源,但品质不稳定,易变质,使用时要小心。一般在肉牛精饲料中可用到15%~20%。

3)粉丝蛋白。指利用绿豆、豌豆或蚕豆制作粉丝过程中的浆水经浓缩而获得的蛋白质饲料。粉丝蛋白饲料营养丰富,含有原料豆中淀粉以外的蛋白质、脂肪、矿物质、维生素等营养物质。粗蛋白质含量可达80%以上,总氨基酸含量可达75%以上。粉丝蛋白在浓缩饲料中是一种重要的蛋白质补充饲料。

4)浓缩叶蛋白。浓缩叶蛋白为从新鲜植物叶汁中提取的一种优质蛋白质饲料。目前商业化产品是浓缩苜蓿叶蛋白,其蛋白质含量在38%~61%之间,蛋白质消化率比苜蓿草粉高得多,使用效果仅次于鱼粉而优于大豆饼。叶黄素含量相当突出,产品着色效果比玉米蛋白粉更佳。但因含有皂苷,其使用量过高会影响肉牛生长速度和肉料比。

5)玉米酒精糟。玉米酒精糟是以玉米为主要原料用发酵法生产酒精时的蒸馏液经干燥处理后的副产品。根据干燥浓缩蒸馏液的不同成分而得到不同的产品,可分为干酒精糟(DDG)、可溶干酒精糟(DDS)和干酒精糟液(DDGS)。DDG是用蒸馏废液的固体物质进行干燥得到的产品,色泽鲜明,也叫透光酒糟。DDS是用蒸馏废液去掉固体物质后剩余的残液进行浓缩干燥得到的产品。DDGS则是DDG和DDS的混合物,也叫黑色酒糟。

玉米酒精糟因加工工艺与原料品质差别,其营养成分差异较大。一般除碳水化合物减少外,其他成分为原料的2~3倍。玉米酒精糟粗蛋白质含量在26%~32%之间,氨基酸含量和利用率均不理想,蛋氨酸和赖氨酸含量稍高,色氨酸明显不足。粗脂肪含量为9.0%~14.6%,粗纤维含量高,无氮浸出物含量较低。矿物质中含有有利

于动物生长的多种矿物质成分,但仍是钙含量少磷含量多。玉米酒精糟的能值较高,还含有未知生长因子。

玉米酒精糟气味芳香,是肉牛良好的饲料。在肉牛精饲料中添加玉米酒精糟可以调节饲料的适口性。其也是较好的过瘤胃蛋白质饲料,可以替代牛日粮中部分玉米和豆饼,改善肉牛瘤胃内环境,从而改善瘤胃发酵状况,提高增重速度。一般在肉牛精饲料中的用量应在50%以下。

6)醋糟。醋糟是以淀粉质原料为主料固态发酵法酿造食醋过程中的副产品,其成分和性质主要取决于酿醋原料和生产工艺的不同。醋糟的粗蛋白质含量偏低,粗纤维含量较高。作为食醋生产的副产品,醋糟的另一个特点是呈酸性,刚生产出的鲜醋糟pH在5.0~5.5之间。这是醋糟中残留的一部分有机酸所致。醋糟中的粗纤维含量高,同时粗蛋白质含量不低于玉米,并富含铁、锌和硒等微量元素,因此具有一定的饲用价值。

7)酱油渣。酱油渣是黄豆经米曲霉菌发酵后,浸提出其中的可溶性氨基酸、低肽和呈味物质后的渣粕。酱油渣粗蛋白质含量高达20%~40%,且含有大量菌体蛋白;脂肪含量约14%;还含有B族维生素、无机盐、未发酵淀粉、糊精、氨基酸、有机酸等。粗纤维含量高,无氮浸出物含量低,有机物质消化率低,有效能值低。酱油渣中食盐含量高,肉牛采食过多酱油渣会造成饮水量上升和腹泻现象,还会软化肉质。因此,在肉牛饲料中的用量不宜超过10%,且在饲喂酱油渣期间应经常供给充足的饮水。

8)豆腐渣。豆腐渣是来自豆腐、豆奶工厂的副产品,为黄豆浸渍成豆乳后,过滤所得的残渣。豆腐渣干物质中粗蛋白质含量较高,蛋白质质量较好,其蛋白质功效比为2.71。粗纤维和粗脂肪含量也较高,维生素含量低且大部分转移到豆浆中,与豆类籽实一样含有抗胰蛋白酶因子。鲜豆腐渣是肉牛的良好多汁饲料,可提高日增重。鲜豆腐渣经干燥、粉碎可作配合饲料原料,但加工成本较高,宜鲜喂。

2. 单细胞蛋白质饲料

单细胞蛋白是指利用糖、氮类等物质,通过加工业方式,培养

能利用这些物质的细菌、酵母等微生物制成的蛋白质。单细胞蛋白含有丰富的B族维生素、氨基酸和矿物质，粗纤维含量较低；单细胞蛋白中赖氨酸含量较高，蛋氨酸含量低；单细胞蛋白质具有独特的风味，对增进动物食欲具有良好效果。对于来源于石油化工、污染物处理工业的单细胞蛋白，其中往往含有较多的有毒、有害物质，不宜作为单细胞蛋白质的原料。

常用的有酵母、真菌及藻类。酵母粗蛋白质含量为40%～50%，生物学价值处于动物性蛋白饲料和植物性蛋白饲料之间。赖氨酸、异亮氨酸及苏氨酸含量较高，蛋氨酸、精氨酸及胱氨酸含量较低。含有丰富的B族维生素，但饲料酵母有苦味，适口性较差，牛日粮中可添加2%～5%，一般不超过10%。

3. 非蛋白氮饲料

非蛋白氮饲料主要指除蛋白质之外的其他含氮物，如尿素、磷酸脲、硫酸铵、磷酸氢二铵等。其营养特点是粗蛋白质含量高，如尿素中粗蛋白质含量相当于豆粕的7倍；味苦，适口性差；不含能量。在使用中应注意补加能量物质；缺乏矿物质，特别要注意补充磷、硫。

尿素只能喂给成年牛，用量一般不超过饲粮干物质的1%。不能单独饲喂或溶于水中让牛直接饮用，要将尿素混合在精饲料或铡短的秸秆、干草中饲喂。严禁饲喂过量，以免产生氨中毒。饲喂时要有2周以上的适应期，只能在6月龄以上的牛日粮中使用。

六 矿物质饲料

矿物质是一类无机营养物质，存在于动物体内的各组织中，广泛参与体内各种代谢过程。尽管其占体重很小，且不供给能量、蛋白质和脂肪，但缺乏时易造成肉牛生长缓慢、抗病能力减弱，以致威胁生命。肉牛日粮组成主要是植物性饲料。而大多数植物性饲料中的矿物质不能满足肉牛快速生长的需要，因此生产中必须给肉牛补充矿物质，以达到日粮中矿物质的平衡，满足肉牛的各种需要。目前，肉牛常用的矿物质饲料主要是含钠和氯元素的食盐、含钙饲料、含磷饲料、天然矿物质饲料等。

1. 食盐

食盐的成分是氯化钠,是肉牛饲料中钠和氯的主要来源。饲料中缺少钠和氯元素会影响肉牛食欲。长期摄取食盐不足,可引起肉牛活力下降、精神不振或发育迟缓,降低饲料利用率。表现为舔食棚、圈的地面,栏杆,啃食土块或砖块等异物。但饲料中盐过多,而饮水不足,就会发生中毒,中毒主要表现在口渴、腹泻、身体虚弱,重者可引起死亡。

在植物性饲料中含钠和氯都很少,故需以食盐方式添加;动物性饲料中食盐含量比较高,一些食品加工副产品,甜菜渣、酱渣等中的食盐含量也较多,故用这些饲料配合日粮时,要考虑它们的食盐含量。

精制的食盐含氯化钠99%以上,粗盐含氯化钠95%,加碘盐含碘0.007%。纯净的食盐含钠39%,含氯60%,此外尚有少量的钙、镁、硫。食用盐为白色细粒,工业用盐为粗粒结晶。食盐容易吸潮结块,要注意捣碎或经粉碎过筛。饲用食盐的粒度应全部通过30目筛,含水量不得超过0.5%。喂量一般占日粮干物质的0.3%。喂量不可过多,否则会引起中毒。饲喂青贮饲料需盐量比喂干草多,高粗日粮需盐量比高精日粮多。

2. 含钙饲料

钙是动物体内最重要的矿物质之一。在生产实际中,含钙饲料来源广泛并且价格便宜,常用的含钙饲料主要有石粉、蛋壳粉、贝壳粉,还有含钙和磷的骨粉及磷酸钙等。肉牛处在不同的生长时期、用于不同的生产目的,不仅对钙的需求量不同,而且对不同来源的钙利用率也不同。一般饲料中钙的利用率随肉牛的生长而变低,但泌乳和怀孕期间对钙的利用率则提高。微量元素预混料通常将石粉或贝壳粉作为稀释剂或载体,配料时应将其钙含量计算在内。

钙源饲料价格便宜,但用量不能过大,用量过大,会影响钙磷平衡,使钙和磷的消化、吸收、代谢都受到影响。钙过多,也会引起生长不良,发生佝偻病和软骨症,以致流产。常见的含钙饲料见表4-10。

表 4-10　常见的含钙饲料

碳酸钙（石粉）	由石灰石粉碎而成，是最经济的矿物质原料。常用的石粉为灰白色或白色无臭的粗粒或呈细粒状。100%通过35目筛。一般认为颗粒越细，吸收率越佳。市售石粉的碳酸钙含量应在95%以上，含钙量在38%以上
蛋壳粉	用新鲜蛋壳烘干后制成的粉。用新鲜蛋壳制粉时应注意消毒，在烘干最后产品时的温度应达到132℃，以免蛋白质腐败，及携带病原菌，蛋壳粉中钙的含量约为25%。性质与石灰石相似
贝壳粉	用各种贝类外壳（牡蛎壳、蛤蜊壳、蚌、海螺等的贝壳）粉碎后制成的产品。海滨多年堆积的贝壳，其内层有机物质已经消失，主要含碳酸钙，一般产品含钙量为30%～38%。其细度依用途而定，为较廉价的钙质饲料。质量好的贝壳粉杂质少，钙含量高，呈白色粉状或片状
硫酸钙	主要提供硫和钙，生物学利用率较好。在高温高湿条件下可能会结块。高品质的硫酸钙来自矿心开采所得产品精制而成，来自磷石膏者品质较差，含砷、铅、氟等较高，如果未除去上述元素，不宜用作饲料

3. 含磷饲料

我国是一个缺乏磷矿资源的国家，对磷源饲料的解决，十分重要。常见的含磷饲料见表4-11。

表 4-11　常见的含磷饲料

磷酸钙类	磷酸钙	又称磷酸三钙，含磷20%，含钙38.7%，纯品为白色、无臭的粉末。不溶于水中而溶于酸。经过脱氟的磷酸钙成为脱氟磷酸钙，为灰白色或茶褐色粉末
	磷酸氢钙	又称磷酸二钙，有无水和二水两种。稳定性较好，生物学效价较高，一般含磷18%以上，含钙23%以上，是常用的磷补充饲料
	磷酸二氢钙	又称磷酸一钙及其水合物，一般含磷21%，含钙20%，生物学效价较高。作为饲料时要求含氟量不得高于磷含量的1%。纯品为白色结晶粉末。含一结晶水的磷酸二氢钙在100℃下为无水化合物，152℃时熔融变成磷酸钙

（续）

磷酸钠类	磷酸一钠	本品为磷酸的钠盐，呈白色粉末，有潮解性，宜干燥储存。对钙要求低的饲料可用它作为磷源，在产品设计调整高钙、低磷配方时使用，磷酸一钠含磷26%以上，含钙19%以上。其价格比较昂贵
	磷酸二钠	为白色无味的细粒状，一般含磷18%~22%，含钠27%~32.5%，应用价值同磷酸一钠
骨粉类		由家畜骨骼加工而成。其是一种钙磷平衡的矿物质饲料，且含氟量低，但在使用前应脱脂、脱胶、消毒，以免传播疾病。一般多用作磷饲料，也能提供一定量的钙，但不如石灰、蛋壳粉价格便宜。动物骨粉同样属于在反刍动物日粮中禁止使用的饲料原料
磷矿石粉		为磷矿石经粉碎后的产品。常常含有超过允许量的氟，并有其他杂质，如铅、砷、汞等。必须合乎标准才能用作饲料
液体磷酸		为磷酸水溶液，具有强酸性，使用复杂。可以用其与尿素、糖蜜及微量元素混合制成液体饲料

4. 天然矿物质饲料

天然矿物质饲料是大自然经过成千上万年筛选、积累下来的宝贵财富。它们含有多种矿物元素和营养成分，可以直接添加到饲料中去，也可以作为添加剂的载体使用。常见的天然矿物质主要有膨润土、沸石、麦饭石、海泡石等。

七 饲料添加剂

饲料添加剂是为了满足牛的营养需要、完善饲粮的全价性或某种目的，如改善饲料的适口性、提高牛对饲料的消化率，提高抗病力或产品质量等而加入饲料中的少量或微量物质。主要有营养性添加剂和非营养性添加剂两大类。

1. 营养性添加剂

（1）维生素添加剂　它是由合成或提纯方法生产的单一或复合维生素。对肉牛来说，由于瘤胃微生物能够合成B族维生素和维生素K，肝、肾中能合成维生素C，如果饲料供应平衡，一般不会缺乏维生素。除犊牛外,一般无须额外添加此类维生素。但维生素A、维生素D、维生素E等脂溶性维生素应另外补充,它们是维持家畜健康和促进生长所不可缺少的有机物质。

(2) 微量元素添加剂 微量元素一般指占动物体重0.01%以下的元素。肉牛常常容易缺乏的微量元素有铜、锌、锰、铁、钴、碘、硒等,一般将其制成混合添加剂进行添加。这些微量元素除为肉牛提供必需的养分外,还能激活或抑制某些维生素、激素和酶,对保证肉牛的正常生理机能和物质代谢有着极其重要的作用。因此,它们是肉牛生命过程中不可缺少的物质。微量元素添加剂组成原料是含这些微量元素的无机或有机化合物,如有机酸盐、氧化物、氨基酸螯合物等。

(3) 氨基酸添加剂 用于肉牛饲料的氨基酸添加剂,一般是植物性饲料中最缺的必需氨基酸,如蛋氨酸与赖氨酸,它们可以促进蛋白质的合成。

> 【提示】 成年肉牛饲料中无须专门补给氨基酸(氨基酸进入瘤胃后会被微生物分解为氨,起不到添加氨基酸的效果)。但给3月龄前的犊牛专用人工乳、开食料中添加氨基酸,具有良好的作用。

2. 非营养性添加剂

(1) 抗生素 抗生素是微生物(细菌、放射菌、真菌等)的发酵产物,对特异微生物的生长有抑制或杀灭作用。目前所称的抗生素也包括用化学合成或半合成法生产的具有相同或相似结构或结构不同但功效相同的物质。饲用抗生素是指以亚治疗剂量应用于饲料中,以保障动物健康、促进动物生长与生产、提高饲料利用率的抗生素。

目前,我国允许作为饲料添加剂的抗生素有杆菌肽锌、硫酸粘杆菌素、吉他霉素、恩拉霉素、维吉尼亚霉素、泰乐菌素、土霉素、莫能霉素、盐霉素钠和拉沙里菌素钠等。

1)杆菌肽锌。其是从地衣芽孢杆菌发酵而制得的杆菌肽与锌的络合物,为多肽类抗生素。干燥状态时较稳定,抗菌谱与青霉素相

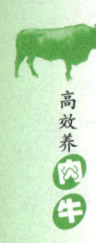

似，对革兰阳性菌十分有效，对部分革兰阴性菌、螺旋体、放线菌有抑制作用。毒性小，安全，几乎不被消化器官吸收、不产生耐药性，也不污染环境。注意不能与莫能霉素、盐霉素等聚醚类抗生素混用。

2）硫酸粘杆菌素。其是多肽类抗生素，对革兰阳性菌有极强的抑菌作用，若与抗革兰阴性菌的抗生素联合使用，效果更好。可预防大肠杆菌和沙门氏菌引起的疾病。因其与杆菌肽锌协同作用较好，常与杆菌肽锌以1:5比例配合使用。

3）维吉尼亚霉素。其是2种抗生素的复合体，对多种病原菌有很强的抑菌效果，不易吸收及产生耐药性，能有效防止细菌性下痢，稳定性好。预混剂的商品名为"速大肥"。由于其能减缓肠道蠕动，影响肠黏膜上皮形态及功能，延长饲料在肠道内的消化时间，故能增加养分吸收，促进生长。

4）恩拉霉素。为一种放线菌的发酵产物，对革兰阳性菌有很强的抑菌活性，不易被消化道吸收，长期使用不易产生抗药性，在饲料中的添加量小，安全性、稳定性好。

5）盐霉素钠。属聚醚类抗生素，对革兰阳性菌、真菌、病毒具有较强的抑制作用。

6）泰乐菌素。属大环内酯类抗生素，最广泛应用的为磷酸泰乐菌素，对大部分革兰阳性菌（链球菌、葡萄球菌、双球菌等）有显著的抑菌效果，对支原体有特效。其在肠道内不易吸收，毒性低，混入饲料后稳定。与其他大环内酯类抗生素有交叉耐药性。

7）莫能霉素。属聚醚类抗生素，它可增加瘤胃内丙酸含量，提高粗纤维消化率，促进生长与增重，因此现多用于肉牛生产。

8）四环素类抗生素。有关四环素类抗生素能否作为饲料添加剂的争议很多。此类抗生素主要对多数革兰阳性菌有效，其作用机理为干扰菌体蛋白合成。四环素抗生素能与多种金属离子，如钙、镁、铁等形成络合物，因此以钙盐形式添加较好。常用的四环素类抗生素为土霉素和金霉素。土霉素属广谱抗生素，毒性小，有残留，部分细菌会对其产生耐药性。四环素类抗生素毒性较低，对肝、肾功能的影响较小，但从长远看，此类抗生素继续作为饲料添加剂的应用前景不大。

9）化学合成抗生素。曾经作为促生长剂使用的化学合成剂有很多，如磺胺类、硝基呋喃类、卡巴氧和硝呋烯腙等抗菌药剂，其毒副作用高，大多数国家已禁止将这些药物作为饲料添加剂，而仅作为治疗动物疾病用药。目前我国仅批准使用喹乙醇。

（2）酸化剂　能使饲料酸化的物质叫酸化剂。在饲料中添加酸化剂，可以增加幼龄动物发育不成熟的消化道的酸度，刺激消化酶的活性，提高饲料养分消化率。同时，酸化剂既可杀灭或抑制饲料本身存在的微生物，又可抑制消化道内的有害菌，促进有益菌的生长。因此，使用酸化剂可以促进动物健康，减少疾病，提高生长速度和饲料利用率。在犊牛饲粮中添加酸化剂对其健康和生长有一定的促进作用。

（3）缓冲剂　肉牛在使用高精饲料饲粮时，或由高纤维饲粮向高精饲料饲粮转化过程中，瘤胃发酵产生大量的挥发性脂肪酸（VFA），超过唾液的缓冲能力时，瘤胃内的 pH 就会下降。当 pH 低于 6.0 时，蛋白质、纤维素的消化率就会降低，乳脂生成被抑制。当 pH 过低时，就出现酸中毒。在饲粮中添加缓冲剂，可以弥补内源缓冲能力的不足，预防酸中毒，提高瘤胃的消化功能，从而改善生产性能。

一般肉牛日粮中精饲料水平达 50%~60% 时，就应该加缓冲剂，当饲喂高纤维饲粮时不必使用缓冲剂。最常用的缓冲剂是碳酸氢钠，一般用量为日粮干物质进食量的 0.5%~1.0%，或精饲料的 1.2%~2.0%。

（4）脲酶抑制剂　肉牛动物可以利用尿素作为氮源。尿素进入瘤胃后，分解的速度比较快。尿素分解过快，产生大量的氨不能被利用，易造成动物氨中毒，这些原因严重限制了肉牛对尿素的利用。

脲酶抑制剂能特异性地抑制脲酶活性，减慢氨释放速度、使瘤胃微生物有平衡的氨氮供应，从而提高瘤胃微生物对氨氮的利用效率，增加蛋白质的合成量，使肉牛对氮的利用效率提高，在降低日粮水平、节约蛋白质饲料同时，增加了肉的生产量。

中国农业科学院畜牧研究所合成并筛选出专一、高效的瘤胃微生物脲酶抑制剂，合成纯度为 80%，合成效率超过 50%，合成工艺

属国内外新工艺。该抑制剂能使尿素分解速度降低55.3%，粗蛋白质利用效率提高16.7%，减慢饲料尿素分解速度的同时，也减慢了瘤胃内循环尿素的分解速度，这样即使在不喂尿素时，添加脲酶抑制剂也可提高肉牛生产力。瘤胃微生物脲酶抑制剂于1998年被批准为新饲料添加剂。

生产上常用的脲酶抑制剂还有氧肟酸类化合物（乙酰氧肟酸和辛酰氧肟酸），二胺类化合物（三胺苯磷酸二酰胺、环己磷酰三胺），醌类化合物（氢醌、对苯醌），异位酸类化合物（异丁酸、异戊酸等）。

（5）保护剂 凡含油脂多的饲料，由于脂肪及脂溶性维生素在空气中极易氧化变质（尤其在高温季节会发生酸败），在饲喂肉牛这些物质时，会影响饲喂效果。故常常加入抗氧化剂予以保护。常用的抗氧化剂有丁基羟基苯甲醚、一丁基羟基甲苯、乙氧喹等。

第三节　饲料的配制

一　日粮配方设计的原则

1. 营养性原则

（1）合理设计饲料配方的营养水平　设计饲料配方的水平，必须以饲养标准为基础，同时要根据动物生产性能、饲养技术水平与饲养设备、饲养环境条件、市场行情等及时调整饲粮的营养水平，特别要考虑外界环境与加工条件等对饲料原料中活性成分的影响。

设计配方时要特别注意诸养分之间的平衡，也就是全价性。有时即使各种养分的供给量都能满足甚至超过需要量，但由于没有保证有拮抗作用的营养素之间的平衡，反而出现营养缺乏症或生产性能下降。设计配方时应重点考虑能量和蛋白质、氨基酸之间、矿物元素之间、抗生素与维生素之间的相互平衡。诸养分之间的相对比例比单种养分的绝对含量更重要。

（2）合理选择饲料原料　饲料配方平衡与否，很大程度上取决于设计时所采用的原料营养成分值。在条件允许的情况下，应尽可能多地选择原料种类。原料营养成分值要尽量有代表性，避免极端数字，要注意原料的规格、等级和品质特性。对重要原料的重要指标最好进行实际测定，以提供准确参考依据。选择饲料原料时除要考虑其营养成分含量和营养价值，还要考虑原料的适口性、原料对畜产品风味及外观的影响、饲料的消化性及容重等。

饲料的适口性直接影响到肉牛的采食量，如果采食量降低就达不到增加营养和日增重的目的，要根据不同生长阶段选择适当的粗精比例。以干物质计，日粮中粗饲料比例要达到40%~60%，强度育肥时精饲料可高达70%~80%。

（3）正确处理配合饲料配方设计值与营养标准值的关系 配合饲料中的某一养分往往由多种原料共同提供，且各种原料中养分的含量与其真实值之间存在一定的差异，加之饲料加工过程的偏差，同时生产的配合饲料产品往往有一个合理的储藏期，储藏过程中某些营养成分还要因受外界各种因素的影响而损失。所以，配合饲料的营养成分设计值通常应略大于营养标准值。

2. 安全性原则

配合饲料对动物自身必须是安全的，发霉、酸败、污染和未经处理的含毒素等饲料原料不能使用。动物采食配合饲料而生产的动物产品对人类必须既富营养而又健康安全。在设计配方时，某些饲料添加剂（如抗生素等）的使用量和使用期限应符合安全法规。

3. 经济性原则

经济性即经济效益和社会效益。饲料原料种类越多，越能起到饲料原料营养成分的互补作用，有利于配合饲料的营养平衡，但原料种类过多，会增加加工成本。所以设计配方时，应掌握适度的原料种类和数量。另外，还要考虑动物废弃物（如粪、尿等）中氮、磷、药物等对人类生存环境的不利影响，以提高饲料利用率，减少氮、磷排泄量；年龄较大的肉牛也可以选择尿素等非蛋白氮降低饲料成本。

二 日粮配方的设计方法

常用的日粮配方设计方法有计算机配方设计法和手工计算法两种。手工计算法包括试差法和对角线法两种。

【例1】设计体重350kg，预期日增重1.2kg的舍饲生长育肥牛日

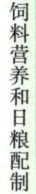

粮配方。

第一步：查肉牛饲养标准 见表4-12。

表4-12 体重350kg，预期日增重1.2kg的舍饲生长育肥牛营养需要量

干物质/kg	肉牛能量单位（RND）	粗蛋白质/g	钙/g	磷/g
8.41	6.47	889	38	20

第二步：查出所选饲料的营养成分 见表4-13。

表4-13 饲料营养含量（干物质）

饲料名称	干物质/kg	肉牛能量单位（RND）	粗蛋白质（％）	钙（％）	磷（％）
玉米青贮	22.7	0.54	7.0	0.44	0.26
玉米	88.4	1.13	9.7	0.09	0.24
麸皮	88.6	0.82	16.3	0.20	0.88
棉饼	89.6	0.92	36.3	0.30	0.90
碳酸氢钙				23.00	16.00
石粉				38.00	

第三步：确定精、粗饲料用量及比例 确定日粮中精饲料占50％，粗饲料占50％。由肉牛的营养需要可知每日每头牛需8.41kg干物质，则每日每头牛由粗饲料（青贮玉米）供给的干物质质量应为8.41kg×50％＝4.2kg，首先求出青贮玉米所提供的和尚缺的养分量，见表4-14。

表4-14 粗饲料提供的养分量

	干物质/kg	肉牛能量单位（RND）	粗蛋白质/g	钙/g	磷/g
需要量	8.41	6.47	889	38	20
4.2kg青贮玉米干物质提供	4.2	2.27	294	18.48	10.92
尚差	4.21	4.20	595	19.52	9.08

第四步：求出各种精饲料和拟配合料粗蛋白质/肉牛能量单位比

玉米 = 97/1.13 = 85.84

麸皮 = 163/0.82 = 198.78

棉饼 = 363/0.92 = 394.57

拟配合精饲料混合料 = 595/4.2 = 141.67

第五步：用对角线法算出各种精饲料的用量

1）先将各精饲料按蛋白能量比分为两类：一类高于拟配混合料；另一类低于拟配混合料，然后一高一低两两搭配成组。本例高于141.67的有麸皮和棉饼，低的有玉米。因此玉米既要和麸皮搭配，又要和棉饼搭配，每组画一个正方形。将3种精饲料的蛋白能量比置于正方形的左侧，拟配混合料的蛋白能量比放在中间，在两条对角线上做减法，大数减小数，得数是该饲料在混合料中应占有的能量比例数。

2）本例要求混合精饲料中肉牛能量单位是4.20，所以应将上述比例算成总能量4.20时的比例，即将各饲料原来的比例数分别除各饲料比例数之和，再乘4.20。然后将所得数据分别被各原料每千克所含的肉牛能量单位除，就得到这三种饲料的用量了。

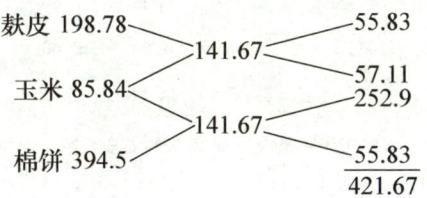

则：玉米：$310.01\text{kg} \times \dfrac{4.20}{421.67} \div 1.13 = 2.73\text{kg}$

麸皮：$55.83\text{kg} \times \dfrac{4.20}{421.67} \div 0.82 = 0.68\text{kg}$

棉饼：$55.83\text{kg} \times \dfrac{4.20}{421.67} \div 0.92 = 0.60\text{kg}$

第六步：验证精饲料混合料养分含量　见表4-15。

表4-15 精饲料混合料养分含量

饲料名称	用量/kg	干物质/kg	肉牛能量单位（RND）	粗蛋白质/g	钙/g	磷/g
玉米	2.73	2.41	3.08	264.81	2.46	6.55
麸皮	0.68	0.60	0.56	110.84	1.36	5.98
棉饼	0.60	0.54	0.55	217.80	1.80	5.40
合计	4.01	3.55	4.19	593.50	7.62	17.93
差		-0.66	-0.01	-1.50	-11.90	+8.85

由表4-15可以看出，精饲料混合料中肉牛能量单位和粗蛋白质含量与要求基本一致，干物质尚差0.66kg，可以适当增加青贮玉米的喂量。钙磷的余缺可以使用矿物质调整。本例中磷已经满足需要，不必考虑补充，只需要用石粉补钙即可。石粉用量=11.9÷0.38=31.32g。混合料中另加1%食盐，约合0.04kg。

第七步：列出日粮配方与精饲料混合料的百分比组成 见表4-16。

表4-16 育肥牛的日粮配方

	青贮玉米	玉米	麸皮	棉饼	石粉	食盐
干物质含量/kg	4.2	2.73	0.68	0.60	0.031	0.04
饲喂量/kg	18.5	3.48	0.68	0.60	0.031	0.04
精饲料组成（%）		72.03	14.08	12.42	0.64	0.83

注：实际生产中，青贮玉米喂量应增加10%的安全系数，即每天饲喂20.35kg/头。混合精饲料每天饲喂4.83kg。

三 日粮配方举例

1. 犊牛舍饲持续育肥日粮配方

（1）舍饲持续育肥日粮配方

1）精饲料补充料配方。具体配方（%）：玉米40，棉籽饼30，麸皮20，鱼粉4，磷酸氢钙2，食盐0.6，微量元素维生素复合预混料0.4，沸石3。6月龄后按1kg混合精饲料添加15g尿素。

2）不同阶段饲料喂量见表4-17。

表 4-17　不同阶段饲料喂量

月龄/月	体重/kg	青干草/(kg/头·天)	青贮饲料/(kg/头·天)	精饲料补充料/(kg/头·天)
3~6	70~166	1.5	1.8	2.0
7~12	167~328	3.0	3.0	3.0
13~16	329~427	4.0	8.0	4.0

（2）强度育肥 1 岁左右出栏日粮配方　选择良种牛或其改良牛，在犊牛阶段采取较合理的饲养，使日增重达 0.8~0.9kg。180 日龄体重超过 200kg 后，按日增重大于 1.2kg 配制日粮，12 月龄体重超过 200kg 后，按日增重大于 1.2kg 配制日粮，12 月龄体重达 450kg 左右，上等膘时出栏（表 4-18 和表 4-19）。

表 4-18　强度育肥 1 岁左右出栏日粮配方

日龄/天	0~30	31~60	61~90	91~120	121~180	181~240	241~300	301~360
始重/kg	30~50	62~66	88~91	110~114	136~139	209~221	287~299	365~377
日增重/kg	0.8	0.7~0.8	0.7~0.8	0.8~0.9	0.8~0.9	1.2~1.4	1.2~1.4	1.2~1.4
全乳喂量/kg	6~7	8	7	0	0	0	0	0
精饲料补充料喂量/kg	自由	自由	自由	1.2~13	1.8~2.5	3~3.5	4~5	5.6~6.5

表 4-19　强度育肥 1 岁左右出栏日粮配方中精饲料补充料配方

	10 周龄前	10 周龄后至 180 日龄	
玉米（%）	60	60	67
高粱（%）	10	10	10
饼粕类（%）	15	24	30
鱼粉（%）	3	0	0
动物性油脂（%）	10	3	0
磷酸氢钙（%）	1.5	1.5	1

（续）

	10 周龄前	10 周龄后至 180 日龄	
食盐/mg	0.5	1	1
小苏打/mg	0	0.5	1
土霉素（mg/kg，另加）	22	0	0
维生素 A（万国际单位/kg，另加）	干草期加 1~2	干草期加 0.5~1	干草期加 0.5

2. 不同粗饲料类型日粮配方

（1）青贮玉米秸类型日粮 适用于玉米种植密集、有较好青贮基础的地区。使用如下配方，青贮玉米秸日喂量 15kg。青贮玉米秸类型日粮系列配方见表 4-20 和表 4-21。

表 4-20 青贮玉米秸类型日粮系列配方——精饲料配比

体重阶段/kg	300~350		350~400		400~450		450~500	
精饲料配比	配方1	配方2	配方1	配方2	配方1	配方2	配方1	配方2
玉米（%）	71.8	77.7	80.7	76.8	77.6	76.7	84.5	87.6
麸皮（%）	3.3	2.4	3.3	4	0.7	5.8	0	0
棉粕（%）	21	16.3	12	15.6	18	14.2	11.6	8.2
尿素（%）	1.4	1.3	1.7	1.4	1.7	1.5	1.9	2.2
食盐（%）	1.5	1.5	1.5	1.5	1.2	1	1.2	1.2
石粉（%）	1	0.8	0.8	0.7	0.8	0.8	0.8	0.8
日喂料量/kg	5.2	7.2	7	6.1	5.6	7.8	8	8

表 4-21 青贮玉米秸类型日粮系列配方——营养水平

体重阶段/kg	300~350		350~400		400~450		450~500	
营养水平	配方1	配方2	配方1	配方2	配方1	配方2	配方1	配方2
肉牛能量单位/(个/头)	6.7	8.5	8.4	7.2	7	9.2	8.8	10.2

（续）

体重阶段/kg	300~350		350~400		400~450		450~500	
营养水平	配方1	配方2	配方1	配方2	配方1	配方2	配方1	配方2
粗蛋白质/g	747.8	936.6	756.7	713.5	782.6	981.76	776.4	818.6
钙/g	39	43	42	36	37	46	45	51
磷/g	21	36	23	22	21	28	25	27

（2）青贮和谷草类日粮配方及喂量（表4-22）。

表4-22　青贮和谷草类型日粮配方及喂量

月龄/月	精饲料配方（%）						采食量/(kg/头·天)		
	玉米	麸皮	豆粕	棉粕	石粉	食盐	碳酸氢钠	精饲料	青贮玉米秸	谷草
7~8	32.5	24	7	33	1.5	1	1	2.2	6	1.5
9~10								2.8	8	1.5
11~12	52	14	5	26	1	1	1	3.3	10	1.8
13~14								3.6	12	2
15~16	67	4		26	0.5	1	1	4.1	14	2
17~18								5.5	14	2

（3）酒糟类型日粮　酒糟作为酿酒的副产品，经与干粗饲料、精饲料及预混合料合理搭配，实现了酒糟的合理利用（表4-23~表4-25）。

表4-23　酒糟类型日粮配方——精饲料配比

体重阶段/kg	300~350		350~400		400~450		450~500	
精饲料配比	配方1	配方2	配方1	配方2	配方1	配方2	配方1	配方2
玉米（%）	58.9	69.4	64.9	75.1	73.1	80.8	78	85.2
麸皮（%）	20.3	14.3	16.6	11.1	12.1	7.8	9.6	5.9
棉粕（%）	17.7	12.7	14.9	9.7	11	7	9.6	4.5
尿素（%）	0.4	1	1	1.6	1.5	2.1	8.4	2.3
食盐（%）	1.5	1.5	1.5	1.5	1.5	1.5	1.9	1.5
石粉（%）	1.2	1.1	1	1	0.8	0.8	1.5	1.5

表 4-24 酒糟类型日粮配方——采食量

体重阶段/kg	300~350		350~400		400~450		450~500	
采食量	配方1	配方2	配方1	配方2	配方1	配方2	配方1	配方2
精饲料/(kg/头·天)	4.1	6.8	4.6	7.6	5.2	7.5	5.8	8.2
酒糟/(kg/头·天)	11.8	10.4	12.1	11.3	14	12	15.3	13.1
玉米秸/(kg/头·天)	1.5	1.3	1.9	1.7	2	1.8	2.2	1.8

表 4-25 酒糟类型日粮配方——营养水平

体重阶段/kg	300~350		350~400		400~450		450~500	
营养水平	配方1	配方2	配方1	配方2	配方1	配方2	配方1	配方2
肉牛能量单位/(个/头)	7.4	9.4	9.4	11.8	10.7	12.3	11.9	13.2
粗蛋白质/g	787.8	919.4	1016.4	1272.3	1155.7	1306.6	1270.2	1385.6
钙/g	46	54	47	57	48	52	49	51
磷/g	30	37	32	39	34	37	37	39

(4) 干玉米秸日粮配方 (表4-26~表4-28)。

表 4-26 干玉米秸日粮配方——精饲料配比

体重阶段/kg	300~350		350~400		400~450		450~500	
精饲料配比	配方1	配方2	配方1	配方2	配方1	配方2	配方1	配方2
玉米(%)	66.2	69.6	70.5	72	72.7	74	78.3	79.1
麸皮(%)	2.5	1.4	1.9	4.8	6.6	6.6	1.6	2
棉粕(%)	27.9	25.4	24.1	19.5	16.8	15.8	16.3	15
尿素(%)	0.9	1.06	1.2	1.25	1.43	1.56	1.77	1.9
食盐(%)	1.5	1.5	1.5	1.5	1.5	1.5	1.5	1.5
石粉(%)	1	1.1	0.8	0.9	1	0.6	0.5	0.5

表4-27 干玉米秸日粮配方——采食量

体重阶段/kg	300~350		350~400		400~450		450~500	
采食量	配方1	配方2	配方1	配方2	配方1	配方2	配方1	配方2
精饲料/(kg/头·天)	4.8	5.6	5.4	6.1	6	6.3	6.7	7
酒糟/(kg/头·天)	3.6	3	4	3	4.2	4.5	4.6	4.7
玉米秸/(kg/头·天)	0.5	0.2	0.3	1	1.1	1.2	0.3	0.5

表4-28 干玉米秸日粮配方——营养水平

体重阶段/kg	300~350		350~400		400~450		450~500	
营养水平	配方1	配方2	配方1	配方2	配方1	配方2	配方1	配方2
肉牛能量单位/(个/头)	6.1	6.4	6.8	7.2	7.6	8	8.4	8.8
粗蛋白质/g	660	684	691	713	722	744	754	776
钙/g	38	40	38	40	37	39	36	38
磷/g	27	27	28	29	31	32	32	32

3. 架子牛舍饲育肥日粮配方

(1) 氨化稻草类型日粮配方（表4-29）。

表4-29 架子牛舍饲育肥氨化稻草类型日粮配方

(单位：kg/头·天)

阶段	玉米面	豆饼	骨粉	矿物微量元素	食盐	碳酸氢钠	氨化稻草
前期	2.5	0.25	0.060	0.030	0.050	0.050	20
中期	4.0	1.00	0.070	0.030	0.050	0.050	17
后期	5.0	1.50	0.070	0.035	0.050	0.050	15

(2) 酒精糟+青贮玉米秸日粮配方 饲喂效果，日增重1kg以

上。精饲料配方：玉米93%、棉粕2.87%、尿素1.2%、石粉1.2%、食盐1.8%、添加剂（育肥灵）另加。不同体重阶段，精、粗饲料用量见表4-30。

表4-30　不同体重阶段精、粗饲料用量

体重/kg	250~350	350~450	450~550	550~650
精饲料/kg	2~3	3~4	4~5	5~6
酒精糟/kg	10~12	12~14	14~16	16~18
青贮（鲜）/kg	10~12	12~14	14~16	16~18

第四节　饲料的加工调制

一　精饲料的加工调制

精饲料加工调制的主要目的是便于牛咀嚼和反刍，提高养分的利用率，同时为合理和均匀搭配饲料提供方便。

1. 粉碎与压扁

精饲料最常用的加工方法是粉碎，可以为合理和均匀地搭配饲料提供方便，但用于肉牛日粮不宜过细。粗粉与细粉相比，粗粉可提高适口性，提高牛唾液分泌量，增加反刍，一般筛孔通常3~6mm。将谷物用蒸汽加热到120℃左右，再用压扁机压成厚1mm的薄片，迅速干燥。由于压扁饲料中的淀粉经加热糊化，用于饲喂牛消化率明显提高。

2. 浸泡

豆类、油饼类、谷物等饲料相当坚硬，不经浸泡很难嚼碎。经浸泡后吸收水分，膨胀柔软，容易咀嚼，便于消化。浸泡方法：用池子或缸等容器把饲料用水拌匀，一般料水比为1:(1~1.5)，即手握指缝渗出水滴为准，无须任何温度条件。有些饲料中含有单宁、棉酚等有毒物质，并带有异味，浸泡后其毒素、异味均可减轻，从而提高适口性。浸泡的时间应根据季节和饲料种类的不同而异，以免引起饲料变质。

3. 肉牛饲料的过瘤胃保护

强度育肥的肉牛补充过瘤胃保护蛋白质、过瘤胃淀粉和脂肪能提高生产性能。

（1）热处理 通过加热可降低饲料蛋白质的降解率，但过度加热也会降低蛋白质的消化率，引起一些氨基酸、维生素的损失，所以应加热适度。一般认为，140℃左右烘焙4h，或130～145℃火烤2min，或3420.5×103Pa压力和121℃处理饲料45～60min较宜。有研究表明，加热以150℃、45min最好。

将膨化技术用于全脂大豆的处理，取得了理想效果。李建国等用YG-Q型多功能糊化机进行豆粕糊处理，使蛋白质瘤胃降解率显著下降，该方法简单易行。

（2）化学处理

1）甲醛处理。甲醛可与蛋白质分子的氨基、羟基、硫氢基发生基化反应而使其变性，免于瘤胃微生物降解。处理方法：饼粕经2.5mm筛孔粉碎，然后每100g粗蛋白质称0.6～0.7g甲醛溶液（36%），用水稀释20倍后喷雾与饼粕混合均匀，然后用塑料薄膜封闭24h后打开薄膜，自然风干。

2）锌处理。锌盐可以沉淀部分蛋白质，从而降低饲料蛋白质在瘤胃的降解。处理方法：硫酸锌溶解在水里，其比例为豆粕:水:硫酸锌=1:2:0.03，拌匀后放置2～3h，50～60℃烘干。

3）过瘤胃保护脂肪。许多研究表明，直接添加脂肪对反刍动物效果不好，脂肪在瘤胃中会干扰微生物的活动，降低纤维消化率，影响生产性能的提高，所以，添加的脂肪采用某种方法保护起来，形成过瘤胃保护脂肪。最常见的是脂肪酸钙产品。

二 干草的处理加工

干草是青绿饲料在尚未结籽以前刈割，经过日晒或人工干燥除去大量水分而制成的，因其较好地保留了青绿饲料的养分和绿色故称青干草。优质干草叶多且有芳香味，适口性好，含有丰富的蛋白质、维生素及矿物质。干草中粗蛋白质含量，禾本科干草为7%～13%，豆科干草为10%～21%；粗纤维含量高为20%～30%，干草中维生素D丰富，并含有一定的B族维生素。钙的含

量,苜蓿干草为1.29%,而禾本科干草仅为0.4%左右。影响青干草质量的因素很多,不同种类的牧草质量不同,一般豆科牧草较禾本科牧草质量好。若刈割时间过早水分含量多,不易晒干;过晚营养价值降低。以禾本科类在抽穗期,豆科草类在孕蕾及初花期刈割为好。另外,在干燥过程中应尽可能减少机械损失、雨淋等。

1. 牧草的干燥方法

(1) 田间晒制法 牧草刈割后,在原地或附近干燥地段摊开曝晒,每隔数小时加以翻晒,待水分降至40%~50%时,用搂草机或手工搂成松散的草垄,可集成高0.5~1m的草堆,保持草堆的松散通风。天气晴好时可倒堆翻晒,天气恶劣时在小草堆外面最好盖上塑料布,以防雨水冲淋。直到水分降到17%以下时即可储藏,如果采用摊晒和捆晒相结合的方法,可以更好地防止叶片、花序和嫩枝的脱落。

(2) 草架干燥法 田间晒制青干草虽然简单易行,但营养损失很大。如果是多雨季节最好采用草架干燥法,草架可用木棍搭成,也可以做成组合式三角形草架,架的大小可根据草的产量和场地而定。虽然花费一定的物力,但在架上干燥明显加快干燥速度,干草品质好。牧草刈割后在田间干燥半天或1天,使其水分降到40%~50%时,把牧草自下而上逐渐堆放或打成15cm左右的小捆,草的顶端朝里,并避免与地面接触吸潮,草层厚度不宜超过70~80cm。上架后的牧草应堆成圆锥屋顶形,力求平顺。由干草架中部空虚,空气可以流通加快牧草水分散失,提高牧草的干燥速度,其营养损失比地面干燥减少5%~10%。

(3) 发酵干燥法 晒草季节如果遇连阴雨天气,可将已割下的青草铺平自然干燥,使水分减少到50%左右,然后分层堆积高3~5m。新割的草,亦可堆为草堆。为防止发酵过度,应逐层堆紧,每层可撒上为青草重量0.5%~1%的食盐。经堆放2~3天后,堆内温度可上升到60~70℃,未干草料所含水分即受热蒸发,并产生一种酸香味。发酵干燥需30~60天的时间,方可完成,也可适时把草堆打开,使水分蒸发。这种经过高温发酵的干草,可消化营养物质的损失可达50%以上，蛋白质的消化率也明显下降，干草颜色变成棕褐色。

（4）常温鼓风干燥法 为了保存营养价值高的叶片、花序、嫩枝，减少干燥后期阳光曝晒时对胡萝卜素的破坏，把刈割后的牧草在田间就地晒干至水分到40%～50%时，再放置于设有通风道的干草棚内，用鼓风机、电风扇等吹风装置，进行常温吹风干燥。采用此方法调制干草时只要不受雨淋、渗水等危害，就能获得品质优良的青干草。

（5）常温快速干燥法 此法多用于工厂化生产草粉、草块。先把牧草切碎，放入烘干机中，通过高温空气，使之迅速干燥，然后把草段制成草粉或草块等。干燥时间的长短取决于烘干机的性能，从数秒钟到几小时不等，可使牧草含水量从80%～90%下降到15%以下。虽然有的烘干机内热空气温度可达到110℃，但牧草的温度一般不超过30～35℃，所以可以保存养分在90%以上。

2. 青干草的储藏

（1）露天堆垛储藏 垛址应选择在地势平坦干燥、排水良好的地方，离肉牛舍不宜太远。垛底应用石块、木头、秸秆等垫起铺平，高出地面40～50cm，四周有排水沟。垛的形式一般采用圆形和长方形两种。无论哪种形式，其外形均应由下向上逐渐扩大，顶部又逐渐形成圆形，形成下狭、中大、上圆的形状。垛的大小可根据需要设定，圆形垛一般直径4.5～5m，高5～6m；长方形垛一般长8～10m，宽4.5～5m，高6～6.5m。封顶时可用麦秸或杂草覆盖顶部，最后用草绳或泥土封压；以防大风吹刮。

（2）草棚堆垛 有条件的地方可建造简易干草棚，以防雨雪、潮湿和阳光直射。存放干草时，应使青干草与地面和棚顶保持一定距离，以便通风散热。

（3）防腐剂的使用 要使调制成的青干草达到合乎储藏安全指标（含水量17%以下），生产上是很困难的。为了防止干草在储存过程中因水分过高而发霉变质，生产中可以使用防腐剂。较为普遍的有丙酸和丙酸盐、液态氨和氢氧化物（氨或钠）等。目前丙酸应用较为普遍。液态氨不仅是一种有效的防腐剂，而且还能增加干草

中氮的含量。氢氧化物处理干草不仅能防腐，而且能提高青干草消化率。

三 青贮饲料的加工调制

青贮饲料是养牛业最主要的辅料来源，在各种粗饲料加工中其保存的营养物质最高（保存83%的营养），粗硬的秸秆在青贮过程中还可以得到软化，增加适口性，使消化率提高。在密封状态下可以长年保存，制作简便，成本低廉。

青贮是在厌氧环境中，让乳酸菌大量繁殖，从而将饲料中的淀粉和可溶性糖变成乳酸，当乳酸积累到一定浓度后，便抑制真菌和腐败菌的生长，pH降到4.2以下时可以把青饲料中的养分长时间地保存下来。青贮饲料制作要保持无氧。在青贮发酵的第一阶段，窖内的氧气越多，植物原料的呼吸时间就越长，不仅消耗大量糖，还会导致窖中温度升高。若窖内氧气多，还会使好气性细菌很快繁殖，使青贮饲料腐败、降低品质。有氧环境不利于乳酸菌增殖及乳酸生成，影响青贮质量。

1. 青贮窖的准备

(1) 窖址选择 青贮窖应建在离肉牛舍较近的地方，地势要干燥，易排水，切忌在低洼处或树荫下建窖，以防漏水、漏气和倒塌。

(2) 窖形及规格 窖形及规格见表4-31。几种青贮原料的容重见表4-32。

表4-31 窖形及规格

窖　形		规　格	备　注
小圆窖		直径2m，深3m	适用于用草量少的养殖户
长方形窖	一般窖	宽1.5~2m（内壁呈倒梯形，倾斜度为每深1.0m上口外倾15cm），深2.5~3m，长6~10m	适用于用草量多的养牛场
	大型窖	宽4.5~6m（内壁呈倒梯形），深3.5~7m，长10~30m	适用于规模化的养牛场

当窖的宽度和深度确定后,根据青贮需要量,计算出青贮窖的长度。

$$窖长(m) = 青贮需要量(kg) \div \left[\frac{上口宽(m) + 下口宽(m)}{2} \times 深度(m) \times 原料单位重量(kg/m^3) \right]$$

表4-32　几种青贮原料的容重　　　(单位:kg)

原　料	铡得细碎		铡得较粗	
	制作时	利用时	制作时	利用时
玉米秸	450~500	500~600	400~450	450~550
藤蔓类	500~600	700~800	450~550	650~750
叶、根茎类	600~700	800~900	550~650	750~850

2. 青贮原料的选择

(1) 对青贮原料的要求　一是适宜的含水量。青贮饲料一般要求适宜的含水量为65%~70%,最低不少于55%。用手抓一把铡短的原料,轻揉后用力握,手指缝中出现水珠但不成串滴出时,说明含水量适宜。二是含有一定的糖量。青贮原料要有一定的含糖量,一般不应低于1%~1.5%,这样才能保证乳酸菌活动。禾本科牧草或秸秆的含糖量符合青贮要求,可制作单一青贮。豆科牧草含糖量少,粗蛋白含量高,不宜单独作青贮,应按1:3比例与禾本科牧草混贮。此外每1000kg豆科牧草与带穗玉米秸3000kg或者每3000kg豆科牧草与100kg青高粱混贮都可以。三是原料切铡。任何青贮原料在装窖前必须铡短,质地粗硬的玉米秸等以长1cm为宜,柔软的藤蔓类以长4~5cm为宜。

(2) 常用的青贮原料　凡是无毒的青绿植物均可制成青贮饲料。常用的有青刈带穗玉米(乳熟期整株玉米含有适宜的水分和糖分,是青贮的好原料)、玉米秸(收获果穗后的玉米秸上能保留1/2的绿色叶片,适于青贮;若3/4的叶片干枯视为青黄秸,青贮时每100kg需加水5~15kg。为了满足肉牛对粗蛋白的要求,可在制作时加入为草量0.5%左右的尿素。在原料装填时,将尿素制成水溶液,均匀喷

洒在原料上)、甘薯蔓（避免霜打或晒成半干状态。青贮时与小薯块一起装填更好）以及各种青草（各种禾本科青草）。

3. 青贮的制作

(1) 原料适时刈割 豆科牧草的适宜收割期是现蕾至开花期，禾本科牧草为孕穗至抽穗期，带果穗的玉米在蜡熟期收割，如果有霜害则应提前收割、青贮。常见青贮原料适宜收割期见表4-33。

表4-33 常见青贮原料适宜收割期

青贮原料种类	收割适期	含水量（%）
收玉米后秸秆	果粒成熟立即收割	50~60
豆科牧草及野草	现蕾期至开花初期	70~80
禾本科牧草	孕穗至抽穗期	70~80
甘薯藤	霜前或收薯期1~2天	86
马铃薯茎叶	收薯前1~2天	80
三水饲料	霜前	90

(2) 运输、切碎 如果具备联合收割机，最好在田间进行青贮原料的切铡，再由翻斗车拉到青贮窖，直接青贮，可以提高青贮质量。中小型牛场常在窖边切铡秸秆，应在短时间内将青贮原料收运到青贮地点。不要长时间在阳光下曝晒。切短的长度，细茎牧草以7~8cm为宜，而玉米等较粗的作物秸秆最好不要超过1cm，国外要求0.7cm。

(3) 装填 装填时窖底可先填一层厚10~15cm切短的秸秆，以便吸收青贮汁液。然后再分层填装。一般每填装50cm厚时，即应用拖拉机镇压，直到下陷不明显后再填装一层、再镇压，依次填装直到高出窖面50cm。注意窖的壁边和四角要压紧压实，不能有渗漏。

(4) 封严及整修 原料填装完后应立即密封。拖延封窖时间对于青贮饲料有不良影响。密封的方法是在顶部呈方形填装好的原料上面，盖一层秸秆或软草，再铺盖塑料薄膜，上压厚30~50cm的土，压实成馒头状。封盖后应经常检查，发现有塌陷、渗漏等现象应及时处理。窖四周应有排水沟，防止水渍。

4. 特殊青贮饲料的制作

（1）低水分青贮 低水分青贮亦称半干青贮，其干物质含量比一般青贮饲料高1倍多。无酸味或微酸，适口性好，色深绿，养分损失少。

制作低水分青贮时，青饲料原料应迅速风干，要求在收割后24~30h，豆科牧草含水量达50%左右，禾本科牧草含水量达到45%，在低水分状态下装窖、压实、封严。由于原料含水分少，青贮原料对于腐败菌、酪酸菌造成生理干燥状态，生长繁殖受到限制。在低水分青贮过程中，微生物发酵微弱，蛋白质不被分解，有机酸形成数量少，因而能保持较多的营养成分。在华北地区，二茬苜蓿收割时正值雨季，晒制干草时常遇雨霉烂，利用二茬苜蓿制作半干青贮是解决遇雨霉烂的好办法。

（2）拉伸膜青贮 这是草地就地青贮的最新技术，全部采用机械化作业，操作程序为：割草—打捆—出草捆—缠绕拉伸膜。其优点主要是不受天气变化影响，保存时间长（一般可存放3~5年）、使用方便。

（3）混合青贮 常用于豆科牧草与禾本科牧草混合青贮以及含水量较高的牧草（如鲁梅克斯草、紫云英等）和非常规饲料与作物秸秆（玉米秸、麦秸、稻草等）进行的混合青贮。这些原料中，有些豆科牧草含糖量较低，单独青贮很难成功。而禾本科牧草含糖量较高，如果进行混贮，容易获得质量很高的青贮料。含水量较高的原料和作物秸秆进行混贮，秸秆吸收了牧草细胞中大量的营养汁液，提高了秸秆的营养成分，特别是粗蛋白含量显著增加，使秸秆柔软多汁，气味芳香，提高了营养和消化率，进一步开发了农区秸秆的利用，同时减少了牧草的营养损失，满足了冬、春季节枯草期肉牛对青绿饲料的需要。豆科牧草与禾本科牧草混合青贮时的比例以1:1.3为宜。含水量较高的牧草与秸秆进行混贮，每100kg牧草需加秸秆量可按下式进行计算。

$$需加秸秆量 = (牧草的含水量 - 理想含水量)$$
$$\div (理想含水量 - 干秸秆含水量) \times 100\%$$

例如,含水量为90%的鲁梅克斯牧草与含水量为10%的干玉米秸进行混贮,需要多少千克干玉米秸?

可按上面公式进行计算:$[(90\% - 65\%) \div (65\% - 10\%)] \times 100\% = 45.46kg$,即青贮时每100kg含水量90%的鲁梅克斯应加入含水量10%的干玉米秸46kg。

(4) 加添加剂青贮 在青贮过程中,合理使用青贮饲料添加剂可以改变因原料的含糖量及含水量的不同对青贮品质的影响,增加青贮饲料中有益微生物的含量,提高原料的利用率及青贮饲料的品质。加添加剂青贮的方法和效果见表4-34。

表4-34 加添加剂青贮的方法和效果

添加剂	方 法	效 果
加尿素青贮	每吨青贮原料中添加5kg尿素。添加的方法是:将尿素充分溶于水,制成水溶液,在入窖装填时均匀将其喷洒在青贮原料上。除喷洒尿素外,还可在每吨青贮原料中加入3~4kg的磷酸脲,从而有效地减少青贮饲料中的营养损失	可以提高青贮饲料蛋白质含量
加微量元素青贮	可在每吨青贮原料中添加硫酸铜0.5g、硫酸锰5g、硫酸锌2g、氯化钴1g、碘化钾0.1g、硫酸钠500g。添加方法是:将适量的上述几种物质充分混合溶于水后均匀喷洒在原料上,然后密闭青贮	可提高青贮饲料的营养价值
加乳酸菌青贮	饲料青贮时使用的乳酸菌种主要是德氏乳酸杆菌,其添加量为每吨青贮原料中加乳酸菌培养物0.5L或者乳酸菌剂450g	可提高其营养价值和利用率
加甲醛青贮	每吨青贮饲料中添加含量为85%的甲醛3~5kg能保证青贮过程中无腐败菌活动,从而使饲料中的干物质损失减少50%以上,饲料的消化率提高20%	防止饲料在青贮过程中发生霉变

（续）

添加剂	方　法	效　果
加酸青贮	加酸青贮常用的添加剂为甲酸，其用量为每吨禾本科牧草加3kg，每吨豆科牧草加5kg，但玉米茎秆青贮时一般不用加甲酸。使用甲酸青贮时工作人员要注意避免手脚直接接触甲酸，以免灼伤皮肤	可抑制饲料腐败
加酶制剂青贮	添加酶制剂（淀粉酶、纤维素酶、半纤维素酶等），酶制剂可使青贮饲料中的部分多糖水解成单糖，有利于乳酸发酵。豆科牧草青贮，按青贮原料的0.25%添加酶制剂，如果酶制剂添加量增加到0.5%，青贮饲料中含糖量可高达2.48%，有效地保证乳酸生产	能增加发酵糖的含量，改善饲料的消化率

5. 青贮饲料的开窖取用与饲喂

（1）开窖取用　一般青贮在制作45天后（温度适宜时30天即可）即可开始取用，长方形窖应从一端开始取料，从上到下，直到窖底应坚持每天取料，每次取料层应在15cm以上。切勿全面打开，防止曝晒、雨淋、结冰，严禁掏洞取料。每天取后及时覆盖草帘或席片，防止二次发酵。如果青贮制作符合要求，只要不启封窖，青贮饲料可保存多年不变质。

（2）喂法与喂量　育肥肉牛，日喂量每100kg体重4～5kg。初喂牛时肉牛不适应，应少喂，经短期训练，即可习惯采食。冰冻的青饲料待融化后再饲喂，每天用多少取多少，不能一次大量取用，连喂数日。防止青贮饲料霉烂变质。发霉变质后的青贮饲料不能饲喂肉牛。

（3）防止青贮饲料二次发酵　青贮饲料启窖后，由于管理不当引起霉变而出现温度再次上升的情况称为青贮的二次发酵。这是由于启窖后的青贮饲料开始接触空气后，好气性细菌和真菌开始大量繁殖所致，在夏季高温天气和品质优良的青贮饲料容易发生。

四　秸秆饲料的加工调制

1. 粉碎、铡短处理

秸秆经粉碎、铡短处理后，体积变小，便于家畜采食和咀嚼，

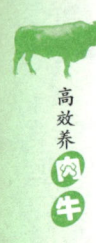

增加了与瘤胃微生物的接触面,可提高过瘤胃速度,增加牛的采食量。由于秸秆粉碎、铡短后在瘤胃中停留时间缩短,养分来不及充分降解发酵,便进入了真胃和小肠。所以其消化率并不能得到改进。

经粉碎和铡短的秸秆,可增加家畜采食量20%~30%,可提高日增重20%左右;尤其在低精饲料饲养条件下,饲喂肉牛的效果更有明显改进。实践证明,未经铡短的秸秆,家畜只能采食70%~80%,而经粉碎的秸秆几乎可以全部利用。

> 【提示】 用于肉牛的秸秆饲料不提倡全部粉碎。粗饲粉过细后不利于牛的咀嚼和反刍,同时会增加加工成本。铡短是秸秆处理中常用的一种方法(依据年龄情况以2~4cm为好)。但在牛的日粮中适当混入一些秸秆粉,可以提高采食量。

2. 热喷与膨化处理

热喷和膨化秸秆虽然能提高秸秆的消化利用率,但成本较高,使用较少。

3. 揉搓处理

揉搓处理比铡短处理秸秆又进了一步。经揉搓的玉米秸成柔软的丝条状,增加适口性,牛的吃净率由秸秆全株的70%提高到90%以上,揉碎的玉米秸在奶牛日粮中可代替干草,对于肉牛铡短的玉米秸更是一种价廉的、适口性好的粗饲料。目前,揉搓机正在逐步取代铡草机,如果能和秸秆的化学、生物处理相结合,效果更好。

4. 制粒与压块处理

(1) 制粒 制粒的目的是便于肉牛机械化饲养和自动饲槽的应用。由于颗粒料质地硬脆,大小适中,便于咀嚼和改善适口性,从而提高采食量和生产性能,减少秸秆的浪费。秸秆经粉碎后制粒在国外很普遍。我国随着秸秆饲料颗粒化成套设备相继问世,颗粒饲料已开始在肉牛生产中应用。肉牛的颗粒料以直径6~8mm为宜。

(2) 压块 秸秆压块能最大限度地保存秸秆营养成分,减少养分流失。秸秆经压块处理后密度提高，体积缩小，便于储存运输，运输成本降低70%。给饲方便，便于机械化操作。秸秆经高温高压挤压成型，使秸秆的纤维结构遭到破坏，粗纤维的消化率提高25%。在制块的同时可以添加复合化学处理剂，如尿素、石灰、膨润土等，可使粗蛋白质消化率提高到8%~12%，秸秆消化率提高到60%。

5. 氨化处理

秸秆中含氮量低，秸秆氨化处理时与氨相遇，其有机物就与氨发生氨解反应，打断木质素与半纤维素的结合，破坏木质素—半纤维素—纤维素的复合结构，使纤维素与半纤维素被解放出来，被微生物及酶分解利用。氨是一种弱碱，氨化处理后使木质化纤维膨胀，增大空隙度，提高渗透性。氨化能使秸秆含氮量增加1~1.5倍，牛对秸秆的采食量和消化率有较大提高。

（1）材料选择 选择清洁未霉变的小麦、玉米秸和稻草等，一般铡成长2~3cm。市售通用液氨，由氨瓶或氨罐装运。市售工业氨水（含氨量15%~17%），无毒、无杂质，用密闭的容器（如胶皮口袋、塑料桶、陶瓷罐）等装运。或农用尿素，含氨量46%，塑料袋密封包装。

（2）氨化处理 氨化方法有多种，其中使用液氨的堆贮法适于大批量生产；使用氨水和尿素的窖贮法适于中、小规模生产；使用尿素的小垛法、缸贮法、袋贮法适合农户少量制作。氨化处理方法见表4-35。

（3）氨化时间 密封时间应根据气温和感观来确定。根据气温确定氨化天数，并结合查看秸秆颜色变化，当秸秆变褐黄即可。环境温度30℃以上，需要7天；15~30℃需要7~28天；5~15℃需要28~56天；5℃以下，需要56天以上。

（4）开封放氨 一般经2~5天自然通风将氨味全部放掉，呈糊香味时，才能饲喂，如果暂时不喂，可不必开封放氨。

（5）饲喂 开始喂时，应由少到多，少给勤添，先与谷草、青干草等搭配饲喂，1周后即可全部喂氨化秸秆。并合理搭配精饲料（玉米、麸皮、糟渣、饼类）。

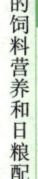

表4-35 氨化处理方法

方法	操 作
堆贮法	物料及工具：厚透明聚乙烯塑料薄膜10m×10m的一块，6m×6m的一块；秸秆2200~2500kg；输氨管、铁锹、铁丝、钳子、口罩、风镜、手套等 堆垛：选择向阳、高燥、平坦、不受人、畜危害的地方。先将塑料薄膜铺在地面上，在上面垛秸秆。草垛底面积为5m×5m为宜，高度接近2.5m 调整原料含水量：秸秆原料含水量要求20%~40%，一般干秸秆仅10%~13%，故需边码垛边均匀地洒水，使秸秆含水量达到30%左右 放置输氨管：草码到0.5m高处，于垛上面分别平放直径10mm、长4m的硬质塑料管2根，在塑料管前端2/3长的部位钻若干个2~3mm小孔，以便充氨。后端露出草垛外面约长0.5m。通过胶管接上氨瓶，用铁丝缠紧 封垛：堆完草垛后，用10m×10m塑料薄膜盖严，四周留下宽的余头。在垛底部用一长杠将四周余下的塑料薄膜上下合在一起卷紧，以石头或土压住，但输氨管外露 充氨：按秸秆重量3%的比例向垛内缓慢输入液氨。输氨结束后，抽出塑料管，立即将余孔堵严 草垛管理：注氨密封处理后，经常检查塑料薄膜，发现破孔立即用塑料粘胶剂粘补 除以上方法外，在我国北方寒冷冬季可采用土办法建加热氨化池，规模化养殖场可使用氨化炉
窖贮法	建窖：用土窖或水泥窖，深不应超过2m。长方形、方形、圆形均可，也可用上宽下窄的梯形窖，四壁光滑，底微凹（蓄积氨水）。下面以长5m、宽5m、深1m的方形土窖为例进行介绍 装窖：土窖内先铺一块厚0.08~0.2mm、8.5m×8.5m规格的塑料薄膜。将含水量10%~13%的铡短秸秆填入窖中。装满覆盖6m×6m的塑料薄膜，留出上风头一面的注氨口，其余上下两块塑料薄膜压角部分（约0.7m）卷成筒状后压土封严 氨水用量：每100kg按3kg÷（氨水含氮量×1.21）计算。如果氨水含氮量为15%，每100kg秸秆需氨水量为3kg÷（15%×1.21）=16.5kg 注氨水：准备好注氨管或桶，操作人员佩戴防氨口罩，站在上风头，将注氨管插入秸秆中，打开开关注入，也可用桶喷洒，注完后抽出氨管，封严。使用尿素处理（配比见小垛法）的，要逐层喷洒，压实
小垛法	在家庭院内向阳处地面上，铺2.6m²塑料薄膜，取3~4kg尿素，溶解在水中，将尿素溶液均匀喷洒在100kg秸秆上，堆好踏实后用13m²塑料布盖好封严。小垛氨化以100kg一垛为宜，占地少，易管理，塑料薄膜可连续使用，投资少，简便易行

> 【提示】 氨化秸秆的好坏，可凭感觉鉴定。好的氨化秸秆，其颜色呈棕色或深黄色，发亮，气味糊香，质地柔软疏松发白。氨化失败的秸秆颜色较暗，甚至发黑、发黏、结块，有腐臭味，开垛后温度继续升高，表明秸秆霉坏的，不可饲喂。

6. "三化"复合处理

秸秆"三化"复合处理技术，发挥了氨化、碱化、盐化的综合作用，弥补了氨化成本过高、碱化不易久储、盐化效果欠佳单一处理的缺陷。经实验证明，"三化"处理的麦秸与未处理组相比各类纤维都有不同程度的降低，干物质瘤胃降解率提高22.4%，饲喂肉牛日增重提高48.8%，饲料与增重比降低16.3%~30.5%，而"三化"处理成本比普通氨化（尿素3%~5%）降低32%~50%，肉牛育肥经济效益提高1.76倍。

此方法适合窖贮（土窖、水泥窖均可），也可用小垛法、塑料袋或水缸。其余操作见氨化处理。将尿素、生石灰粉、食盐按比例放入水中，充分搅拌溶解，使之成为混浊液。处理液的配制见表4-36。

表4-36 处理液的配制

秸秆种类	秸秆重量/kg	尿素用量/kg	生石灰用量/kg	食盐用量/kg	水用量/kg	储料含水量（%）
干麦秸	100	2	3	1	45~55	35~40
干稻草	100	2	3	1	45~55	35~40
干玉米秸	100	2	3	1	40~50	35~40

7. 秸秆微贮

秸秆微贮饲料就是在农作物秸秆中，加入微生物高效活性菌种——秸秆发酵活干菌，放入密封的容器（如水泥池、土窖）中储藏，经一定的发酵过程，使农作物变成具有酸香味的，草食家畜喜食的饲料。

(1) 窖的建造 微贮的建窖和青贮窖相似，也可选用青贮窖。

(2) 秸秆的准备 应选择无霉变的新鲜秸秆，麦秸铡短为

25cm，玉米秸最好铡短为1cm左右或粉碎（孔径2cm筛片）。

（3）复活菌种并配制菌液 根据当天预计处理秸秆的重量，计算出所需菌剂的数量，按以下方法配制。

1）菌种的复活：秸秆发酵活干菌每袋3g，可处理麦秸、稻秸、玉米干秸秆或青绿饲料2000kg。在处理秸秆前先将袋剪开，将菌剂倒入2kg水中，充分溶解（有条件的情况下，可在水中加白糖20g，溶解后，再加入活干菌，这样可以提高复活率，保证微贮饲料质量）。然后在常温下放置1~2h使菌种复活，复活好的菌剂一定要当天用完。

2）菌液的配制：将复活好的菌剂倒入充分溶解的0.8%~1%食盐水中拌匀，菌液的配制见表4-37。菌液兑入盐水后，再用潜水泵循环，使其浓度一致，这时就可以喷洒。

表4-37 菌液的配制

秸秆种类	秸秆重量/kg	活干菌用量/g	食盐用量/kg	自来水用量/L	储料含水量（%）
干麦秸	1000	3.0	9~12	1200~1400	60~70
干稻草	1000	3.0	6~8	800~1000	60~70
干玉米秸	1000	1.5	3~5	适量	60~70

（4）装窖 土窖应先在窖底和四周铺上一层塑料薄膜，在窖底先铺放厚20cm的秸秆，均匀喷洒菌液，压实后再铺秸秆20cm，再喷洒菌液压实。大型窖要采用机械化作业，用拖拉机压实，喷洒菌液可用潜水泵，一般扬程20~50m，流量以每分钟30~50L为宜。在操作中要随时检查贮料含水量是否均匀合适，层与层之间不要出现夹层。检查方法，取秸秆，用力握攥，指缝间有水但不滴下，水分为60%~70%最为理想。否则为过高或过低。

（5）加入精饲料辅料 在微贮麦秸和稻草时应加入0.3%左右的玉米粉、麸皮或大麦粉，以利于发酵初期菌种生长，提高微贮质量。加精饲料辅料时应铺一层秸秆，撒一层精饲料粉，再喷洒菌液。

（6）封窖 秸秆分层压实直到高出窖口100~150cm，再充分压实后，在最上面一层均匀撒上食盐，再压实后盖上塑料薄膜。食盐的用量为每平方米250g，其目的是确保微贮饲料上部不发生霉烂变质。盖上塑料薄膜后,在上面放上厚20~30cm的稻草、麦秸,覆土20cm以上,密封。密封的目的是隔绝空气与秸秆接触,保证微贮窖内呈厌氧状态,在窖边挖排水沟以防止雨水积聚。窖内贮料下沉后应随时加土使之高出地面。

(7) 秸秆微贮饲料的取用与饲喂　根据气温情况,秸秆微贮饲料一般需在窖内储藏21~45天才能取喂。

开窖时应从窖的一端开始,先去掉上边覆盖的部分土层、草层,然后揭开塑料薄膜,从上到下垂直逐段取用。每次的取出量应以白天喂完为宜,坚持每天取料,每层所取的料不应少于15cm,每次取完后要用塑料薄膜将窖口密封,尽量避免与空气接触,以防止二次发酵和变质。开始饲喂时肉牛有一个适应期,应由少到多逐步增加喂量,一般育肥牛每天都可喂,冻结的微贮饲料应先化开后再用,由于制作微贮中加入了食盐,应在饲喂时由日粮中扣除。

> [提示]　优质秸秆微贮饲料鉴定:一看,玉米秸秆饲料色泽呈橄榄绿,稻、麦秸秆呈金黄褐色;二嗅,具有醇香和果香气味,并具有弱酸味;三手感,感到很松散,质地柔软湿润。

酒糟饲喂肉牛

新乡某肉牛场,存栏育肥牛100头(西门塔尔牛与本地牛杂交后代),利用酒糟饲喂,日粮饲喂标准:酒糟10~16kg,精饲料1.5~5kg(精饲料构成玉米50%,油渣20%,麸皮27%,钙磷饲料2%,食盐1%)。结果日增重达到1.2kg,效果良好。酒糟饲喂肉牛的技术要点:一是逐渐更换酒糟,要有15~20天的过渡期;二是适量搭配干草或秸秆,保证13%的有效纤维;三是注意矿物质的补充,补充磷酸氢钙50~80g,食盐40~60g,石粉100~120g;四是注意成本,酒糟是廉价饲料,当价格过高时就会影响养殖效益,此时应选用其他饲料。

第五章
肉牛的饲养管理

> **核心提示**
>
> 根据不同阶段特点,合理饲养,分群定槽,加强运动和刷拭,提供适宜环境等,培育出优质的种公牛和种母牛;供给基础牛群营养全面、适口性好、易于消化和搭配合理的饲料,注重保健、调教、刷拭、运动,保持环境卫生,做好防暑和保暖,科学利用并细致观察和检查牛群等,提高牛群的繁殖能力。

第一节 公牛的饲养管理

一 育成公牛的饲养管理

犊牛断奶至作种用之前的公牛,统称为育成牛。此期间是公牛生长发育最迅速的阶段,精心的饲养管理,不仅可以获得较快的增重速度,而且可使犊牛得到良好的发育。

1. 饲养

育成公牛的生长比育成母牛快,因而需要的营养物质较多,特别需要以补饲精饲料的形式提供营养,以促进其生长发育和性欲的发展。对育成公牛的饲养,应在满足一定量精饲料供应的基础上,令其自由采食优质的粗饲料。6~12月龄,粗饲料以青草为主时,精、粗饲料占饲料干物质的比例为55:45;以干草为主时,其比例为60:40。在饲喂豆科或禾本科优质牧草的情况下,对于周岁以上育成公牛,混合精饲料中粗蛋白质的含量以12%左右为宜。

犊牛断奶后，饲料应选用优质的干草、青干草，不用酒糟、秸秆、粉渣类粗饲料以及棉籽饼、菜籽饼。6月龄后喂量为月龄乘以0.5kg为准，1岁以上日喂量为8kg，成年牛为10kg，以避免出现"草腹"。饲料中应注意补充维生素A、维生素E等。冬季没有青草时，每头牛可喂0.5~1.0kg胡萝卜来补充维生素，同时要有充足的矿物质。

充足供应饮水，并保证水质良好和卫生。

2. 饲养方式

（1）舍饲拴系饲养 在舍饲拴系培育条件下，在犊牛头10~100天于预防个体笼内管理，而后在公、母牛分群前（4~5月龄前）在群栏内管理，每栏5~10头。在哺乳期过后拴系管理，在舍饲管理条件下培育到种用出售。在这种情况下新生犊牛失去了正常生长发育所必需的生理活动。舍饲拴系管理是出现各种物质代谢障碍、发生异常性反射等的主要原因。所以，必须保证充足的活动空间和运动。

（2）拴系放牧饲养 许多牛场在夏季采用此种方式。在距其他牛群较远的地方，选定不受主导风作用的一块平坦的放牧场，呈一线排列，用15~20m的铁链固定在可移动的钉进地里的具有钩环的柱上。柱间距40~50m，每头小公牛都能自由地在周围运动。每头小公牛附近都放有饲槽和饮水器，于早、晚放补充料和水。随着放牧场利用（第2~3天）将小公牛移入下一地点。观察表明，采用这种管理方式，每头6、12、18月龄小公牛每日相应消耗15kg、20kg、35kg青绿饲料。

（3）分群自由运动饲养 在分群自由运动培育情况下，小公牛在牛群内分群管理，每群5~6头，而在运动场和放牧场培育情况下每群40~50头。夏天，小公牛终日在设有遮荫棚的运动场内和放牧场内管理。冬天，4~12月龄小公牛在运动场管理4~5h，在严寒期（-20℃以下）不超过2h。

（4）半拴系饲养 白天在运动场或放牧场管理，晚上在舍内或棚下拴系管理。

3. 管理

（1）分群 牛断奶后应根据性别和年龄情况进行分群。首先是将公、母牛分开饲养，因为育成公牛与育成母牛的发育不同，对饲养条件的要求不同，而且公、母牛混养，会干扰其成长。分群时，

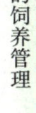

同性别内年龄和体格大小应该相近,月龄差异一般不应超过2个月,体重差异低于30kg。

(2) 拴系 留种公牛6月龄始带笼头,拴系饲养。为便于管理,达8~10月龄时就应进行穿鼻带环(穿鼻用的工具是穿鼻钳,穿鼻的部位在鼻中隔软骨最薄处),用皮带拴系好,沿公牛额部固定在角基部,鼻环以不锈钢的为最好。牵引时,应坚持左右侧双绳牵导。对烈性公牛,需用勾棒牵引,由一个人牵住缰绳的同时,另一人两手握住勾棒,勾搭在鼻环上以控制其行动。

(3) 刷拭 为了保持牛体清洁,促进皮肤代谢和养成温驯的气质,育成公牛上槽后应进行刷拭,每天至少1次,每次5~10min。

(4) 试采精 从12~14月龄后即应试采精,开始从每个月1次或2次采精逐渐增加到18月龄的每周1次或2次,检查采精量,精子密度、活力及有无畸形,并试配一些母牛,看后代有无遗传缺陷并决定是否作种用。

(5) 加强运动 育成公牛的运动关系到它的体质,因为育成公牛有活泼好动的特点。加强运动,可以增强体质,增进健康。对于种用育成公牛,要求每天上、下午各1次,每次1.5~2h,行走距离4.0km。运动方式有旋转架、套爬犁,或拉车。实践证明,种用公牛如果运动不足或长期拴系,会使牛性情变坏,精液质量下降,患肢蹄病、消化道疾病等。但也要注意不能运动过度,否则同样对公牛的健康和精液质量有不良影响。

(6) 调教 对青年公牛还要进行必要的调教,包括与人的接近、牵引训练,配种前还要进行采精前的爬跨训练。饲养公牛必须注意安全,因其性情一般较母牛暴躁。

(7) 防疫卫生 定期对育成公牛进行防疫注射,防止发生传染病;保持肉牛舍环境卫生及防寒防暑也是必不可少的管理工作。除此之外,育成牛要定期称重,以检查饲养情况,及时调整日粮。做好各项生产记录工作。

二 种公牛的饲养管理

1. 种公牛的质量要求

作种用的肉用型公牛,其体质外貌和生产性能均应符合本品种的种用畜特级和一级标准，经后裔测定后方能作为主力种公牛。肉用性能和繁殖性状是肉用型种公牛极其重要的两项经济指标。其次，种公牛须经检疫确认无传染病，体质健壮，对环境的适应性及抗病力强。

2. 种公牛的饲养

种公牛不可过肥，但也不可过瘦。过肥的种公牛常常没有性欲，但过瘦时精液质量不佳。成年种公牛营养中重要的是蛋白质、钙、磷和维生素，因为它们与种公牛的精液品质有关。5岁以上成年种公牛已不再生长，为保持种公牛的种用膘度（即中上等膘情）而使其不过肥，能量的需要以达到维持需要即可。当采精次数频繁时，则应增加蛋白质的供给。

对种公牛，应选适口性强、容易消化的饲料，精、粗饲料应搭配适当，保证营养全面充足。种公牛精、粗饲料的给量可依据不同公牛的体况、性活动能力、精液质量、承担的配种任务酌情处理。一般精饲料的用量按每天每头100kg体重1.0kg供给；粗饲料应以优质豆科干草为主，搭配禾本科牧草，而不用酒糟、秸秆、果渣及粉渣等粗饲料；青贮饲料应和干草搭配饲喂，并以干草为主，冬季补充胡萝卜。注意青绿饲料和粗饲料饲喂不可过量，以免公牛长成"草腹"，影响采精和配种。碳水化合物含量高的饲料也宜少喂，否则易造成种牛过肥而降低配种能力；菜籽饼、棉籽饼有降低精液品质的作用，不宜用作种公牛饲料；豆饼虽富含蛋白质，但它是生理酸性饲料，饲喂过多易在体内产生大量有机酸，反而对精子形成不利，因此应控制喂量。一般在日粮中添加一定比例的动物性饲料来补充种公牛的蛋白质需要，主要有鱼粉、蛋粉、蚕蛹粉，尤其在采精频繁季节补加营养的情况下更是如此。公牛日粮中的钙不宜过多，特别是对老年公牛，一般当粗饲料为豆科牧草时，精饲料中就不应再补充钙质，因为过量的钙往往容易引起脊椎和其他骨骼融为一体。还要保证公牛有充足清洁的饮水，但配种或采精前后、运动前后的30min以内不应饮水，以防影响公牛健康。种公牛的定额日粮，可分为上、下午定时定量喂给，夜晚饲喂少量干草；日粮组成要相对稳定，不要经常变动。每2~3个月称体重1次，检查体重变化，以调

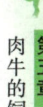

整日粮定额。饲喂要先精后粗，防止过饱。每天饮水3次，夏季增加到4、5次，采精或配种前禁水。

3. 种公牛的管理

种公牛的饲养管理一般要指定专人，因为公牛的记忆力强，防御反射强，性反射强，随便更换饲养管理人员，容易给牛以恶性刺激。饲养人员在管理公牛时，特别要注意安全，并有耐心，不粗暴对待，不得随意逗弄、鞭打或虐待公牛。地面应平坦、坚硬、不漏，且远离母牛舍。肉牛舍温度应在10～30℃之内，夏季注意防暑，冬季注意防寒。

(1) 拴系 种公牛必须拴系饲养，防止伤人。一般公牛在10～12月龄时穿鼻戴环，经常牵引训导，鼻环须用皮带吊起，系于缠角带上。绕角上拴两条系链，通过鼻环，左右分开，拴在两侧立柱上，鼻环要常检查，有损坏时要更换。

(2) 牵引 种公牛的牵引要用双绳牵，两人分左右两侧，人和牛保持一定距离。对烈性公牛，用勾棒牵引，由一人牵住缰绳，另一人用勾棒勾住鼻环来控制。

(3) 护蹄 种公牛经常出现趾蹄过度生长的现象，结果影响牛的放牧、觅食和配种。因此饲养人员要经常检查趾蹄有无异常，保持蹄壁和蹄叉清洁。为了防止蹄壁破裂，可经常涂抹凡士林或无刺激性的油脂。发现蹄病及时治疗。做到每年春、秋季各削蹄1次。蹄形不正要进行矫正。

(4) 睾丸及阴囊的定期检查和护理 种公牛睾丸的最快生长期是6～14月龄。因此在此时应加强营养和护理。研究表明，睾丸大的公牛比同龄睾丸小的公牛能配种较多的母牛。公牛的年龄和体重对于睾丸的发育和性成熟有直接影响。为了促进睾丸发育，除注意选种和加强营养以外，还要经常进行按摩和护理，每次5～10min，以保护阴囊的清洁卫生，定期进行冷敷，改善精液质量。

(5) 放牧配种与采精 饲养肉牛时，在放牧配种季节，要按调整好公、母牛比例。当一个牛群中使用数头公牛配种时，青年公牛要与成年公牛分开。

(6) 运动 每天上、下午各进行一次运动，每次1.5～2h时，路程4km。

（7）合理利用 种公牛的使用最好合理适度，一般1.5岁牛采精每周1次或2次，2岁后每周2次或3次，3岁以上可每周3次或4次。交配和采精时间应在饲喂后2~3h进行。

> 【提示】 种公牛良好饲养管理的衡量标准是强的性欲、良好的精液质量、正常的膘情和种用体况。

第二节 母牛的饲养管理

一 育成母牛的饲养管理

断奶至第一次配种的母牛叫育成母牛。育成母牛正处在生长发育快的阶段，一般在18月龄时，其体重应该达到成年牛的70%以上。育成母牛在不同的年龄阶段其生理变化和营养要求不同，必须根据不同年龄阶段合理的饲喂，科学管理。

> 【提示】 育成母牛发育情况直接关系到牛群质量。

1. 不同阶段的饲养要点

（1）6~12月龄 为母牛性成熟期。在此时期，母牛的性器官和第二性征发育很快，体躯向高度和长度两个方向急剧生长，同时，其前胃已相当发达，容积扩大1倍左右。因此，在饲养上要求既要能提供足够的营养，又必须具有一定的容积，以刺激前胃的生长。所以对这一时期的育成母牛，除给予优质的干草和青绿饲料外，还必须补充一些混合精饲料，精饲料比例占饲料干物质总量的30%~40%（每天每头2kg精饲料）。

（2）12~18月龄 育成母牛的消化器官更加扩大，为进一步促进其消化器官的生长，其日粮应以青、粗饲料为主，其比例约占日粮干物质总量的75%，其余25%为混合精饲料（每天每头2.5~3kg），以补充能量和蛋白质的不足。

（3）18~24月龄 这时母牛已配种受胎，生长强度逐渐减缓，体躯显著向宽深方向发展。若饲养过丰，在体内容易蓄积过多脂肪，

导致牛体过肥,造成不孕;但若饲养过于贫乏,又会导致牛体生长发育受阻,成为体躯狭浅、四肢细高、产奶量不高的母牛。因此,在此期间应以优质干草、青草或青贮饲料为基本饲料,精饲料可少喂甚至不喂。但到妊娠后期,由于体内胎儿生长迅速,则须补充混合精饲料,日定额为2~3kg。

如果有放牧条件,育成母牛应以放牧为主。在优良的草地上放牧,精饲料可减少30%~50%;放牧回舍,若未吃饱,则应补喂一些干草和适量精饲料。

另外,食盐和骨粉混在精饲料中喂养,每头每天给20~30g,还应补充微量元素、维生素、矿物质和添加剂,日喂2~3次,先喂精饲料,后喂粗饲料,喂后稍停片刻再饮水。

2. 育成母牛的管理

(1) 分群 育成母牛最好在6月龄时分群饲养。公、母分群,每群30~50头,同时应以育成母牛年龄进行分阶段饲养管理。

(2) 定槽饲养 圈养拴系式管理的牛群,采用定槽饲养是必不可少的,每头牛应有自己的牛床和食槽。以避免互相争草抢料,又便于按营养状况科学饲养。

(3) 科学饲喂 一要定时定量,每天喂2、3次,每顿吃入八九分饱即可;二要合理拌料,冬天拌草料要干,夏天拌草料要湿;三要少喂勤添,把一顿草料分成两三回喂,每回快吃完时再添加新料,使其保证旺盛的食欲,直到吃饱为止;四要供应充足饮水,每日饮水2~4次,水温冬季10~20℃为宜;五要"三知六净",即知冷暖、知饥饿、知疾病以及草净、料净、水净、槽净、圈净、牛体净;六要不喂发霉饲草、饲料(发霉的饲草,饲料含大量真菌,饲喂过多,能引起牛真菌中毒);七要秸秆粉碎不要过细,最好为2~4cm长(牛是反刍动物,秸秆粉碎过细,牛吃后影响正常消化功能,影响反刍,易引发胃肠道疾病)。

(4) 注意观察牛群状况 要经常观察牛的精神状态、采食情况,看有无异常表现。

(5) 加强运动 在舍饲条件下,每天至少要有2h以上的驱赶运动,促进其肌肉组织和内脏器官,尤其是心、肺等呼吸和循环系统的发育，使其具备高产母牛的特征。

（6）**转群** 育成母牛在不同生长发育阶段，生长强度不同，应根据年龄、发育情况分群，并按时转群，一般在12月龄、18月龄、定胎后或至少分娩前2个月共3次转群。同时称重并结合体尺测量，对生长发育不良的进行淘汰，剩下的转群。最后一次转群是育成母牛走向成年母牛的标志。

（7）**乳房按摩** 为了刺激乳腺的发育和促进产后泌乳量提高，对12~18月龄育成母牛每天按摩1次乳房；18月龄怀孕母牛，一般早晚各按摩1次，每次按摩时用热毛巾敷擦乳房。产前1~2个月停止按摩。

（8）**卫生管理** 肉牛舍要勤垫，保持圈舍干燥、清洁；保持圈舍和运动场地清洁，勤打扫，彻底清除多种铁钉、铁条等，以防牛误食，导致创伤性胃心肌炎，此种病牛的死亡率高达95%以上；为了保持牛体清洁、促进皮肤代谢和养成温驯的气质，每天应刷拭1次或2次，每次5min。

（9）**初配** 在18月龄左右根据生长发育情况决定是否配种。

二 空怀母牛的饲养管理

空怀母牛的饲养管理主要是围绕提高受配率、受胎率，充分利用粗饲料，降低饲养成本而进行的。繁殖母牛在配种前应具有中上等膘情。在日常饲养管理工作中，倘若喂给过多的精饲料而又运动不足，易使牛过肥，造成不发情。在肉用母牛的饲养管理中，这是经常出现的，必须加以注意。但在饲料缺乏、营养不全、母牛瘦弱的情况下，也会造成母牛不发情而影响繁殖。实践证明，如果母牛前一个泌乳期内给以足够的平衡日粮，同时劳役较轻，管理周到，能提高母牛的受胎率。瘦弱母牛配种前1~2个月，加强饲养，适当补饲精饲料，也能提高受胎率。

三 妊娠母牛的饲养管理

母牛妊娠后，不仅本身生长发育需要营养，而且还要满足胎儿生长发育的营养需要和为产后泌乳进行营养蓄积。因此，要加强妊娠母牛的饲养管理，使其能够正常的产犊和哺乳。

1. 妊娠母牛的饲养

母牛在妊娠初期，由于胎儿生长发育较慢，其营养需求较少，为此，对妊娠初期的母牛不再另行考虑，一般按空怀母牛进行饲养。母牛妊娠到中后期应加强营养，尤其是妊娠最后的2～3个月，加强营养显得特别重要，这期间的母牛营养直接影响着胎儿生长和本身营养蓄积。如果此期营养缺乏，容易造成犊牛初生重低、母牛体弱和奶量不足。严重缺乏营养时，会造成母牛流产。

舍饲妊娠母牛，要依妊娠月份的增加调整日粮配方，增加营养物质供给量。对于放牧饲养的妊娠母牛，多采取选择优质草场，延长放牧时间，牧后补饲饲料等方法加强母牛营养，以满足其营养需求。在生产实践中，多对妊娠后期母牛每天补喂1～2kg精饲料为准。同时，又要注意防止妊娠母牛过肥，尤其是头胎青年母牛，更应防止过度饲养，以免发生难产。在正常的饲养条件下，使妊娠母牛保持中等膘情即可。

2. 妊娠母牛的管理

(1) 做好妊娠母牛的保胎工作 在母牛妊娠期间，应注意防止流产、早产，这一点对放牧饲养的牛群显得更为重要，实践中应注意以下几个方面：一是将妊娠后期的母牛同其他牛群分别组群，单独放牧在附近的草场；二是为防止母牛之间互相挤撞，放牧时不要鞭打驱赶以防惊群；三是雨天不要放牧和进行驱赶运动，防止滑倒；四是如果在有露水的草场上放牧，也不要让牛采食大量易产气的幼嫩豆科牧草，不采食霉变饲料，不饮带冰碴水。

(2) 适当运动 对舍饲妊娠母牛应每日运动2h左右，以免过肥或运动不足。

(3) 注意观察 要注意对临产母牛的观察，及时做好分娩助产的准备工作。

四 哺乳母牛的饲养管理

哺乳母牛就是产犊后用其乳汁哺育犊牛的母牛。加强哺乳母牛的饲养管理，具有十分重要的现实意义。

1. 哺乳母牛的饲养

母牛在分娩前1～3天，食欲低下，消化机能较弱，此时要精心调配饲料，精饲料最好调制成粥状，特别要保证充足的饮水。此时在饲养上要以恢复母牛体质为目的。在饲料的调配上要加强其适口性，刺激牛的食欲。粗饲料则以优质干草为主。精饲料不可太多，但要全价、优质、适口性好，最好能调制成粥状，并可适当添加一定量的增味饲料，如糖类等。

母牛分娩后，由于大量失水，要立即喂母牛以温热、足量的麸皮盐水（麸皮 1~2kg，盐 100~150g，碳酸钙 50~100g，温水 10~20kg），可起到暖腹、充饥、增腹压的作用。同时喂给母牛优质、柔软的干草 1~2kg。为促进子宫恢复和恶露排出，还可补给益母草温热红糖水（益母草 250g，水 1500g，煎成水剂后，再加红糖 1kg，水 3kg），每日 1 次，连服 2~3 天。

母牛产犊 10 天内，尚处于机体恢复阶段，要限制精饲料及根茎类饲料的喂量，此期若饲养过于丰富，特别是精饲料给量过多，母牛会食欲不好、消化失调，易加重乳房水肿或发炎，有时因钙、磷代谢失调而发生乳热症等，这种情况在高产母牛身上极易出现。因此，对于产犊后体况过肥或过瘦的母牛必须进行适度饲养。对体弱母牛，在产犊 3 天后喂给优质干草，3~4 天后可喂青绿饲料和精饲料。到 6~7 天时，便可增加到足够的喂量。

根据乳房及消化系统的恢复状况，逐渐增加给料量，但每天增加的精饲料量不得超过 1kg，当乳房水肿完全消失时，饲料可增至正常。若母牛产后乳房没有水肿，体质健康、粪便正常，在产犊后的第一天就可饲喂青绿饲料和精饲料，到 6~7 天即可增至正常喂量。

头胎母牛产后饲养不当易出现酮病——血糖降低、血和尿中酮体增加，表现食欲不佳、产奶量下降和出现神经症状。其原因是饲料中富含碳水化合物的精饲料喂量不足，而蛋白质给量过高所致。实践中应给予高度的重视。在饲养哺乳母牛时，应正确安排饲喂次数。两次饲喂日粮营养物质的消化率比 3 次和 4 次饲喂低 3.4%，但却减少了劳动消耗。一般以日喂 3 次为宜。

要保持充足、清洁、适温的饮水。一般产后 1~5 天应供给温水，水温 37~40℃，以后逐渐降至常温。

2. 哺乳母牛的管理

母牛产后 10 天内，身体虚弱，消化机能差，尚处于身体恢复阶

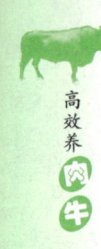

段，要限制精饲料及根茎类饲料的喂量。此期若营养过于丰富，特别是精饲料量过多，可引起母牛食欲下降，产后瘫痪，加重乳房炎和产乳热等病。因此，对于产犊后过肥或过瘦的母牛必须适度饲养，要求产后3天内只喂优质干草和少量以麦麸为主的精饲料，4天后喂给适量的精饲料和青绿饲料，随后每天适当增加精饲料喂量，每天的增加量不超过1kg，1周后增至正常喂量。

夏季应以放牧管理为主。放牧期间的充足运动和阳光浴及牧草中所含的丰富营养，可促进牛体的新陈代谢，改善繁殖机能，提高泌乳量，增强母牛和犊牛的健康。青绿饲料中含有丰富的粗蛋白质，含有各种必需氨基酸、维生素、酶和微量元素。因此，经过放牧，牛体内血液中血红素的含量增加，机体内胡萝卜素和维生素D等储备较多，因而，提高了哺乳母牛对疾病的抵抗能力。放牧饲养前应做好以下几项准备工作。

(1) 放牧场设备的准备 在放牧季节到来之前，要检修房舍、棚圈及篱笆；确定水源和饮水后的临时休息点；整修道理。

(2) 牛群的准备 包括修蹄、去角；驱除体内外寄生虫；检查牛号；母牛的称重及组群等。

(3) 从舍饲到放牧的过渡 母牛从舍饲到放牧管理要逐步进行，一般需7~8天的过渡期。当母牛被赶到草地放牧前，要用粗饲料、半干贮及青贮饲料预饲，日粮中要有足量的纤维素以维持正常的瘤胃消化。若冬季日粮中青绿饲料很少，过渡期应为10~14天。时间上由开始时的每天放牧2~3h，逐渐过渡到末尾的每天12h。

在过渡期，为了预防青草抽搐症，春季当牛群由舍饲转为放牧时，开始一周不宜吃得过多，放牧时间不宜过长，每天至少补充2kg干草；并应注意不宜在牧场施用过多钾肥和氨肥，而应在易发本病的地方增施硫酸镁。

由于牧草中含钾多钠少，因此要特别注意食盐的补给，以维持牛体内的钠钾平衡。

> 【提示】补盐方法：可配合在母牛的精饲料中喂给，也可在母牛饮水的地方设置盐槽，供其自由舔食。

第三节 犊牛的饲养管理

犊牛，系指初生至断乳前这段时期的小牛。犊牛的哺乳期通常为 6 个月。

一 犊牛的饲养

1. 早喂初乳

初乳是母牛产犊后 5~7 天内所分泌的乳。初乳色深黄而黏稠，干物质总量较常乳高 1 倍，在总干物质中除乳糖较少外，其他含量都较常乳多，尤其是蛋白质、灰分和维生素 A 的含量。在蛋白质中含有大量免疫球蛋白，它对增强犊牛的抗病力起关键作用。初乳中含有较多的镁盐，有助于犊牛排出胎便，此外初乳中各种维生素含量较高，对犊牛的健康与发育有着重要的作用。

犊牛出生后应尽快让其吃到初乳。一般犊牛生后 0.5~1h，便能自行站立，此时要引导犊牛接近母牛乳房寻食母乳，若有困难，则需人工辅助哺乳。若母牛健康，乳房无病，农户养牛时可令犊牛直接吮吸母乳，随母牛自然哺乳。

若母牛产后生病死亡，可由同期分娩的其他健康母牛代哺初乳。在没有同期分娩母牛初乳的情况下，也可喂给牛群中的常乳，但每天需补饲 20mL 的鱼肝油，另给 50mL 的植物油以代替初乳的轻泻作用。

2. 饲喂常乳

可以采用随母哺乳法、保姆牛法和人工哺乳法给哺乳犊牛饲喂常乳。

（1）随母哺乳法 让犊牛和其生母在一起，从哺喂初乳至断奶一直自然哺乳。为了给犊牛早期补饲，促进犊牛发育和诱发母牛发情，可在母牛栏的旁边设一犊牛补饲间，短期使母牛与犊牛隔开。

（2）保姆牛法 选择健康无病、气质安静、乳房及乳头健康、产奶量中下等的奶牛（若代哺犊牛仅一头，选同期分娩的母牛即可，不必非用奶牛）作保姆牛，再按每头犊牛日食 4~4.5kg 乳量的标准

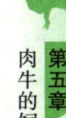

选择数头年龄和气质相近的犊牛固定哺乳,将犊牛和保姆牛管理在隔有犊牛栏的同一肉牛舍内,每日定时哺乳3次。犊牛栏内要设置饲槽及饮水器,以利于补饲。

(3) 人工哺乳法 对找不到合适的保姆牛或奶牛场淘汰犊牛的哺乳多用此法。新生犊牛结束5~7天的初乳期以后,可人工哺喂常乳。不同周龄犊牛的日哺乳量见表5-1。哺乳时,可先将装有牛乳的奶壶放在热水中进行加热消毒(不能直接放在锅内煮沸,以防过热后影响蛋白的凝固和酶的活性),待冷却至38~40℃时哺喂,5周龄内日喂3次;6周龄以后日喂2次。喂后立即用消毒的毛巾擦嘴,缺少奶壶时,也可用小奶桶哺喂。

表5-1 不同周龄犊牛的日哺乳量 (单位:kg)

类别	周龄/周						全期用奶
	1~2	3~4	5~6	7~9	10~13	14周以后	
小型牛	4.5~6.5	5.7~8.1	6.0	4.8	3.5	2.1	540
大型牛	3.7~5.1	4.2~6.0	4.4	3.6	2.6	1.5	400

3. 早期补饲植物性饲料

采用随母哺乳时,应根据草场质量对犊牛进行适当的补饲,既有利于满足犊牛的营养需要,又有利于犊牛的早期断奶;人工哺乳时,要根据饲养标准配合日粮,早期让犊牛采食干草、精饲料、青绿饲料、青贮饲料等植物性饲料。

(1) 干草 犊牛从7~10日龄开始,训练其采食干草。在犊牛栏的草架上放置优质干草,供其采食咀嚼,可防止其舔食异物,促进犊牛发育。

(2) 精饲料 犊牛生后15~20天,开始训练其采食精饲料(精饲料配方见表5-2)。初喂精饲料时,可在犊牛喂完奶后,将犊牛料涂在犊牛嘴唇上诱其舔食,经2~3天后,可在犊牛栏内放置饲料盘,在其内放置犊牛料任其自由舔食。因初期采食量较少,料不应放多,每天必须更换,以保持饲料及料盘的新鲜和清洁。最初每头日喂干粉料10~20g,数日后可增至80~100g,等适应一段时间后再喂以混合湿料,即将干粉料用温水拌湿,经糖化后给予。湿料给量可随日龄的增加而逐渐加大。

表5-2 犊牛的精饲料配方 （%）

组成	配方1	配方2	配方3	配方4
干草粉颗粒	20	20	20	20
玉米粗粉	37	22	55	52
糠粉	20	40	—	—
糖蜜	10	10	10	10
饼粕类	10	5	12	15
磷酸二氢钙	2	2	2	2
其他微量盐类	1	1	1	1
合计	100	100	100	100

（3）**青绿饲料** 从生后20天开始，在混合精饲料中加入20～25g切碎的胡萝卜，以后逐渐增加。无胡萝卜的，也可饲喂甜菜和南瓜等，但喂量应适当减少。

（4）**青贮饲料** 从2月龄开始喂给。最初每天100～150g；3月龄可喂到1.5～2.0kg；4～6月龄增至4～5kg。

> ⚠ 【注意】 犊牛所用的饲料每次都是新鲜料，最好是颗粒料，一般情况下经1周训练饲喂便可自己采食精饲料。2月龄每天0.4～0.5kg，第3月龄日喂0.8～1kg，以后每增加2月，日增加精饲料0.5kg，至4～6月龄断奶时犊牛日喂犊精饲料达2kg。

4. 饮水

牛奶中的含水量不能满足犊牛正常代谢的需要，必须训练犊牛尽早饮水。最初需饮36～37℃的温开水；10～15日龄后可改饮常温水；一月龄后可在运动场内备足清水，任其自由饮用。

5. 补饲抗生素

为预防犊牛拉稀，可补饲抗生素饲料。每天补饲1万国际单位/头的金霉素，30日龄以后停喂。

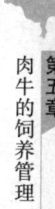

二 犊牛的管理

1. 注意保温、防寒

特别在我国北方，冬季天气严寒风大，要注意犊牛舍的保暖，防止贼风侵入。在犊牛栏内要铺柔软、干净的垫草，保持舍温在0℃以上。

2. 去角

对于将来作育肥的犊牛和群饲的牛去角更有利于管理。去角的适宜时间多在生后7~10天，常用的去角方法有电烙法和固体苛性钠法两种。电烙法是将电烙器加热到一定温度后，牢牢地压在角基部直到其下部组织烧灼成白色为止（不宜太久太深，以防烧伤下层组织），再涂以青霉素软膏或硼酸粉。固体苛性钠法应在晴天且哺乳后进行，先剪去角基部的毛，再用凡士林涂一圈，以防以后药液流出，伤及头部或眼部，然后用棒状苛性钠稍湿水涂擦角基部，至表皮有微量血渗出为止。在伤口未变干前不宜让犊牛吃奶，以免腐蚀母牛乳房的皮肤。

3. 母犊分栏

在小规模系养式的母牛舍内，一般都设有产房及犊牛栏，但不设犊牛舍。在规模大的肉牛场或散放式肉牛舍，才另设犊牛舍及犊牛栏。犊牛栏分单栏和群栏两类，犊牛出生后即在靠近产房的单栏中饲养，每犊一栏，隔离管理，一般1月龄后才过渡到群栏。同一群栏犊牛的月龄应一致或相近，因不同月龄的犊牛除在饲料条件的要求上不同以外，对于环境温度的要求也不相同，若混养在一起，对饲养管理和健康都不利。

4. 刷拭

在犊牛期，由于基本上采用舍饲方式，因此皮肤易被粪及尘土所黏附而形成皮垢，这样不仅易降低皮毛的保温与散热力，使皮肤血液循环恶化，而且也易患病，为此，对犊牛每日必须刷拭1次。

5. 运动与放牧

犊牛从出生后8~10日龄起，即可开始在犊牛舍外的运动场做短时间的运动，以后可逐渐延长运动时间。如果犊牛出生在温暖的季节，开始运动的日龄还可适当提前，但需根据气温的变化，掌握每日运动时间。

在有条件的地方,可以从出生后第二个月开始放牧,但在 40 日龄以前,犊牛对青草的采食量极少,在此时期与其说放牧不如说是运动。运动对促进犊牛的采食量和健康发育都很重要。在管理上应安排适当的运动场或放牧场,场内要常备清洁的饮水,在夏季必须有遮阴设施。

第六章
肉牛的育肥

核心提示

肉牛育肥按性能可分为普通肉牛育肥和高档肉牛育肥两类;按年龄可分为犊牛育肥、青年牛育肥、成年牛育肥、淘汰牛育肥四类;按性别可分为公牛育肥、母牛育肥、阉牛育肥三类;按饲料类型可分为精饲料型直线育肥、前粗后精型架子牛育肥两类。其目的是科学地应用饲料和管理技术,以尽可能少的饲料消耗,较低的成本在较短的时间内获得尽可能高的日增重,以提高出栏率。要获得好的育肥效果,必须根据肉牛不同阶段及育肥要求,供给高于正常发育需要的营养(饲料要合理调制,充分利用添加剂),维持适宜环境,科学管理等。

第一节 育肥肉牛的一般饲喂技术和管理技术

一、饲喂技术

1. 一般饲喂原则

(1) **日粮组成多样化、优质化** 精、粗饲料要合理搭配,粗饲料是根本,粗饲料要求要喂饱,青绿饲草现割现喂,青绿苜蓿等晒干后喂,霉变饲草、冰冻饲草严禁饲喂。

(2) **定时定量,少给勤添** 饲喂制度形成后对保持消化道内环境稳定和正常消化机能有重要作用,是保证牛消化机能的正常和提高饲料营养物质消化率的基础。如果随意改变，如果饲喂过迟或过早，均会打乱肉牛的消化腺活动，影响其消化机能。

（3）饲料更换切忌突然，稳定日粮 肉牛瘤胃内微生物区系的形成需要 30 天左右的时间，一旦打乱，恢复很慢。因此，有必要保持饲料种类的相对稳定。在必须更换饲料种类时，一定要逐渐进行，以便使瘤胃内微生物区系能够逐渐适应。尤其是在青粗饲料之间更换时，应有 7~10 天的过渡时间，这样才能使肉牛能够适应，不至于产生消化紊乱现象。时青时干或时喂时停，均会使瘤胃消化受到影响，造成生长受阻，甚至导致疾病。

（4）防异物、防霉烂 由于肉牛的采食特点，饲料不经咀嚼即咽下，故对饲料中的异物反应不敏感，因此饲喂肉牛的精饲料要用带有磁铁的筛子进行过筛，而在青粗饲料铡草机入口处应安装强力磁铁，以除去其中夹杂的铁针、铁丝等尖锐异物，避免网胃——心包创伤。对于含泥较多的青粗饲料，还应浸在水中淘洗，晾干后再进行饲喂；切忌使用霉烂、冰冻的饲料喂牛，保证饲料的新鲜和清洁。

（5）保证充足清洁的饮水 饮水的方法有多种形式，最好在食槽边或运动场安装自动饮水器，或在运动场设置水槽，经常放足清洁饮水，让牛自由饮用，目前肉牛场一般是将食槽作水槽，饲喂后饮水，但要保持槽内有水，让牛自由饮水。

（6）饲料的合理配制使用 肉牛的饲料成本占 70%，饲料的配制使用直接影响到养殖成本，应结合当地饲料资源配制肉牛日粮，既满足营养需要，又要降低饲料成本。

1）粗饲料占日粮比例。根据肉牛的生理特点，选择适当的饲料原料，以干物质为基础，日粮中粗饲料比例应在 40%~70%，也就是说日粮中粗纤维含量应占干物质的 15%~24%。在育肥后期粗料比例也应在 30%，这样才会保证牛体健康。

2）精饲料喂量。在满足青贮饲料（占体重 3%~6%）或干草（2kg）饲喂量的基础上，根据增重要求精饲料一般按体重 0.8%~1.2% 提供，育肥后期可达 1.5%，但瘤胃缓冲剂要占精饲料的 1%~1.2%。

3）采食量。为了保证肉牛有足够的采食量，日粮中应保证有足够的容积和干物质含量，干物质需要量为体重的 1.3%~2.2%。

（7）合理选用商品饲料 市场上肉牛商品饲料品种很多，如添加剂、预混料、浓缩料、精饲料补充料等，必须根据本身的饲料资源情况合理选择，不同饲料产品类型在日粮中的使用比例不同，同一类型产品因肉牛不同生理阶段需要应使用不同产品型号。各种产品的营养成分也有很大差异，养殖户要根据自己的矿物质饲料、蛋白质饲料、能量饲料（玉米、麸皮）合理选择搭配。

2. 饲喂技巧和方法

（1）饲喂技巧 饲喂的饲料必须符合肉牛的采食特点，在饲喂前进行适当加工。如果谷物饲料不粉碎，则牛食后不易消化利用，出现消化不良现象；而粉碎过细牛又不爱吃。因此，要根据日粮中精饲料量区别饲喂。

精饲料少时，可把精饲料同粗饲料混拌饲喂；精饲料多时，可把粉料压为颗粒料，或全混合日粮饲喂；粗饲料应该切短后饲喂；牛喜欢吃短草，即寸草三刀，可提高牛的采食量，还可减少浪费。当肉牛快速育肥时精饲料超过60%时，为了使其瘤胃能得到适当的机械刺激，粗饲料可以切得长些，最好提供优质长草如干苜蓿或羊草。

鲜野青草或叶菜之类饲料可直接投喂，不必切短。块根、块茎和瓜类饲料，喂前一定要切成小块，绝不可整块喂给，特别是马铃薯、甘薯、胡萝卜、茄子等，以免发生食道梗阻。豆腐渣、啤酒糟、粉渣等，虽然含水分多，但其干物质中的营养与精饲料相近，喂用这类饲料时可减少精饲料喂量。谷壳、高粱壳、豆荚、棉籽壳等，只能用作粗饲料。糟渣类的适口性好，牛很爱吃，但要避免过食而造成牛食滞、前胃活动弛缓、臌胀等，如果以450kg体重的育肥肉牛为例，湿酒糟日喂量最多为15kg，糖渣为15kg，豆腐渣为10kg，粉渣为15kg。

（2）饲喂方法

1）饲喂次数。国内外差别较大：国内的做法是，一般肉牛场多采用日喂2次，也有日喂3次的情况，尤其夏季在夜里补饲粗饲料，少数实行自由采食；国外较普遍采用自由采食。自由采食能满足肉牛生长发育的营养需要，肉牛长得快，屠宰率高，育肥肉牛能在短时间内出栏。

2）饲喂方法。同样的饲料，不同的饲喂方法，会产生不同的饲养效果。具体的饲喂方法有传统饲喂方法和全混合日粮（TMR）方法两种。

①传统饲喂方法：传统饲喂方法是在饲喂上把精饲料和粗饲料、副料分开单独饲喂，或将精饲料和粗饲料进行简单的人工混合后饲喂。

在饲喂顺序上，应根据精、粗饲料的品质、适口性，安排饲喂顺序，当肉牛建立起饲喂顺序的条件反射后，不得随意改动，否则会打乱肉牛采食饲料的正常生理反应，影响采食量。一般的饲喂顺序为先粗后精、先干后湿、先喂后饮。如干草—辅料—青贮饲料—块根、块茎类—精饲料混合料。但喂牛最好的方法是精、粗饲料混喂，采用完全混合日粮法。

传统饲喂方式多为精、粗饲料分开饲喂，使肉牛所采食饲料的精、粗比不易控制，易造成肉牛的干物质摄取量偏少或偏多，尤其是育肥后期肉牛群对精饲料和粗饲料足量采食难度大，同时不利于按照饲养阶段配制不同营养浓度饲料和进行机械化操作。

②全混合日粮方法：全混合日粮（TMR）饲喂技术在配套技术措施和性能优良的混合机械基础上，能够保证肉牛每采食一口日粮都是精粗比例稳固稳定、营养浓度一致的全价日粮。所谓"TMR"就是根据牛群营养需要的粗蛋白质、能量、粗纤维、矿物质和维生素等，把揉切短的粗饲料、精饲料和各种预混料添加剂进行充分混合，将水分调整为45%左右而得的营养较平衡的日粮。全混合日粮用机械设备运送，直接投放在食槽中，牛习惯后不再挑拣、等候，饲喂过程快捷简便，也有人认为饲料中的长干草不应打碎混合其中，而应取出单独喂，因为长干草能刺激口腔分泌唾液，刺激瘤胃蠕动，有利于瘤胃内饲料的混合和消化。

二 管理技术

对不同月龄、不同品种类型、不同生产水平的牛只分群饲养，给予不同的饲料配方和不同的喂量，在做好日常饲喂的同时，要加强对牛的管理，做好编号、分群、去势、驱虫、消毒、防疫、限制运动、刷拭、饲料更换、肢蹄护理、保暖、降温、观察和记录等

工作。

1. 编号

编号对生产管理、称重统计和防疫治疗工作都具有重要意义。犊牛出生后或购进后,应立即给予编号。编号时要注意同一牛场或选育(保种)区,不应有2头牛相同的号码,从外地购入的牛可继续沿用其原来的号码,以便日后查考。给牛编号后,就要进行标记,也称标号。常用的标号方法是打耳标和电子标记。塑料耳标法已被广泛采用,是用不褪色的色笔将牛号写在 $2cm \times 3.5cm$ 的塑料耳标牌上。用专用的耳标钳固定于耳朵中央,其标记清晰,站在 $2 \sim 3m$ 远处也能看清号码。

2. 分群

育肥前应根据育肥牛的品种、体重、性别、年龄、性质及膘情合理分群饲养。

3. 驱虫、防疫和消毒

购进的牛只或自养架子牛转入育肥前,应做一次全面的体内外驱虫和防疫注射;做强度育肥前还应驱虫一次。放牧饲养的牛应定期驱虫。肉牛舍、肉牛场院应定期消毒。每出栏一批牛,肉牛舍要彻底清扫消毒。

4. 去势

根据育肥目的确定去势时间,如高档肉生产可在 $5 \sim 6$ 月龄或 $12 \sim 13$ 月龄去势;如果没有特定育肥目的,公牛在2岁前不去势育肥效果好,生长速度快,胴体品质好,瘦肉率高,饲料转化率高。但2岁以上公牛应考虑去势,否则不便管理,且肉中有腥味,影响胴体品质。

5. 限制运动

拴系舍饲育肥牛,应定时牵到运动场适当运动,每天要进行 $2 \sim 3h$ 的户外运动;对于散养的肉牛,每天在运动场自由活动的时间不应少于8h。运动时间,夏季在早晚,冬季在中午。放牧饲养的,在育肥后期要近牧和补饲,增加营养物质在体内沉积。

6. 刷拭

刷拭可增加牛体血液循环,提高牛的采食量,提高代谢水平,有助于增重；肉牛每天应刷拭2、3次，以保持皮肤清洁。

7. 饲料更换

饲养过程中，经常会遇到饲料更换现象，应采取逐渐更换的办法，绝不可骤然变更，打乱牛的原有采食习惯，应有5～7天的过渡期，逐渐让牛适应新更换的饲料。第一天可以更换10%，第二天更换20%～30%，第三天更换40%～50%，以经过1周时间全部更换过来为宜。如果突然全部更换，将打乱牛的原有采食习惯，使牛胃内微生物菌群紊乱，消化机能下降，发生疾病，给养牛者带来损失。

> 【提示】 更换草料时，饲养管理人员要认真观察牛的采食情况，如果发现异常，要及时采取措施，避免发生损失。

8. 肢蹄护理

四肢应经常护理，以防肢蹄疾病的发生。牛床、运动场以及其他活动场所应保持干燥、清洁，尤其通道及运动场上不能有尖锐铁器和碎石等异物，以免伤蹄。肢蹄尽可能干刷或每年修蹄1次，以保持清洁干燥，减少蹄病的发生。

9. 严冬保暖，酷暑降温

当气温低于-15℃时，要采取防寒保暖措施，当气温高于26℃时，要采取防暑降温措施。

10. 做好观察和记录

饲养员每天要认真观察每头牛的精神，采食、粪便和饮水状况，以便及时发现异常情况，并要做好详细记录。对可能患病的牛，要及时请兽医诊治；对体弱、消化不良的牛，要给予特殊照顾。发现采食或饮水异常的，要及时找出原因，并采取相关措施纠正。

11. 日常管理

1）做好肉牛场饲草、饲料的储备工作，保证秋冬季节饲料的均衡供给。加强牛场安全措施，经常对电源、火源进行安全检查，杜绝火灾的发生。

2）加强育肥牛场的日常管理，经常打扫卫生、刷拭牛体。对牛场实行"五定六净三观察"原则：五定，即定人员、定饲养头数、定饲料种类、定喂饮时间、定管理日程；六净，即料净，不含沙石、

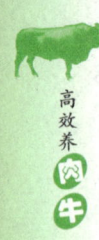

金属等异物,不发霉腐败,不受农药污染;草净,不含泥沙、铁钉及塑料等;水净,保持饮水卫生;牛床净,勤除粪,保持肉牛舍卫生;食槽净,喂后及时清扫,防止草料残渣腐败;牛体净,每天刷拭牛体,经常保持清洁;三观察,即观察精神状态、观察食欲、观察粪便,发现异常及时处理。

第二节 肉牛育肥技术

一 育肥方式

肉牛育肥方式一般可分为放牧育肥、半舍饲半放牧育肥、舍饲育肥三种。

1. 放牧育肥方式

放牧育肥是指从犊牛到出栏牛,完全采用草地放牧而不补充任何饲料的育肥方式,也称草地畜牧业。这种育肥方式适于人口较少、土地充足、草地广阔、降雨量充沛、牧草丰盛的牧区和部分半农半牧区。例如新西兰肉牛育肥基本上是以这种方式为主的,一般自出生到饲养至18月龄,体重达400kg便可出栏。

> 【提示】 如果有较大面积的草山草坡可以种植牧草,在夏天青草期除供放牧外,还可保留一部分草地,收割调制青干草或青贮饲料,作为越冬饲用。这种方式最为经济,但饲养周期长。

2. 半舍饲半放牧育肥方式

夏季青草期牛群采取放牧育肥,寒冷干旱的枯草期把牛群于舍内圈养,这种半集约式的育肥方式称为半舍饲半放牧育肥。

采用半舍饲半放牧育肥应将母牛控制在夏季牧草期开始时分娩,犊牛出生后,随母牛放牧自然哺乳,这样,因母牛在夏季有优良青嫩牧草可供采食,故泌乳量充足,能哺育出健康犊牛。当犊牛生长至5~6月龄时,断奶重达100~150kg,随后采用舍饲,补充一点精饲料过冬。在第二年青草期,采用放牧育肥,冬季再回到肉牛舍舍饲3~4个月即可达到出栏标准。此法的优点是:可利用最廉价的草地放牧，犊牛断奶后可以低营养过冬，第二年在青草期放牧能获得较理想的补偿增长。在屠宰前有3~4个月的舍饲育肥，使胴体优良。

> 【提示】 此法适用于热带地区，因为当地夏季牧草丰盛，可以满足肉牛生长发育的需要，而冬季低温少雨，牧草生长不良或不能生长。我国东北地区，由于牧草不如热带地区丰盛，夏季一般采用白天放牧，晚间舍饲的方式，并补充一定精饲料，冬季则全天舍饲。

3. 舍饲育肥方式

肉牛从出生到屠宰全部实行圈养的育肥方式称为舍饲育肥。舍饲的突出优点是使用土地少，饲养周期短，牛肉质量好，经济效益高。缺点是投资多，需较多的精饲料。舍饲育肥方式又可分为拴饲和群饲两类。

（1）**拴饲** 舍饲育肥较多的肉牛时，每头牛分别拴系给料称之为拴饲。其优点是便于管理，能保证同期增重，饲料报酬率高。缺点是运动少，影响生理发育，不利于育肥前期增重。一般情况下，给料量一定时，拴饲效果较好。

（2）**群饲** 群饲问题是由牛群数量多少、牛床大小、给料方式及给料量引起的。一般以6头为一群，每头所占面积$4m^2$。为避免斗架，育肥初期可多些，然后逐渐减少头数。或者在给料时，用链或连动式颈枷保定。如果在采食时不保定，可设简易牛栏像小室那样，将牛分开自由采食，以防止抢食而造成增重不均。但如果发现有被挤出采食行列而怯食的牛，应另设饲槽单独喂养。群饲的优点是节省劳动力，牛不受约束，利于生理发育。缺点是：一旦抢食，体重会参差不齐；在限量饲喂时，应该用于增重的饲料反转到运动上，降低了饲料报酬率。当饲料充分，自由采食时，群饲效果较好。

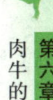

> 【提示】 此法适用于人口多，土地少，经济较发达的地区。如美国盛产玉米，且价格较低，舍饲育肥已成为美国的一大特色。

二 影响肉牛育肥效果的因素

1. 肉牛育肥品种选择

不同品种,育肥期的增重速度是不一样的。专门的肉用品种效果最好,但我国缺乏肉用牛品种,可以选用肉用牛品种和我国地方品种母牛杂交产生的改良牛,这类牛饲料转化率和肉的品质都超过本地牛。地方品种中体型大、肉用性能较好的品种有秦川牛、鲁西牛、晋南牛、延边牛。用安格斯、利木赞、夏洛莱等优质肉牛改良本地品种,后代的生长速度、瘦肉率、饲料转化率等有所提高,肉质好。

2. 适宜育肥的牛年龄

肉牛的增重与饲料转化率和年龄关系重大,一般讲,年龄越大,增重越慢,饲料报酬率越差。肉牛在出生第一年增重最快,第二年仅为第一年的70%,第三年的增重量仅为第二年的50%。国外肉牛多在1.5岁屠宰,最迟不超过2岁。我国肉牛1.5~2岁增重最快,所以,1~2岁以内的牛最适宜育肥。

3. 饲养管理和饲料条件

饲料搭配的好坏决定了肉牛的产肉率和肉的质量。合理搭配精、粗饲料,满足肉牛生长、育肥的营养需要,才能最大限度地发挥其生产性能。饲料质量和成本决定肉牛的出栏时间,也影响肉牛养殖效益。

4. 育肥季节

环境温度对肉牛的营养需要和日增重影响较大。在气温5~21℃环境中,最适宜牛的生长。寒冷冬季,为产热防寒会消耗掉大量的营养,饲料利用率降低;炎热夏季,为了缓解热应激,牛的采食量减少甚至停食,生长受到严重影响;春秋季节,环境温度适宜,牛的采食量大,生长快,育肥效果好。如果能够根据季节变化来调整舍内温度,季节对肉牛育肥效果影响较小。

5. 育肥牛的出栏

根据育肥目的,适当育肥,适时出栏。牛的出栏体重越大,饲料利用率越低。肉牛生产中,达到屠宰出栏体重的时间越短,其经济效益越好。因为,育肥时间越长,用于维持的营养物质消耗越多,用于育肥增重的营养物质相对减少。因此,一般情况下,老牛育肥持续时间在 3 个月左右，膘情好的架子牛以 3 个月为宜，膘情中等以下的架子牛，体重在 250～350kg，育肥 4～6 个月体重达到 450～500kg 出栏，就能获得较好的经济效益。

6. 育肥结束的正确判断

育肥结束过早，肉牛没有充分发挥其最大增重潜力，影响育肥效益；育肥结束过晚，增重较低，每头牛每日的饲养费用较高，增加了肉牛饲养的成本，也会影响育肥效益。必须根据肉牛实际情况适时结束育肥出栏。判断育肥结束最佳时间的方法见表 6-1。

表 6-1 育肥结束最佳时间的判断方法

眼看	①看育肥牛的采食量下降，下降量达正常采食量的 10%～20%；②体膘丰满，看不到骨头外露；③背部平宽而厚实；④尾根两侧可以看到明显的脂肪突起；⑤臀部丰满平坦（尾根下的凹沟消失），圆而突出；⑥胸前端非常丰满、圆而大，并且突出明显；⑦阴囊周边脂肪沉积；⑧躯体体积大，体态臃肿；⑨走动迟缓，四肢高度张开；⑩不愿意活动或很少活动，显得很安静，对周边环境反应迟钝，卧下后不愿站起
手摸	①摸（压）牛背部、腰部时感到厚实，并且柔软、有弹性；②用手指捏摸胸肋部牛皮时，感觉特别厚实，大拇指和食指很难将牛皮捏住；③摸牛尾根两侧柔软，充满脂肪；④摸牛胈窝部牛皮时有厚实感；⑤摸牛肘部牛皮时感觉非常厚实，大拇指和食指不易将牛皮捏住

三 不同类型牛的育肥

1. 白牛肉生产

指犊牛出生后 3～5 个月内，在特殊饲养条件下，育肥至 90～150kg 时屠宰，生产出风味独特，肉质鲜嫩、多汁的高档犊牛肉。犊牛育肥以全乳或代乳品为饲料，在缺铁条件下饲养，肉色很浅，故又称"白牛"生产。

（1）犊牛的选择

1）品种。优良的肉用品种、兼用品种、乳用品种或杂交种均可。

2）体重。选择健康无病、消化机能强，生长发育快，初生重一般要求在 38～45kg。

3）体形外貌。选择头方大、前管围粗壮、蹄大的犊牛。

(2) 饲养管理

1) 饲料。由于犊牛吃了草料后肉色会变暗，不受消费者欢迎，为此犊牛育肥不能直接饲喂精饲料、粗饲料，应以全乳或代乳品为饲料，代乳品参考配方：①丹麦配方：脱脂乳60%~70%、猪油15%~20%、乳清15%~20%、玉米粉1%~10%、矿物质、微量元素2%；②日本配方：脱脂奶粉60%~70%、鱼粉5%~10%、豆饼5%~10%、油脂5%~10%。

2) 饲喂。犊牛的饲喂应实行计划采食。以代乳品为饲料的饲喂计划见表6-2。

表6-2 代乳品饲喂量

周龄	代乳品/g	水/kg
1	300	3
2	660	6
8	1800	12
12~14	3000	16

注：1~2周代乳品温度为38℃左右；以后为30~35℃。

饲喂全乳，也要加喂油脂。为更好地消化脂肪，可将牛乳均质化，使脂肪球变小，如果能喂当地的黄牛乳、水牛乳，效果会更好。

饲喂用奶嘴，日喂2、3次，日喂量最初3~4kg，以后逐渐增加到8~10kg，4周龄后喂到能吃多少喂多少。

3) 管理。严格控制饲料和水中铁的含量，强迫牛在缺铁条件下生长；控制牛与泥土、草料的接触，牛栏地板尽量采用漏粪地板，如果是水泥地面应加垫料，垫料要用锯末，不要用秸秆、稻草，以防采食；饮水充足，定时定量；有条件的，犊牛应单独饲养，如果几头犊牛圈养，应带笼嘴，以防吸吮耳朵或其他部位；舍温要保持在20℃以下，14℃以上，通风良好；要吃足初乳，最初几天还要在每千克代乳品中添加40mg/kg抗生素和维生素A、维生素D、维生素E，2~3周要经常检查体温和采食量，以防发病。

4) 屠宰月龄与体重。犊牛饲喂到1.5~2月龄，体重达到90kg时即可屠宰。如果犊牛增长率很好，进一步饲喂到3~4月龄，体重

170kg 时屠宰，也可获得较好效果。

> 【提示】 屠宰月龄超过 5 月龄以后，单靠牛乳或代乳品增长率就差了，且年龄越大，牛肉越显红色，肉质较差。

2. 犊牛育肥（小牛肉生产）

指犊牛出生 6~8 个月内，在特定条件育肥至 250~350kg 时屠宰的牛肉生产过程。小牛肉生产过程其实是全乳和全精饲料育肥，实行分阶段饲养。

（1）育肥指标 育肥结束体重：活重达 300~350kg，胴体重 150~250kg。

（2）犊牛的选择 肉牛的纯种或杂种犊牛或奶用公犊，纯种本地良种犊牛 35kg 以上、杂种犊牛 38kg 以上、奶用公犊 45kg 以上，要求生长发育正常，健康无病，食欲旺盛，5~6 天喂过初乳后即可转入育肥场。

（3）饲养管理技术要点

1）哺喂初乳后，可以用全乳，也可用代乳品。

2）制订小公犊饲养管理计划，一般应因地制宜制订计划。

3）严格控制饲料和饮水的含铁量，犊牛栏用漏粪地板，严格禁止犊牛接触泥土，饮水充足，按计划饲喂人工代乳、饲料、干草。每天清理 1 次食槽。

（4）犊牛育肥方案（表6-3）

表6-3 犊牛育肥饲养方案

周龄	体重/kg	日增重/g	喂全乳量/kg	喂配合料/kg	青草或青干草
0~4	40~59	0.6~0.8	5~7 初乳	训练采食	—
5~7	60~79	0.9~1.0	7~7.9	0.1，训练采食	训练采食
8~10	80~99	0.9~1.1	8	0.4	自由采食
11~13	100~124	1.0~1.2	9	0.6	自由采食
14~16	125~149	1.1~1.3	10	0.9	自由采食
17~21	150~199	1.2~1.4	10	1.3	自由采食
22~27	200~250	1.1~1.3	9	2.0	自由采食

(5) 饲料配方 玉米52%，豆粕或豆饼15%，大麦15%，奶粉或蛋粉5%，油脂或膨化大豆10%，磷酸氢钙2%，食盐1%。另每千克饲料添加维生素A 20000国际单位，土霉素22mg。

(6) 饲养管理 每头犊牛有专用全木制牛栏，栏长140cm，高180cm，宽45cm，底板离地面高50cm；犊牛从第八周开始增加配合料和青草或干草的喂量；犊牛舍内每日要清扫粪尿一次，并用清水冲洗地面，每周室内消毒1次。

3个月内的犊牛饲养是关键，严格按计划饲喂代乳料和补料，牛床最好是采用漏粪地板，防止与泥土接触，严格防止犊牛下痢。肉牛舍温度适宜在7~21℃；天气好时可放犊牛于室外活动，但场地宜小些，使其能充分晒太阳而又不至于运动量过大。

其他饲养管理同犊牛的饲养管理。

3. 青年牛育肥

青年牛育肥主要是利用幼龄牛生长快的特点，在犊牛奶后直接转入育肥阶段，给以高水平营养，进行直线持续强度育肥，13~24月龄前出栏，出栏体重达到360~550kg以上。这类牛肉鲜嫩多汁、脂肪少、适口性好，是上档牛肉。

(1) 舍饲强度育肥 青年牛舍饲强度育肥可分为适应期、增肉期和催肥期三个阶段。

1）适应期。刚进舍的断乳犊牛，不适应环境，一般要有一个月左右的适应期。应让其自由活动，充分饮水，饲喂少量优质青草或干草，麸皮每日每头0.5kg，以后逐步加麸皮喂量。当犊牛能进食麸皮1~2kg，逐步换成育肥饲料。其参考配方如下：酒糟5~10kg，干草15~20kg，麸皮1~1.5kg，食盐30~35g。

2）增肉期。一般7~8个月，分为前后两期。前期日粮参考配方为：酒糟10~20kg，干草5~10kg，麸皮、玉米粗粉、饼类各0.5~1kg，尿素50~70g，食盐40~50g。喂尿素时将其溶解在水中，与酒糟或精饲料混合饲喂。切忌放在水中让牛饮用，以免中毒。后期参考配方为：酒糟20~25kg，干草2.5~5kg，麸皮0.5~1kg，玉米粗粉2~3kg，饼类1~1.3kg，尿素125g，食盐50~60g。

3）催肥期。此期主要是促进牛体膘肉丰满，沉积脂肪，一般为两个月。日粮参考配方如下：酒糟 20~30kg，干草 1.5~2kg，麸皮 1~1.5kg，玉米粗粉 3~3.5kg，饼类 1.25~1.5kg，尿素 150~170g，食盐 70~80g。为提高催肥效果，可使用瘤胃素，每日 200mg，混于精饲料中饲喂，体重可增加 10%~20%。

肉牛舍饲强度育肥要掌握短缰拴系（缰绳长 0.5m）、先粗后精，最后饮水，定时定量饲喂的原则。每日饲喂 2~3 次，饮水 2~3 次。喂精饲料时应先取酒糟用水拌湿，或干、湿酒糟各半混匀，再加麸皮、玉米粗粉和食盐等。牛吃到最后时加入少量玉米粗粉，使牛把料吃净。饮水在给料后 1h 左右进行，要给 15~25℃ 的清洁温水。

舍饲强度育肥的育肥场有：全露天育肥场，无任何挡风屏障或牛棚，适于温暖地区；全露天育肥场，有挡风屏障；有简易牛棚的育肥场；全舍饲育肥场，适于寒冷地区。以上形式应根据投资能力和气候条件而定。

（2）放牧补饲强度育肥 是指犊牛断奶后进行越冬舍饲，到第二年春季结合放牧适当补饲精饲料的育肥方式。这种育肥方式精饲料用量少，每增重 1kg 约消耗精饲料 2kg。但日增重较低，平均日增重在 1kg 以内。15 月龄体重为 300~350kg，8 月龄体重为 400~450kg。

放牧补饲强度育肥饲养成本低，育肥效果较好，适合于半农半牧区。

进行放牧补饲强度肥育，应注意不要在出牧前或收牧后，立即补料，应在回舍后数小时补饲，否则会减少放牧时牛的采食量。当天气炎热时，应早出晚归，中午多休息，必要时夜牧。当补饲时，如果粗饲料以秸秆为主，其精饲料参考配方如下：1~5 月，玉米面 60%，油渣 30%，麦麸 10%；6~9 月，玉米面 70%，油渣 20%，麦麸 10%。

（3）谷实饲料育肥法 谷实饲料育肥法是一种强化育肥的方法，要求完全舍饲，使牛在不到 1 周岁时活重达到 400kg 以上，平均日增重达 1000g 以上。要达到这个指标，可在 1.5~2 月龄时断奶，喂给含可消化粗蛋白质 17% 的混合精饲料日粮，使犊牛在近 12 周龄时体重达到 110kg。之后用含可消化粗蛋白质 14% 的混合料，喂到 6~7

月龄时，体重达 250kg。然后将可消化粗蛋白质再降到 11.2%，使牛在接近 12 月龄时体重达 400kg 以上，公犊牛甚至可达 450kg。谷实饲料育肥法的精饲料报酬率见表 6-4。

表 6-4 不同周龄牛精饲料报酬

阶段	日增重/kg		每千克增重需混合料/kg	
	公犊	阉牛犊	公犊	阉牛犊
5 周龄前	0.45	0.45	—	—
6 周~3 月龄	1.00	0.90	2.7	2.8
3~6 月龄	1.30	1.20	4.0	4.3
6 月~屠宰龄	1.40	1.30	6.1	6.6

用谷实强化法催肥，每千克增重需 4~6kg 精饲料，原由粗料提供的营养改为谷实（如大麦或玉米）和高蛋白质精饲料（如豆饼类）。典型试验和生产总结证明，如果用糟渣料和氮素、无机盐等为主的日粮，每千克增长仍需 3kg 精饲料。因此，谷实催肥在我国不可取，或只可短期采用，弥补粗料法的不足。

从品种上考虑，要达到这种高效的育肥效果必须是大型牛种及其改良牛，一般黄牛品种是无法达到的。为降低精饲料消耗，可选用以下代用品。

1）尿素代替蛋白质饲料。牛的瘤胃微生物能利用游离氨合成蛋白质，所以饲料中添加尿素可以代替一部分蛋白质。添加时应掌握以下原则：一是只能在瘤胃功能成熟后添加，按牛龄估算应在生后 3 个半月以后，实践中多按体重估算，一般牛要求重 200kg，大型牛则要达 250kg，过早添加会引起尿素中毒；二是不得空腹喂，要搭配精饲料；三是精饲料要低蛋白质。精饲料蛋白质含量一般应低于 12%，超过 14% 则尿素不起作用；四是限量添加，尿素喂量一般占饲料总量的 1%，成牛可达 100g，最多不能超过 200g。

2）块根块茎代替部分谷实料。按干物质计算，块根与相应谷实所含代谢能相等，成本低。甜菜、胡萝卜、马铃薯都是很好的代用料。一岁以内，体重低于 250kg 的牛最多能用块根饲料代替一半精饲料；体重 250kg 以上的可大部分或全部用块根饲料代替精饲料。

但由于全部用块根饲料代替精饲料要增加管理费，且得调整其他营养成分，在实践中应用的不多。

3）粗饲料代替部分谷实料。用较低廉的粗饲料代替精饲料可节省精饲料，降低成本。尤其是用草粉、谷糠秕壳可收到较好效果。但不能过多，一般以15%为宜，过多会降低日增重，延长育肥期，影响牛肉嫩度。

利用秸秆代替部分精饲料在国内已大量应用，特别是麦秸、氨化玉米秸的应用更为广泛，并取得良好效果。粉碎后，应加入一定量的无机盐、维生素，若能加工成颗粒饲料，效果会更好。

（4）以粗饲料为主的育肥法

1）以青贮玉米为主的育肥法。青贮玉米是高能量饲料，蛋白质含量较低，一般不超过2%。以青贮玉米为主要成分的日粮，要获得高日增重，要求搭配1.5kg以上的混合精饲料。其参考配方见表6-5（育肥期为90天，每阶段各30天）。

表6-5　体重300~350kg育肥牛参考配方　（单位：kg）

饲料	一阶段	二阶段	三阶段
青贮玉米	30	30	25
干草	5	5	5
混合	0.5	1.0	2.0
食盐	0.03	0.03	0.03
无机盐	0.04	0.04	0.04

以青贮玉米为主的育肥法，其增重的高低与干草的质量、混合精饲料中豆粕的含量有关。如果干草是苜蓿、沙打旺、红豆草、串叶松香草或优质禾本科牧草，精饲料中豆粕含量占一半以上，则日增重可达1.2kg以上。

2）以干草为主的育肥法。在盛产干草的地区，秋冬季能够储存大量优质干草，可用干草育肥。具体方法是：优势干草随意采食，日加1.5kg精饲料。干草的质量对增重效果起关键性作用，大量的生产实践证明，豆科和禾本科混合干草饲喂效果较好，而且还可节约精饲料。

4. 架子牛快速育肥

犊牛断奶后受营养水平的限制,饲养管理粗放,不能持续保持较高的增重速度,延长了饲养期,形成了"吊架子"阶段,此阶段属于幼牛"吊架子"期,"吊架子"的目的是使幼牛的"架子"搭起后,形成骨骼架子,一旦营养改善,促进肌肉生长,称为"架子牛"育肥。或犊牛断奶后,在较粗放的饲养条件饲养到13~22个月,体重达到300kg以上时,采用强度育肥方式,集中育肥3~4个月,充分利用牛的补偿生长能力,达到理想体重和膘情后屠宰(后期集中育肥)。这种育肥方式成本低,精料用量少,经济效益较高,应用较广。

(1) 架子牛育肥的饲料类型(表6-6)

表6-6 架子牛育肥的饲料类型

类	型	特 点
粗饲料型	全放牧	以天然牧场为主的育肥方式。其饲养成本低、育肥效果好,易于在农牧区推广。我国南方天然牧场广阔,四季牧草丰富,更适宜全放牧饲养
	放牧加补饲	可充分利用当地资源,投资少,效益高。我国牧区、山区可采用。白天放牧,晚上可以补饲干草、精饲料或玉米(晚上8:00以后)或进入枯草期,转入舍内进行舍饲育肥
	作物秸秆加补饲	农区有大量的作物秸秆,是廉价的饲料资源,玉米秸秆可以粉碎后使用,麦秸、稻草经过化学、生物学处理后饲用,补充适量精饲料进行育肥
	青贮饲料加精饲料	广大农区,可以用玉米秸秆制作青贮,适当补充精饲料进行喂牛育肥
	糟渣类加精饲料	以醇酒、制粉、制糖的副产品(糟渣)为主,适当补充精饲料喂牛育肥。适用于农区和农产品加工区
精饲料型	精饲料为主	使用高能饲粮进行强度育肥,但育肥过程中给以一定量粗饲料(精饲料用量很大而粗饲料用量很小)。前期日精饲料量达到体重1.2%,粗饲料自由采食;后期粗饲料比例缩小,控制在10%~20%
	前粗后精	育肥前期以粗饲料为主,后期以精饲料为主。育肥期消耗精饲料少,后期增重快,出栏体重大,肉质好

(2) 架子牛吊架子期的饲养管理

1) 吊架子期饲养。架子牛是我国农牧区普遍存在、传统肉牛饲养方式的产物,"吊架子"阶段的饲养目标是促进幼牛骨骼、肌肉生长发育,在15～18月龄(20月龄)体重达300～400kg。"吊架子"期日增重0.6～0.8kg,不得低于0.4kg。架子牛的营养需要由维持和生长发育速度两方面决定。

根据补偿生长的规律,在架子阶段的平均日增重,一般大型品种牛不低于0.45kg,小型品种牛不低于0.35kg。架子牛营养贫乏时间不宜过长,否则肌肉发育受阻,影响胴体质量,严重时,丧失补偿生长的机会,形成"小老头牛"。营养贫乏也使得消化器官代偿性地生长,内脏比例较大。当小型品种架子牛体重达到250～300kg、大型品种牛的架子牛体重在400kg时,即可开始育肥,架子阶段拉得越长,用于维持营养需要的比例越大,经济效益越低。

架子牛是消化器官发育的高峰阶段,所以饲料应以粗饲料为主,粗饲料过少,消化器官发育不良。架子牛体组织的生长是以骨骼生长为主的,日粮中的钙、磷含量及比例必须合适,以避免形成小架子牛,降低其经济价值。架子牛饲料以粗饲料为主,适当辅以精饲料,一般控制精、粗饲料之比为3:7(精饲料1.5～2kg),充分保证架子牛骨骼生长良好,即吊架子,减少脂肪沉积。应用粗饲料还可以降低饲养成本,所需的精饲料要注意蛋白质的含量(在18%以上),精饲料中蛋白质量不足,能量较高时,增重的主要为脂肪,会大大降低架子牛的生产性能;待达300kg以上时,再选择合适的饲养方法育肥。

利用草山、草坡放牧培育"架子牛",每天采食的干物质为体重的2%左右,人工牧草或天然牧草养分随季节发生变化,春季牧草幼嫩,含蛋白质高,适口性好,幼牛日增重高;夏季牧草粗纤维含量不高,粗蛋白含量下降,但无氮浸出物和干物质含量较高,幼牛仍能保持较高日增重;秋季牧草开始枯萎,牧草质地变硬,适口性变差,蛋白质含量下降,不能满足幼牛生长所需。放牧可采用固定放牧、分区轮牧和条牧的方法,冬季放牧应减少牛只体重的下降,注意保膘,要晚出牧、早归牧、充分利用中午暖和时间放牧,午后饮

水,同时注意肉牛舍要向阳、保暖、小气候环境好。暖季放牧要早出牧、早收牧,延长放牧时间,让牛多采食,同时应注意防暑。

放牧饲养牛注意补充镁盐和食盐,定期测定幼牛体重情况,每天补充精饲料1~2kg,若生长发育差,夜间补饲青草、精饲料,以保证其正常增重。还可制作尿素食盐砖,配方为尿素40%、糖蜜10%、食盐47.5%、磷酸钠2.5%,压成砖块,供牛舔食。

舍饲培育架子牛首先应供给充足的青粗饲料,不足部分由精饲料补充,多喂蛋白质含量高的饲料和青草、豆类等。充分利用当地种植的人工牧草、野青草、秸秆、农副产品等饲喂育肥牛。为提高粗饲料利用率,对麦秆、稻草等要进行氨化处理;玉米秸、红薯藤、花生秧可切碎饲喂;大豆秸质地较硬,口感和利用率差;青绿饲料让牛自由采食。各种粗饲料每日每头消耗量如下:青绿饲料15~40kg,干草5~6kg,青贮饲料10~20kg,氨化秸秆4~6kg,糟粕类一般喂量15~20kg,酱糟因盐分含量高,饲喂时不宜多。干草铡成5cm左右喂牛较好,可增加采食量。

舍饲时,精饲料早晚各喂一次,夜间补饲粗饲料,若牛只采食干草而不采食青草,表明日粮中蛋白质过剩,则应减少精饲料中蛋白质含量;相反,只采食青草,而不采食干草时,表明蛋白质不足,需增加蛋白质用量;若青草饲喂后还能采食大量精饲料,表明能量不足;饲喂顺序,一般先喂青草,再喂精饲料,最后投给干草。

2)吊架子期的管理。架子牛的饲养方式可以采取放牧饲养或舍饲饲养,舍饲可采取散放式,不可拴饲,充分利用竞食性提高采食量;采取放牧饲养可节约成本,在夏秋季节放牧,不需要补料也可获得正常日增重;放牧饲养方式要注意补充食盐,牧草中的钾含量是钠的几倍甚至十几倍,在放牧中采食牧草相应吸收大量的钾,容易引起缺钠症;补充食盐的最好方式是自由舔食盐砖,也可按每100kg体重每天按5~10g喂给,不能数天集中补一次。

管理注意如下方面:一是冬季应备足饲草。一般情况下,每头牛每年应备足青干草、稻草、玉米秸等饲草1500kg或青贮饲料5000kg左右;饲草要码垛好,严防风吹雨淋,确保饲草不霉烂变质,秸秆细铡,寸草三刀;应先喂草料,后喂精饲料;草料应多样化,青草、稻草、麦秸、玉米秸、甘薯藤、花生秧等混合搭配饲喂；每天除喂足够的粗饲料外，还应喂给玉米、油饼类、麸皮、大麦等精饲料。二是驱虫。架子牛阶段往往是比较寒冷的季节，周围的寄生虫等会聚集于牛体过冬，干扰牛群并使牛体消瘦、致病，牛皮等产品质量下降，可在春秋两季各进行一次体内外驱虫，可选用下列药物：虫克星（阿福丁，有效成分为阿维菌素）粉剂每100kg体重10mg，灌服或拌于饲料中喂给，也可用虫克星针剂（阿维菌素）皮下注射，剂量为100kg体重0.2mL；左旋咪唑，剂量每千克体重8mg，混料喂服、饮水内服，或溶水灌服1次，亦可配成5%注射液，进行1次皮下或肌内注射；枸橼酸哌嗪，剂量每千克体重0.2g，混饲或饮水，1次内服；丙硫苯咪唑，剂量每千克体重10~20mg，混饲喂服或制成水悬液，1次口服；三是饮水。由于架子牛是以粗饲料饲养为主，食糜的转移、消化吸收、反刍等都需要大量的水，应供给洁净、充足的温水，自由饮水时，控制水温不结冰即可。四是称重。每月或隔月称重，检查牛体生长情况，作为调整日粮的依据，避免形成僵牛。五是运动。架子牛有活泼好动的特点，但主要用于育肥，一般不强调运动，可把放牧当作一种运动的方式。六是公母分群：混群放牧影响牛的增重，乱配会降低后代质量，在无法分群的情况下，给公牛去势，请兽医按规定的操作执行，摘除睾丸。若为了育肥效果好，可做部分附睾的切割。舍饲时公、母牛分舍饲喂，以提高饲养效果。

在管理上主要是要根据自身的牛品种、体重、饲料资源、架子牛市场价格、饲料价格和自身的圈舍条件确定是出售还是自育肥或确定何时出售，一般来说是本地牛或小型品种杂交牛体重达280~300kg就可以进行育肥或出售，大型牛最好达到400kg。

（3）**架子牛的选购和运输** 架子牛的优劣直接决定着育肥效果与效益。选择的主要原则是架子牛是否具有生长的潜力。选择架子牛的一般要求是：年龄在1.5岁左右、体重350kg左右、体格高大、身体健康、精神饱满的优良肉牛品种与本地牛的杂交牛，源于非疫区。

选择夏洛莱、西门塔尔等国际优良品种与本地黄牛的杂交后代，

年龄在1~3岁,体型大、皮松软(用手摸脊背,其皮肤松软有弹性,像橡皮筋;或将手插入后裆,一抓一大把,皮多松软,这样的牛上膘快、增肉多),膘情较好,体重在300~350kg,健康无病。体重在300~350kg一般经过4~5个月的育肥体重就可以达到450~550kg。如果体重180~200kg,则需要9个月。

如果饲养规模在50头以下,可以在本地择优选购,这样购得架子牛适应快、健康;如果规模在100头以上,可以到牛源足的地方选购。要对牛源地区架子牛的品种、货源数量、价格、免疫及疫病情况进行详细了解(品种不好、免疫混乱和疫病流行的坚决不要)。对供牛地交易手续和交易费进行了解,最好采用过磅方式购买。灌过水的牛不能要。对牛的产地要了解。如草原牧区牛寄生虫感染严重,购回后应适时驱虫。

购买架子牛前做好准备:一要计划好费用;二要联系好产地和牛源;三要准备好各种证件,如准运证、税收证明和当地兽医站提供的有关证明以及车辆消毒证明、肉牛运输检疫证明等。

购买好架子牛,通过当地部门的检疫部门对所购牛进行认真的检疫,注射有关疫苗,戴齐耳标,检疫合格后,正确、准确地出具检疫证、车辆消毒证等,在购买地隔离饲养15天,确认无疫病时方可运输。

运输前让牛休息,饲喂一些优质干草,给予充足饮水,饮水中添加电解质多维。在装运前3~4h停止饲喂和避免过量饮水。

装车时逐头牵上车,不要猛打惊吓牛,车底铺上厚垫料。装车后不拴系,散开放置。一般普通汽车可以装250~350kg架子牛35头(数量少时,可以用挡板或绳索将牛固定在较小范围内,避免运输过程中空间过大而相互碰撞),冬夏密度适当掌握。装车后要关好车厢门。行车1h要停车检车一次,行驶1500km以上路程,途中要给牛饮水(水中添加0.02%~0.05%维生素C和每天每100kg体重供给牛氯化钾20~30g)。运输过程中注意环境条件,春秋气温适宜,冬夏要做好保暖和防暑。

卸车点最好备有卸车台。卸车后让牛休息1~2h后供给少量饮水(卸车后不要马上饲喂饮水),2h后供给少量优质牧草或秸秆;

间隔3~4h后可以自由饮水。

隔离饲养1个月确定无传染病时可以混入健康群饲养。

（4）育肥前的准备

1）肉牛舍准备。购牛前1周，应将肉牛舍粪便清除，用水清洗后，用2%的火碱溶液对肉牛舍地面、墙壁进行喷洒消毒，用0.1%的高锰酸钾溶液对器具进行消毒，最后再用清水清洗一次。如果是敞圈肉牛舍，冬季应扣塑膜暖棚，夏季应搭棚遮阴，通风良好，使其温度不低于5℃。

2）准备好饲料饲草。将青贮玉米秸秆作为饲草，每头牛7000kg，并准备一定数量的氨化秸秆、青干草等。有条件的最好种植一些优质牧草；精饲料应准备玉米、饼类、糠麸类、矿物质饲料、添加剂饲料等。

3）其他准备。准备好人员、资金、水电、设备用具等。

（5）驱虫健胃

1）驱虫。架子牛入栏后应立即进行驱虫。常用的驱虫药物有阿弗米丁、丙硫苯咪唑、敌百虫、左旋咪唑等。应在空腹时进行，以利于药物吸收。驱虫后，架子牛应隔离饲养2周，其粪便消毒后，进行无害化处理。

2）健胃。驱虫3天后，为增加食欲，改善消化机能，应进行一次健胃。常用于健胃的药物是人工盐，其口服剂量为每头每次60~100g。对个别瘦弱牛灌服酵母片50~100片。

（6）饲养

1）适应期的饲养。从外地引来的架子牛，由于各种条件的改变，要经过1个月的适应期。首先让牛安静休息几天，然后饮1%的食盐水，喂一些青干草及青鲜饲料。对大便干燥、小便赤黄的牛，用牛黄清火丸调理肠胃。15天左右进行体内驱虫和疫苗注射，并开始采用秸秆氨化饲料（干草）+青绿饲料+混合精饲料的育肥方式，可取得较好的效果，日粮精饲料量0.3~0.5kg/头，10~15天内，增加到2kg/头（精饲料配方：玉米70%、饼粕类20.5%、麦麸5%、贝壳粉或石粉3%、食盐1.5%，若有专门添加剂更好。注意，棉籽饼和菜籽饼须经脱毒处理后才能使用）。

2) 过渡育肥期的饲养。经过 1 个月的适应期，开始向强化催肥期过渡。这一阶段是牛生长发育最旺盛时期，一般为 2 个月。每日喂上述的精饲料配方，开始为 2kg/天，逐渐增加到 3.5kg/天，直到体重达到 350kg，这时每天喂精饲料 2.5~4.5kg。也可每月称重 1 次，按活体重 1%~1.5% 逐渐增加精饲料。粗、精饲料比例开始可为 3:1，中期 2:1，后期 1:1。每天的 6:00 和 17:00 分 2 次饲喂。投喂时绝不能 1 次添加，要分次勤添，先喂一半粗饲料，再喂精饲料，或将精饲料拌入粗饲料中投喂。并注意随时拣出饲料中的钉子、塑料等杂物。喂完料后 1h，把清洁水放入饲槽中自由饮用。

3) 强化催肥期饲养。经过过渡育肥期，牛的骨架基本定型，到了最后强化催肥阶段。日粮以精饲料为主，按体重的 1.5%~2% 喂料，粗、精饲料比 1:(2~3)，体重达到 500kg 左右适时出栏，另外，喂干草 2.5~8kg/天。精饲料配方：玉米 81.5%、饼粕类 11%、尿素 13%、骨粉 1%、石粉 1.7%、食盐 1%、碳酸氢钠 0.5%、添加剂 0.3%。

育肥前期，每天饮水 3 次，后期饮水 4 次，一般在饲喂后饮水。

我国架子牛育肥的日粮以青粗饲料或酒糟、甜菜渣等加工副产物为主，适当补饲精饲料。精、粗饲料比例按干物质计算为 1:(1.2~1.5)，日干物质采食量为体重的 2.5%~3%。其参考配方见表 6-7。

表 6-7 日粮配方表

天数/天	干草或青贮玉米秸/kg	酒糟/kg	玉米粗粉/kg	饼类/kg	盐/g
1~15 天	6~8	5~6	1.5	0.5	50
16~30 天	4	12~15	1.5	0.5	50
31~60 天	4	16~18	1.5	0.5	50
61~100 天	4	18~20	1.5	0.5	50

(7) 管理 育肥架子牛应采用短缰拴系，限制活动。缰绳长以 0.4~0.5m 为宜，使牛不便趴卧，俗称"养牛站"；饲喂要定时定量，先粗后精，少给勤添。每天上、下午各刷拭一次；经常观察粪便，如果粪便无光泽，说明精饲料少，如果粪便稀或有料粒，则精饲料太多或消化不良；搞好环境卫生。育肥牛出栏后的空圈应全面清

洁消毒，肉牛舍每月用2%～3%的火碱水溶液彻底喷洒一次，及时清理舍内粪污等；保持适宜温热环境。温度低于0℃时要采取保温措施，高于27℃时要采取防暑措施；根据牛的体重和市场行情适时出栏。

(8) 其他管理措施

1）架子牛槽位的固定。架子牛槽位应长期固定，减少应激。牛有认识槽位的能力和习惯，新进肉牛舍，将牛拴在槽位上3～5天才放开，牛基本就可以认识槽位，回舍后就会回到该位置。如果认不准的可以重复几次即可。

2）"五看""五净""一短"。"五看"指看育肥牛的采食、饮水、粪尿、反刍和精神状态是正常，发现异常要及时采取措施；"五净"指草料净（不含沙石、铁丝、塑料布，不霉变，不受有毒有害物质污染）、饲槽净（牛下槽后要立即清扫饲槽）、饮水净（饮水卫生）、牛体净（经常刷拭牛体）、圈舍净（圈舍勤垫草、勤除粪，保持舍内空气清洁和冬暖夏凉）；"一短"指缰绳短，舍饲条件下，用1～1.5m的绳子拴系饲养有利于提高增重。

> 【提示】 缰绳拴系在饲槽的槽缘下面，既保证肉牛采食、休息，又避免爬槽和爬胯其他牛。

3）冬季管理技巧。肉牛需要的适宜温度为8～16℃，冬季气温在0℃以下容易引起肉牛增重降低。管理技巧：一是保证舍温，冬季到来前检修肉牛舍，使用塑料布等保温材料封闭肉牛舍，窗户安装玻璃或透明的塑料布；二是加强营养，饲养标准可以提高10%～15%，即增加10%的精饲料，粗饲料也要增加，让肉牛充分采食；三是饮足温水，水温为成年牛12～14℃，母牛、怀孕牛15～16℃，犊牛35～38℃；四是补足食盐，除按照日粮1%比例搬入食盐外，可以专设食盐槽，让牛自由舔食；五是加强运动，每天中午前后将牛赶出舍外活动；六是搞好卫生，每天刷拭牛体2～3次，保持圈舍卫生，冬季驱虫一次。

5. 高档牛肉生产

(1) 高档牛肉标准

1）年龄与体重要求。牛年龄在30月龄以内；屠宰活重为500kg

以上；达满膘，体形呈长方形，腹部下垂，背平宽，皮较厚，皮下有较厚的脂肪。

2）胴体及肉质要求。胴体表面脂肪的覆盖率达80%以上，背部脂肪厚度为8mm以上，第12~13肋骨脂肪厚为10~13mm，脂肪洁白、坚挺；胴体外型无缺损；肉质柔嫩多汁，剪切值在3.62kg以下的出现次数应在65%以上；大理石纹明显；每条牛柳2kg以上，每条西冷5kg以上；符合西餐要求，使用户满意。

(2) 高档牛肉生产模式 高档牛肉生产应实行产加销一体化经营方式。

1）建立架子牛生产基地。生产高档牛肉，必须建立肉牛基地，以保证架子牛牛源供应。基地建设应注意以下环节：一是品种。高档牛肉对肉牛品种要求并不十分严格，我国现有的地方良种或它们与引进的国外肉用、兼用品种牛的杂交牛，经良好饲养，均可达到进口高档牛肉水平，都可以作为高档牛肉的牛源。但从复州牛、科尔沁牛屠宰成绩上看，未去势牛屠宰成绩低于阉牛，为此育肥前应对牛去势。二是饲养管理。根据我国生产力水平，现阶段架子牛饲养应以专业乡、专业村、专业户为主，采用半舍饲半放牧的饲养方式，夏季白天放牧，晚间舍饲，补饲少量精饲料，冬季全天舍饲，寒冷地区扣上塑膜暖棚。舍饲阶段，饲料以秸秆、牧草为主，适当添加一定量的酒糟和少量的玉米粗粉、豆饼。

2）建立育肥牛场。生产高档牛肉应建立育肥牛场，当架子牛饲养到12~20月龄，体重达300kg左右时，集中到育肥场育肥。育肥前期，采取粗饲料日粮过渡饲养1~2周。然后采用全价配合日粮及应用增重剂和添加剂，实行短缰拴系，自由采食，自由饮水。经150天饲养后，每头牛在原有配合日粮中增喂大麦1~2kg，采用高能日粮，再强度育肥120天，即可出栏屠宰。

3）建立现代化肉牛屠宰场。高档牛肉生产有别于一般牛肉生产，屠宰企业无论是屠宰设备、胴体处理设备、胴体分割设备、冷藏设备、运输设备应均需达到较高的现代水平。根据各地的生产实践，高档牛肉屠宰要注意以下几点：一是肉牛的屠宰年龄必须在30月龄以内，30月龄以上的肉牛，一般是不能生产出高档牛肉的；二是屠宰体重在500kg以上，因牛肉块重与体重呈正相关，体重越大，肉块的绝对重量也越大，其中牛柳重量占屠宰活重的0.84%～0.97%，西冷重量占1.92%～2.12%，去骨眼肉重量占5.3%～5.4%，这三块肉产值可达一头牛总产值的50%左右，臀肉、大米龙、小米龙、膝圆、腰肉的重量占屠宰活重的8.0%～10.9%，这五块肉的产值约占一头牛产值的15%～17%；三是屠宰胴体要进行成熟处理。普通牛肉生产实行热胴体剔骨，而高档牛肉生产则不能，胴体要求在温度0～4℃条件下吊挂7～9天后才能剔骨，这一过程也称胴体排酸，对提高牛肉的嫩度极为有效；四是胴体分割要按照用户要求进行，一般情况下，牛肉割分为高档牛肉、优质牛肉和普通牛肉三部分，高档牛肉包括牛柳、西冷和眼肉三块，优质牛肉包括臀肉、大米龙、小米龙、膝圆、腰肉、腱子肉等，普通牛肉包括前躯肉、脖领肉、牛腩等。

（3）饲养管理要点

1）牛的选择。选择我国地方良种黄牛作母本与肉牛品种、兼用品种作父本杂交的后代。育成牛180～200kg，经6～8个月育肥，体重可达450kg以上；体重300～350kg架子牛，育肥期4～5个月，体重可达500kg以上；体重400～500kg大架子，育肥期3～4个月，体重可达550kg以上。所选的牛小于1.5岁一般不去势，架子牛生长发育良好，健康无病，后躯发育好，身体低垂，体宽而深，四肢正立，整个体形呈长方形。

2）育肥前的准备工作。对选用的牛进行10～15天的隔离和观察。观察其饮食、粪便、反刍是否正常，进行布氏杆菌病、结核病的检疫，病牛予以淘汰；对育肥牛用敌百虫（40mg/kg体重）、左旋咪唑（8mg/kg体重）、别丁（60mg/kg体重）一次性灌服进行驱虫，驱虫后3天灌服健胃散500g/次，每天1次，连服2～3天；对每头牛进行编号，可用耳标标记，以便记录和管理。根据体重、年龄进行合理分群，使每群牛的差异达到最小，以利于饲养管理。

3）育肥期饲养。用于生产高档牛肉的肉牛必须经过100～150天的强度育肥。犊牛及架子牛阶段可以放牧饲养，也可围栏或拴系饲养，最后必须经过100～150天的强度育肥，日粮以精饲料为主。

在育肥期所用饲料也必须是品质较好的,对改进胴体品质有利的饲料。

> 【提示】 放牧饲养时育肥后期一定要采用强度育肥技术饲养。

育肥期长短依牛只年龄、性别、屠宰时年龄和营养水平而定,并应顾及经济效益。生产高档牛肉所需要的育肥时间视牛的肥度状况而定,一般为8~13个月。育肥期可分为2个阶段:增重期和肉质改善期,前期为增重期,育肥4~6个月,此期饲养的主要目的是促进肌肉的生长,尽量增加优质肉块的比例;后期为肉质改善期,育肥2~6个月,此期饲养的主要目的是向肌纤维间沉积脂肪。

育肥牛可按舍饲或放牧育肥或放牧补饲的方法进行饲养管理,并参照《无公害食品肉牛饲养管理准则》,饲养中的疾病防治用药符合《无公害食品肉牛饲养兽药使用准则》。

① 增重期:育肥牛购进后,需经过1个月左右的适应期,使其逐步适应以精饲料为主的饲养方式,如果是未去势的牛,去势后的恢复期可以作为适应期。适应期内精饲料饲喂量应由少到多逐渐增加,7~10天达到规定喂量,粗饲料要保持均衡供应,不要轻易更换。增重期的参考精饲料配方:玉米粉60%,豆粕5%,棉籽饼22%,麸皮8%,磷酸氢钙2%,食盐1%,小苏打1%,微量元素维生素预混料添加剂1%。每100kg体重喂1.2kg混合精饲料,精饲料约占总日粮的50%~60%。粗饲料以青贮玉米秸、氨化麦秸、氨化稻草、干草等为主,可以使用糟渣类饲料,粗饲料占总日粮的40%~50%。

② 肉质改善期:育肥牛体重达到450~500kg时即可逐步换成肉质改善期的日粮,此时,肉牛的增重逐渐变慢,主要以沉积脂肪为主,以形成肌肉的大理石花纹。肉质改善期的参考精饲料配方:玉米面62%,大麦10%,豆粕5%,棉仁粕8%,麸皮10%,磷酸氢钙2%,食盐1%,小苏打1%,微量元素维生素预混料添加剂1%。每100kg体重喂1.2~1.3kg混合精饲料,精饲料占总日粮的60%~

70%，粗饲料占日粮的30%~40%。

4）育肥期管理。采用"五定"管理方式，细致观察和发现异常情况，并及时处理；肉牛舍、牛槽及牛床保持清洁卫生，肉牛舍每月用2%~3%的火碱水溶液彻底喷洒一次，出栏后彻底清洁消毒，进入设备、用具和人员要消毒；做好冬季防寒和夏季防暑工作，保持适宜环境；每日饮水2次，夏季中午补充一次，每次饮水2h，保持饮水卫生；每天刷拭牛体。体重达到550~600kg时出栏。

案例分析

案例1：高档牛肉生产

林州市一肉牛养殖户，在内蒙古牧区选择6~7月出生的健康、去势西门塔尔杂交一代小公牛20头，于当年11月运回，并经驱虫处理。经2个月的过渡饲养后，进入持续育肥期。总舍饲育肥390天。育肥全程日粮组成：玉米秸47.90%，棉籽饼17.3%，玉米12.1%，青贮饲料21.67%，食盐和石粉1.03%。混合精、粗饲料，不加水，充分拌匀后投入食槽，槽中保持昼夜有草料，自由采食，围栏饲养，不拴系，栏内有水槽，每日清扫粪尿一次。结果育肥全期日增重775g，每增重1kg消耗精、粗饲料10.94kg。

案例2：架子牛阶段育肥

体重300kg架子牛，育肥150天出栏。架子牛入栏至20天，日粮中精饲料比例为55%（以饲草为主的粗饲料比例为45%），日粮粗蛋白质水平12%左右，每头每天采食干物质（指精、粗饲料总量）约7.6kg；21~60天，日粮中精饲料比例为75%（以饲草为主的粗饲料比例为25%），日粮粗蛋白质水平10%，每头每天干物质采食量（指精、粗饲料总量）为8.5kg，其目的是补偿生长，增重80~100kg；61~150天，日粮中精饲料比例80%~85%（以饲草为主的粗饲料比例为15%~20%），粗蛋白质水平为10%，每头每天采食干物质量（指精、粗饲料总量）为10.2kg，其目的是脂肪沉积，肉质改善，增重90~120kg。

育肥牛每天在固定的时间喂饲2~3次，每次饲喂1.5~2h。饲喂时按照每头育肥牛应供给的营养所确定的饲料量来饲喂，不可任意增减。一般的饲喂次序为先粗后精，即先喂干草（玉米秸秆），再喂酒糟、精饲料、饮水。冬季每天在喂饲后各饮水1次，中午再饮1次。夏秋季除按冬季的饮水次数外，增加1次夜间饮水。到达150天，肉牛体重达470~520kg，膘肥体壮时，可以出栏。

案例3：不同饲料类型架子牛育肥

（1）高能日粮强度育肥　1.5~2岁、300kg左右的架子牛，其混合精饲料配方：玉米面65%~80%，麸皮5%~10%，豆饼10%~20%，食盐1%，添加剂2%。前期（恢复过渡期，15~20天），精饲料日给量1.5~2.0kg（精、粗饲料比为40:60）；中期（40~50天），精饲料日给量3~4kg［精、粗饲料比为（60~70）:（30~40）］；后期（30~40天），精饲料日给量4kg以上［精、粗饲料比为（70~80）:（20~30）］。

（2）酒糟育肥　用酒糟为主要饲料育肥肉牛，是我国育肥肉牛的一种传统的方法。酒糟是酿酒工业的副产品，其原料是富含碳水化合物的小麦、玉米、高粱、薯干等，这些原料中的淀粉在酿酒过程中只有2/3转变为酒精，1/3留在酒糟中。酒糟中还有酵母、甘油、丙酮酸、纤维素、半纤维素、灰分、脂肪和B族维生素。由于酵母的活动，酒糟中蛋白质含量比原料中高，酒糟是一种很好的肉牛饲料。

选择体重300kg左右的架子牛，整个育肥期分三个阶段：第一阶段（育肥第一期，30天），饲料配合比例：酒糟10kg，干草2.5kg，玉米面1kg，尿素50g，每5天喂1次食盐，每次50g；第二阶段（育肥第二期，30天），饲料配合比例：酒糟15kg，干草3.5kg，玉米面1kg，尿素50g，每5天喂1次食盐，每次50g；第三阶段（育肥第三期，45天），饲料配合比例：酒糟20kg，干草2kg，玉米面1.5kg，尿素22.5g，食盐每天1次，每次50g。

育肥牛最好拴系饲喂，前2个月每日喂2次，饮水3次，除上槽饲喂外，白天拴于院内，夜间拴于肉牛舍内，限制运动，同时为增加育肥牛的代谢，每天上、下午各擦拭牛体1次；2个月以后，每日喂3次，饮水4次，一般早晨4：30上槽，喂1.5h，饮水下槽，19：00饮水后上槽，20：00下槽，晚22：30上槽喂少量饲料，上、下午各擦拭牛体1次，并让其晒晒太阳，每日2.5h。

(3) 青贮饲料育肥　选择300kg以上架子牛，预试期10天，日喂2次，日给精饲料5kg（玉米61%，麸皮18%，棉仁饼16.5%，磷酸氢钙或石粉1.5%，食盐1.0%，小苏打1.0%，预混料1.0%），粗饲料为青贮玉米秸秆，自由采食，饮足水，60天的饲养期内，日增重1.36kg，个别日增重可以达到1.50kg。

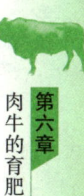

第七章
肉牛的疾病控制

核心提示 疾病是影响肉牛生产效益的一个重要因素。生产中，人们重治疗轻预防（甚至有人认为牛抗病力强，不会发病等），导致较大损失。所以，必须树立和贯彻"预防为主""防重于治"和"养防并重"的疾病防治原则，减少疾病发生，提高生产效益。

第一节 综合防治措施

一 做好隔离、卫生

1. 科学规划布局

肉牛场选在背风、向阳、地势高燥、通风良好、水电充足、水质卫生良好、排水方便的沙质土地带，这样的环境易使肉牛舍保持干燥和卫生环境。最好配套有鱼塘、果林、耕地，以便于污水的处理。牛场应与公路、居民点、其他养殖场有一定的间隔，远离屠宰场、废物污水处理站和其他污染源；选好场址后要进行分区规划；生产区最好有围墙和防疫沟，并且在围墙外种植荆棘类植物，形成防疫林带，只留人员入口、饲料入口和牛出入口，减少与外界的直接联系。场区入口设置车辆消毒池和人员消毒室。

2. 隔离管理

(1) 减少引种感染 尽量做到自繁自养。从外地引进场内的种牛，要严格进行检疫。可以隔离饲养和观察2~3周，确认无病后，方可并入生产群,避免引种感染。

(2) 采用全进全出的饲养制度 "全进全出"的饲养制度是有效防止疾病传播的措施之一。"全进全出"使得牛场能够做到净场和充分的消毒,切断了疾病传播的途径,从而避免患病牛或病原携带者将病原传染给日龄较小的牛群。

(3) 人员隔离 外来人员来访必须在值班室登记,把好防疫第一关。严禁闲人进场。全场工作人员禁止兼任其他畜牧场的饲养、技术工作和屠宰贩卖工作。保证生产区与外界环境有良好的隔离状态,全面预防外界病原侵入羊场内。休假返场的生产人员必须在生活管理区隔离两天后,方可进入生产区工作,牛场后勤人员应尽量避免进入生产区。

生活管理区和生产区之间的人员入口和饲料入口应以消毒池隔开,人员必须在更衣室沐浴、更衣、换鞋,经严格消毒后方可进入生产区,生产区的每栋肉牛舍门口必须设立消毒脚盆,生产人员要经过脚盆再次消毒工作鞋后进入肉牛舍。

(4) 物品隔离 外来车辆必须在场外经严格冲洗消毒后才能进入生活管理区,严禁任何车辆和外人进入生产区;饲料应由本场生产区外的饲料车运到饲料周转仓库,再由生产区内的车辆转运到每栋牛舍,严禁将饲料直接运入生产区内。生产区内的任何物品、工具(包括车辆),除特殊情况外不得离开生产区,任何物品进入生产区必须经过严格消毒,特别是饲料袋应先经熏蒸消毒后才能装料进入生产区;生产区内肉食品要由场内供给,严禁从场外带入偶蹄兽的肉类及其制品。

(5) 其他 场内生活区严禁饲养畜禽。尽量避免猪、狗、禽鸟进入生产区。

(6) 发病后的隔离

1) 分群隔离饲养。在发生传染病时,要立即仔细检查所有的肉牛,根据肉牛的健康程度不同,分为不同的肉牛群管理,严格隔离(表7-1)。

2) 禁止人员和肉牛流动。禁止肉牛、饲料、养肉牛的用具在场内和场外流动,禁止其他畜牧场、饲料间的工作人员的来往以及场外人员来肉牛场参观。

表7-1 不同肉牛群的隔离措施

肉牛群	隔离措施
病牛	在彻底消毒的情况下，把症状明显的肉牛隔离在原来的场所，单独或集中饲养在偏僻、易于消毒的地方，专人饲养，加强护理、观察和治疗，饲养人员不得进入健康肉牛群的肉牛舍。要固定所用的工具，注意对场所、用具的消毒，出入口设有消毒池，进出人员必须经过消毒后，方可进入隔离场所。粪便无害化处理，其他闲杂人员和动物避免接近。如果经查明，场内只有极少数的肉牛患病，为了迅速扑灭疫病并节约人力和物力，可以扑杀病肉牛
可疑病牛	与传染源或其污染的环境（如同群、同笼或同一运动场等）有过密切的接触，但无明显症状的肉牛，有可能处在潜伏期，并有排菌、排毒的危险。对可疑病肉牛所用的用具必须消毒，然后将其转移到其他地方单独饲养，紧急接种和投药治疗，同时，限制活动场所，平时注意观察
假定健康牛	无任何症状，一切正常，要将这些肉牛与上述两类肉牛分开饲养，并做好紧急预防接种工作，同时，加强消毒，仔细观察，一旦发现病肉牛，要及时消毒、隔离。此外，对污染的饲料、垫草、用具、肉牛舍和粪便等进行严格消毒；妥善处理好尸体；做好杀虫、灭鼠、灭蚊蝇工作。在整个封锁期间，禁止所有物品由场内运出和向场内运进

3）紧急消毒。对环境、设备、用具每天消毒一次并适当加大消毒液的用量，提高消毒的效果。当传染病扑灭后，经过2周不再发现病肉牛时，进行一次全面彻底的消毒后，才可以解除封锁。

3. 卫生管理

（1）**保持肉牛舍以及周围环境卫生** 及时清理肉牛舍的污物、污水和垃圾，定期打扫肉牛舍和设备用具的灰尘，每天进行适量的通风，保持肉牛舍清洁卫生；不在肉牛舍周围和道路上堆放废弃物和垃圾。

（2）**保持饲料、饲草卫生** 饲料、饲草不霉变，不被病原污染，饲喂用具勤清洁消毒。

（3）**饮水卫生** 饮用水符合卫生标准，水质良好，饮水用具要清洁，饮水系统要定期消毒，并注意肉牛场建好后饮用水源的保护。

1）水源位置适当。水源位置要选择远离生产区的管理区内，远离其他污染源，并且建在地势高燥处。肉牛场可以自建深水井和水塔,深层地下水经过地层的过滤作用,又是封闭性水源,水质水量稳定,受污染的机会很少。

2)加强水源保护。水源周围没有工业和化学污染以及生活污染(不得建厕所、粪池、垃圾场和污水池)等,并在水源周围划定保护区,保护区内禁止一切破坏水环境生态平衡的活动以及破坏水源林、护岸林、与水源保护相关植被的活动;严禁向保护区内倾倒工业废渣、城市垃圾、粪便及其他废弃物;保护区内禁止使用剧毒和高残留农药,不得滥用化肥,不得使用炸药、毒品捕杀鱼类;避免污水流入水源。

3)搞好饮水卫生。定期清洗和消毒饮水用具和饮水系统,保持饮水用具的清洁卫生。保证饮水的新鲜。

4)注意饮水的检测和处理。定期检测水源的水质,污染时要查找原因,及时解决;当水源水质较差时要进行净化和消毒处理。

4. 废弃物要无害化处理

(1)粪便处理 粪便堆放要远离肉牛舍,最好设置专门储粪场,对粪便进行无害化处理,如堆积发酵、生产商品有机肥生产沼气、蚯蚓养殖综合利用等处理。

1)堆积发酵处理。肉牛粪尿中的尿素、氨以及钾、磷等,均可被植物吸收。但粪中的蛋白质等未消化的有机物,要经过腐熟分解成 NH_3 或 NH_4^+,才能被植物吸收。所以,肉牛粪尿可作底肥。为提高肥效,应减少肉牛粪中的有害微生物和寄生虫卵的传播与危害,肉牛粪在利用之前最好先经过发酵处理。

将肉牛粪尿连同其垫草等污物,堆放在一起,最好在上面覆盖一层泥土,让其增温、腐熟。或将肉牛粪、杂物倒在固定的粪坑内(坑内不能积水),待粪坑堆满后,用泥土覆盖严密,使其发酵、腐熟,经15~20天便可开封使用。经过生物热处理过的肉牛粪肥,既能减少有害微生物、寄生虫的危害,又能提高肥效,减少氨的挥发。肉牛粪中残存的粗纤维虽肥分低,但对土壤具有疏松的作用,可改良土壤结构。

直接将处理后的肉牛粪用作各类旱作物、瓜果等经济作物的底肥,其肥效高,肥力持续时间长;或将处理后的肉牛粪尿加水制成粪尿液,用作追肥喷施植物,不仅用量省、肥效快,增产效果也较显著。粪液的制作方法是将肉牛粪存于缸内(或池内),加水密封10~

15天，经自然发酵后，滤出残余固形物，即可喷施农作物。尚未用完或缓用的粪液，应继续存放于缸中封闭保存，以减少氨的挥发。

2）生产商品有机肥。利用微生物发酵技术，将牛的粪便经过多重发酵，使其完全腐熟，并彻底杀死有害病菌，使粪便成为无臭、完全腐熟的活性有机肥。生产的有机肥适用于农作物种植、城市绿化以及家庭花卉种植等。

将粪便收集到发酵池中，加入配料平衡氮、磷、钾，然后接种微生物发酵菌剂，翻动粪便进行通氧发酵，经过发酵、脱臭和脱水后粉碎、包装，形成颗粒有机肥。

3）生产沼气。固态或液态粪污均可用于生产沼气。沼气是厌气微生物（主要是甲烷细菌）分解粪污中含碳有机物而产生的一种混合气体，其中甲烷占60%~75%，二氧化碳占25%~40%，还有少量氧、氢、一氧化碳、硫化氢等气体。将牛粪、牛尿、垫料、污染的草料等投入沼气池内封闭发酵生产沼气，可用于照明、作燃料、或发电等。沼气池在厌氧发酵过程中可杀死病原微生物和寄生虫，发酵粪便产气后的沼渣还可再用作肥料。

4）蚯蚓养殖综合利用。在水泥或砖地面上铺上牛粪养殖蚯蚓，可生产高蛋白饲料。

(2) 污水处理 肉牛场必须专设排水设施，以便及时排除雨、雪水及生产污水。设置两套排水系统，雨雪水等直接排放，生产污水排到污水池中进行处理后排放。被病原体污染的污水，可用沉淀法、过滤法、化学药品处理法等进行消毒。比较实用的是化学药品消毒法，方法是先将污水处理池的出水管用一木闸门关闭，将污水引入污水池后，加入化学药品（如漂白粉或生石灰）进行消毒。消毒药的用量视污水量而定（一般1L污水用2~5g漂白粉）。消毒后，将闸门打开，使污水流出。

5. 灭鼠杀虫

(1) 灭鼠 鼠是人、畜多种传染病的传播媒介，鼠还盗食饲料，咬坏物品，污染饲料和饮水，其危害极大，肉牛场必须加强灭鼠。每2~3个月进行一次彻底灭鼠。

化学灭鼠效率高、使用方便、成本低、见效快，生产中常用，但易引起人、畜中毒，有些鼠对药物有选择性、拒食性和耐药性。所以，使用时须选好药剂和注意使用方法，以保安全有效。选用鼠吃惯了的食物作饵料，突然投放，饵料充足，分布广泛，以保证灭鼠的效果。肉牛场周围可以使用速效灭鼠药；肉牛舍、运动场等可以使用慢性灭鼠药。常用的慢性灭鼠药物见表7-2。

表7-2 常用的慢性灭鼠药物

名称	特性	作用特点	用法	注意事项
敌鼠钠盐	为黄色粉末，无臭，无味，溶于沸水、乙醇、丙酮，性质稳定	作用较慢，能阻碍凝血酶原在鼠体内的合成，使凝血时间延长，而且其能损坏毛细血管，增加血管的通透性，引起内脏和皮下出血，最后死于内脏大量出血。一般在投药1～2天出现死鼠，第5～8天死鼠量达到高峰，死鼠可延续10多天	①敌鼠钠盐毒饵：取敌鼠钠盐5g，加沸水2L搅匀，再加10kg杂粮，浸泡至毒水全部吸收后，加入适量植物油拌匀，晾干备用。②混合毒饵：将敌鼠钠盐加入面粉或滑石粉中制成1%毒粉，再取毒粉1份，倒入19份切碎的鲜菜中拌匀即成。③毒水：用1%敌鼠钠盐1份，加水20份即可	对人、畜、禽毒性较低，但对猫、犬、肉牛、猪毒性较强，可引起二次中毒。在使用过程中要加强管理，以防家畜误食中毒或发生二次中毒。如果发现中毒，可使用维生素K解救
氯敌鼠（氯鼠酮）	黄色结晶性粉末，无臭，无味，溶于油脂等有机溶剂，不溶于水，性质稳定	是敌鼠钠盐的同类化合物，但对鼠的毒性作用比敌鼠钠盐强，为广谱灭鼠剂，而且适口性好，不易产生拒食性。主要用于毒杀家鼠和野栖鼠，尤其是可制成蜡块剂，用于毒杀下水道鼠类。灭鼠时将毒饵投在鼠洞或鼠活动的地区即可	制剂有90%原药粉、0.25%母粉、0.5%油剂3种剂型。使用时可配制成如下毒饵：①0.005%水质毒饵：取90%原药粉3g，溶于适量热水中，待凉后，拌于50kg饵料中，晒干后使用。②0.005%油质毒饵：取90%原药粉3g，溶于1kg热食油中，冷却至常温，洒于50kg饵料中拌匀即可。③0.005%粉剂毒饵：取0.25%母粉1kg，加入50kg饵料中，加少许植物油，充分混合拌匀即成	

（续）

名称	特性	作用特点	用法	注意事项
杀鼠灵（华法林）	白色粉末，无味，难溶于水，其钠盐溶于水，性质稳定	属香豆素类抗凝血灭鼠剂，一次投药的灭鼠效果较差，少量多次投放灭鼠效果好。鼠类对其毒饵接受性好，甚至出现中毒症状时仍采食	毒饵配制方法如下：①0.025%毒米：取2.5%母粉1份、植物油2份、米渣97份，混合均匀即成。②0.025%面丸：取2.5%母粉1份，与99份面粉拌匀，再加适量水和少许植物油，制成每粒1g重的面丸。以上毒饵使用时，将毒饵投放在鼠类活动的地方，每堆约39g，连投3~4天	对人、畜和家禽毒性很小，维生素K_1为其有效解毒剂
杀鼠迷	黄色结晶粉末，无臭，无味，不溶于水，溶于有机溶剂	属香豆素类抗凝血杀鼠剂，适口性好，毒杀力强，二次中毒极少，是当前较为理想的杀鼠药物之一，主要用于杀灭家鼠和野栖鼠类	市售有0.75%的母粉和3.75%的水剂。使用时，将10kg饵料煮至半熟，加适量植物油，取0.75%杀鼠迷母粉0.5kg，撒于饵料中拌匀即可。毒饵一般分2次投放，每堆10~20g。水剂可配制成0.0375%饵剂使用	

（2）杀虫 蚊、蝇、蚤、蜱等吸血昆虫会侵袭肉牛并传播疫病，因此，在肉牛生产中，要采取有效的措施防止和消灭这些昆虫。

搞好肉牛场环境卫生，保持环境清洁、干燥，是杀灭蚊蝇的基本措施。填平无用的污水池、土坑、水沟和洼地。保持排水系统畅通，对阴沟、沟渠等定期疏通，勿使污水储积。对贮水池等容器加盖，以防蚊蝇飞入产卵。肉牛舍内的粪便应定时清除，并及时处理，储粪池应加盖并保持四周环境的清洁。

化学杀灭是使用天然或合成的毒物，以不同的剂型（粉剂、乳剂、油剂、水悬剂、颗粒剂、缓释剂等），通过不同途径（胃毒、触杀、熏杀、内吸等），毒杀或驱逐蚊蝇。化学杀虫法具有使用方便、见效快等优点，是当前杀灭蚊蝇的较好方法。杀虫剂及使用方法见表7-3。

表7-3 杀虫剂及使用方法

名 称	性 状	使用方法
敌百虫	白色块状或粉末。有芳香味；低毒、易分解、污染小；杀灭蚊（幼）、蝇、蚤、蟑螂及家畜体表寄生虫	25%粉剂撒布，1%喷雾；0.1%畜体涂抹，0.02g/kg体重口服驱除畜体内寄生虫
敌敌畏	黄色、油状液体，微芳香；易被皮肤吸收而中毒，对人、畜有较大毒害，畜舍内使用时应注意安全。杀灭蚊（幼）、蝇、蚤、蟑螂、螨、蜱	0.1%~0.5%喷雾，表面喷洒；10%熏蒸
马拉硫磷	棕色、油状液体，强烈臭味；其杀虫作用强而快，具有胃毒、触杀作用，也可作熏杀，杀虫范围广。对人、畜毒害小，适于舍内使用。世界卫生组织推荐的室内滞留喷洒杀虫剂；杀灭蚊（幼）、蝇、蚤、蟑螂、螨	0.2%~0.5%乳油喷雾，灭蚊、蚤；3%粉剂喷洒灭螨、蜱
倍硫磷	棕色、油状液体，蒜臭味；毒性中等比较安全；杀灭蚊（幼）、蝇、蚤、臭虫、螨、蜱	0.1%的乳剂喷洒，2%的粉剂、颗粒剂喷洒、撒布
二溴磷	黄色、油状液体，微辛辣；毒性较强；杀灭蚊（幼）、蝇、蚤、蟑螂、螨、蜱	50%的油乳剂。0.05%~0.1%的用于室内外蚊、蝇、臭虫等，野外用5%含量
杀螟松	红棕色、油状液体，蒜臭味；低毒、无残留；杀灭蚊（幼）、蝇、蚤、臭虫、螨、蜱	40%的湿性粉剂灭蚊蝇及臭虫；2mg/L灭蚊
皮蝇磷	白色结晶粉末，微臭；低毒，但对农作物有害；杀灭体表害虫	0.25%喷涂皮肤，1%~2%乳剂灭臭虫
杀虫畏	白色固体，有臭味，微毒；杀灭家蝇及家畜体表寄生虫（蝇、蜱、蚊）	20%乳剂喷洒，涂布家畜体表；50%粉剂喷洒表灭虫
双硫磷	棕色、黏稠液体；低毒稳定；杀灭幼蚊、蚤	5%乳油剂喷洒，0.5~1mL/L撒布，1mg/L颗粒剂撒布
胺菊酯	白色结晶；微毒；杀灭蚊（幼）、蝇、蟑螂、臭虫	0.3%的油剂，气雾剂，须与其他杀虫剂配合使用

二 科学地饲养管理

1. 合理饲养

按时饲喂,饲草和饲料优质,采食足量,合理补饲,供给洁净充足的饮水。不喂霉败饲料,不用污浊或受污染的水饮牛,剔除青干野草中的有毒植物。注意饲料的正确调制处理,妥善储藏以及适当的搭配比例,防止草菜茎叶上残留的农药和误食灭鼠药中毒。

2. 严格管理

注意提供适宜温度、湿度、通风、光照等的环境条件,避免过冷、过热、通风不良、有害气体浓度过高和噪声过大等,减少应激发生。

(1) 舍内温度控制 适宜的温度对肉牛的生长发育非常重要。温度过高过低都会影响肉牛的生长和饲料利用率。环境温度过高,影响牛体热量散失,热平衡遭到破坏,轻者影响肉牛的采食和增重,重者可能导致肉牛中暑直至死亡;温度过低,降低饲料消化率,同时又提高代谢率,以增加产热量维持体温,显著增加饲料消耗,生长速度降低。舍内温度的控制措施如下(肉牛舍的适宜温度见表7-4)。

表7-4　肉牛舍的适宜温度　　　　　(单位:℃)

类　　型	最适温度	最低温度	最高温度
肉牛舍	10~15	2~6	25~27
哺乳犊牛舍	12~15	3~6	25~27
断乳牛舍	6~8	4	25~27
产房	15	10~12	25~27

1)肉牛舍的防寒保暖。牛的抗寒能力较强,但冬季外界气温过低时也会影响肉牛的增重和犊牛的成活率。所以,必须做好肉牛舍的防寒保暖工作:一是加强肉牛舍保温设计。肉牛舍保温隔热设计是维持肉牛舍适宜温度的最经济最有效的措施。根据不同类型肉牛舍对温度的要求设计肉牛舍的屋顶和墙体,使其达到保温要求。二是减少舍内热量散失。如关闭门窗、挂草帘、堵缝洞等措施,减少肉牛舍热量外散和冷空气进入。三是增加外源热量。在肉牛舍的阳面或整个室外肉牛舍扣塑料大棚。利用塑料薄膜的透光性,白天接

收太阳能，夜间可在棚上面覆盖草帘，降低热能散失。犊牛舍在必要时可用其采暖。四是防止冷风吹袭牛体。舍内冷风可以来自墙、门、窗等缝隙和进出气口、粪沟的出粪口，局部风速可达 4～5m/s，可使局部温度下降，影响牛的生产性能，冷风直吹牛体，增加牛体散热，甚至引起伤风感冒。冬季到来前要检修肉牛舍，堵塞缝隙，进出气口加设挡板，出粪口安装插板，以防止冷风的侵袭。

2）肉牛舍的防暑降温。夏季，环境温度高，肉牛舍温度更高，使肉牛发生严重的热应激，轻者影响生长和生产，重者导致发病和死亡。因此，必须做好夏季防暑降温工作：一是加强肉牛舍的隔热设计。加强肉牛舍外维护结构的隔热设计，特别是屋顶的隔热设计，可以有效地降低舍内温度。二是环境绿化遮阳。在牛舍或运动场的南面和西面一定距离栽种高大的树木（如树冠较大的梧桐），或丝瓜、眉豆、葡萄、爬山虎等藤蔓植物，以遮挡阳光，减少牛舍的直接受热；在牛舍顶部、窗户的外面或运动场上拉遮光网，实践证明其是有效的降温方法。其遮光率可达 70%，而且使用寿命达 4～5 年。三是墙面刷白。不同颜色对光的吸收率和反射率不同。黑色吸光率最高，而白色反光率很强，可将牛舍的顶部及南面、西面墙面等受到阳光直射的地方刷成白色，以减少牛舍的受热度，增强光反射。可在牛舍的顶部铺放反光膜，可降低舍温2℃左右。四是蒸发降温。牛舍内的温度来自太阳辐射，舍顶是主要的受热部位。降低牛舍顶部热能的传递是降低舍温的有效措施，在牛舍的顶部安装水管和喷淋系统；舍内温度过高时可以使用凉水在舍内进行喷洒、喷雾等，同时加强通风。五是加强通风。密闭舍加强通风可以增加对流散热。必要时可以安装风机进行机械通风。

（2）舍内湿度控制　　相对湿度是指空气中实际水汽压与饱和水汽压的百分比。封闭式牛舍空气的相对湿度以 60%～70% 为宜，最高不超过 75%。牛舍要注意防潮和除湿，特别是冬季牛舍封闭的情况下，要注意适量通风。湿度过低时可以通过洒水或喷雾等增加湿度。

（3）光照控制　　光照不仅显著影响肉牛繁殖，而且对牛有促进新陈代谢、加速骨骼生长以及活化和增强免疫机能的作用。在舍饲

和集约化生产条件下,采用16h光照8h黑暗制度,育肥肉牛采食量增加,日增重得到明显改善。一般要求肉牛舍的采光系数为1∶16,犊牛舍为1∶(10~14)。

(4) 有害气体控制 牛的呼吸、排泄物和生产过程的有机物分解,可以产生氨气、硫化氢、二氧化碳和一氧化碳等有害气体,危害牛的健康。牛舍中氨气应不高于20mg/m^3;硫化氢应不高于8mg/m^3;二氧化碳应不高于1500mg/m^3。

舍内有害气体控制:一要选择适当的场地;二要加强牛舍管理;三要环境绿化;四要加强通风换气。

(5) 舍内微粒控制 微粒是以固体或液体微小颗粒形式存在于空气中的分散胶体。肉牛舍中的微粒来源于肉牛的活动、采食、鸣叫,随饲养管理过程,如清扫地面、分发饲料、饲喂及通风除臭等机械设备运行。肉牛舍内有机微粒较多,会引起牛的呼吸道病和传染病。牛舍中的可吸入颗粒物(PM10)应不超过2mg/m^3,总悬浮颗粒物(TSP)应不超过4mg/m^3。

舍内微粒的控制:一是牛场绿化;二是远离粉尘高的场所;三是保持舍内洁净,禁止干扫;四是保持适宜的湿度和适量的通风换气。

三 做好消毒工作

消毒是采用一定方法将养殖场、交通工具和各种被污染物体中病原微生物的数量减少到最低或无害的程度。通过消毒能够杀灭环境中的病原体,切断传播途径,防止传染病的传播与蔓延,是传染病预防措施中的一项重要内容。

1. 消毒的方法

(1) 物理消毒法 包括机械性清扫、冲洗、加热、干燥、阳光和紫外线照射等方法。如用喷灯对牛经常出入的地方、产房、培育舍,每年进行1~2次火焰瞬间喷射消毒;人员入口处设紫外线灯照射至少5min来消毒等。

(2) 化学消毒法 利用化学消毒剂对病原微生物污染的场地、物品等进行消毒。如在牛舍周围、入口、产房和牛床下面撒生石灰或火碱液进行消毒;用甲醛等对饲养器具在密闭的室内或容器内进行熏蒸;用规定浓度的新洁尔灭、有机碘混合物或煤酚的水溶液洗手、洗工作服或胶鞋。

（3）生物热消毒法　主要用于粪便及污物，是通过堆积发酵产热杀灭一般病原体的方法。

2. 消毒的程序

根据消毒的类型、对象、环境温度、病原体性质以及传染病流行特点等因素，将多种消毒方法科学合理地加以组合而进行的消毒过程称为消毒程序。

（1）人员消毒　所有工作人员进入场区大门必须进行鞋底消毒，并经自动喷雾器进行喷雾消毒。进入生产区的人员必须淋浴、更衣、换鞋、洗手，并经紫外线照射15min。工作服、鞋、帽等定期消毒（可放在1%~2%碱水内煮沸消毒，也可每立方米空间用42mL福尔马林熏蒸20min消毒）。严禁外来人员进入生产区。进入牛舍人员先踏消毒池（消毒池的消毒液每3天更换1次），再洗手后方可进入。工作人员在接触畜群、饲料等之前必须洗手，并用消毒液浸泡消毒3~5min。病舍隔离人员和剖检人员在操作前后都要进行严格消毒。

（2）车辆消毒　进入场门的车辆除要经过消毒池外，还必须对车身、车底盘进行高压喷雾消毒，消毒液可用2%过氧乙酸或1%灭毒威。严禁车辆（包括员工的摩托车、自行车）进入生产区。进入生产区的料车每周需彻底消毒一次。

（3）环境消毒

1）垃圾处理消毒。生产区的垃圾实行分类堆放，并定期收集。每逢周六进行环境清理、消毒和焚烧垃圾。可用3%的氢氧化钠喷湿，阴暗潮湿处撒生石灰。

2）生活区、办公区消毒。生活区、办公区院落或门前屋后4~10月每7~10天消毒一次，11月至第二年3月每半月一次。可用2%~3%的火碱或甲醛溶液喷洒消毒。

3）生产区的消毒。生产区道路、每栋舍前后每2~3周消毒一次；每月对场内污水池、堆粪坑、下水道出口消毒一次；使用2%~3%的火碱或甲醛溶液喷洒消毒。

4）地面土壤消毒。土壤表面可用10%漂白粉溶液、4%福尔马林或10%氢氧化钠溶液消毒。停放过芽孢杆菌所致传染病（如炭

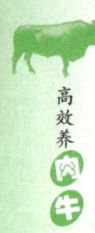

疸）病牛尸体的场所，应严格加以消毒，首先用上述漂白粉澄清液喷洒地面，然后将表层土壤掘起30cm左右，撒上干漂白粉，并与土混合，将此表土妥善运出掩埋。其他传染病所污染的地面土壤，则可先将地面翻一下，深度约30cm，在翻地的同时撒上干漂白粉（用量为每平方米0.5kg），然后以水湿润，压平。如果放牧地区被某种病原体污染，一般利用自然因素（如阳光）来消除病原体；如果污染的面积不大，则应使用化学消毒药消毒。

(4) 牛舍消毒

1）空舍消毒。牛出售或转出后对牛舍进行彻底的清洁消毒，消毒步骤如下：

第一步：清扫。首先对空舍的粪尿、污水、残料、垃圾和墙面、顶棚、水管等处的尘埃进行彻底清扫，并整理归纳舍内饲槽、用具，当发生疫情时，必须先消毒后清扫。

第二步：浸润。对地面、牛栏、出粪口、食槽、粪尿沟、风扇匣、护犊栏进行低压喷洒，并确保充分浸润，浸润时间不低于30min，但时间不能过长，以免干燥、浪费水且不好洗刷。

第三步：冲刷。使用高压冲洗机，由上至下彻底冲洗屋顶、墙壁、栏架、网床、地面、粪尿沟等。要用刷子刷洗藏污纳垢的缝隙，尤其是食槽、水槽等，冲刷不要留死角。

第四步：消毒。晾干后，选用广谱高效消毒剂，消毒舍内所有表面、设备和用具，必要时可选用2%～3%的火碱进行喷雾消毒，30～60min后低压冲洗，晾干后用另一种广谱高效消毒药（0.3%好利安）喷雾消毒。然后恢复原来栏舍内的布置，并检查维修，做好进牛前的充分准备。进牛前1天再喷雾消毒。

第五步：熏蒸。对封闭牛舍冲刷干净、晾干后，最好进行熏蒸消毒。用福尔马林、高锰酸钾熏蒸。方法：熏蒸前封闭所有缝隙、孔洞，计算房间容积，称量好药品。按照福尔马林:高锰酸钾:水为2:1:1比例配制，福尔马林用量一般为28～42mL/m^3。盛药容器应大于福尔马林溶液加水后容积的3～4倍。放药时一定要把福尔马林溶液倒入盛高锰酸钾的容器内，室温最好不低于24℃，相对湿度在70%～80%。先从牛舍一头逐点倒入，倒入后迅速离开，把门封严，

24h后打开门窗通风。无刺激味后再用消毒剂喷雾消毒一次。

2）产房和隔离舍的消毒。在产犊前应进行1次，产犊高峰时进行多次，产犊结束后再进行1次。在病牛舍、隔离舍的出入口处应放置浸有消毒液的麻袋片或草垫，消毒液可用2%~4%氢氧化钠（对病毒性疾病），或用10%克辽林溶液（对其他疾病）。

3）带牛消毒。正常情况下选用过氧乙酸或喷雾灵等消毒剂带牛消毒，0.5%含量以下对人、畜无害。夏季每周消毒2次，春秋季每周消毒1次，冬季2周消毒1次。如果发生传染病每天或隔天带牛消毒1次，带牛消毒前必须彻底清扫，消毒时不仅限于牛的体表，还包括整个舍的所有空间。应将喷雾器的喷头高举空中，喷嘴向上，让雾料从空中缓慢地下降，雾粒直径控制在80~120μm，压力为0.2~0.3kg/cm²。

> 【提示】 带牛消毒的药品不宜选用刺激性大的药物。

(5) 废弃物消毒

1）粪便消毒。牛的粪便消毒方法主要采用生物热消毒法，即在距牛场100m以外的地方设一堆粪场，将牛粪堆积起来，上面覆盖10cm厚的沙土，堆放发酵30天左右，即可用作肥料。

2）污水消毒。最常用的方法是将污水引入污水处理池，加入化学药品（如漂白粉或其他氯制剂）进行消毒，用量视污水量而定，一般1L污水用2~5g漂白粉。

> 【注意】 一要注意严格按消毒药物说明书的规定配制，药量与水量的比例要准确，不可随意加大或减少药物浓度；二要注意不准任意将两种不同的消毒药物混合使用；三要注意喷雾时，必须全面湿润消毒物的表面；四要注意消毒药物定期更换使用；五要注意消毒药现配现用，搅拌均匀，并尽可能在短时间内一次用完；六要注意消毒前必须搞好卫生，彻底清除粪尿、污水、垃圾；七要注意要有完整的消毒记录，记录消毒时间、牛号、消毒药品、使用浓度、消毒对象等。

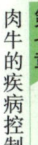

四 科学地免疫接种

免疫接种是给动物接种各种免疫制剂（疫苗、类毒素及免疫血清），使动物个体和群体产生对传染性的特异性免疫力。免疫接种是预防和治疗传染病的主要手段，也是使易感动物群转化为非易感动物群的唯一手段。参考免疫程序见表7-5。

表7-5 肉牛免疫程序

疫苗名称	用途	免疫时间	用法用量
牛气肿疽灭活疫苗	预防牛气肿疽。免疫期6年	犊牛1~2月龄和6月龄各免疫一次	颈部或肩胛部后缘皮下注射，每头5mL。生效期14天左右
口蹄疫苗	预防牛口蹄疫。免疫期6个月	犊牛4~5月龄首免；以后每隔4~5个月免疫一次	皮下或肌内注射，犊牛每头0.5~1mL，成年牛每头2mL。生效期14天
牛出血性败血病氢氧化铝菌苗	预防牛出败；免疫期9个月	犊牛4.5~5月龄首免；以后每年春秋各一次	皮下或肌内注射；犊牛每头4mL，成年牛每头6mL。生效期21天
无毒炭疽芽孢苗	预防牛炭疽。免疫期1年	每年5月或10月全群免疫一次	皮下注射，成年牛每头2mL；犊牛每头0.5mL。生效期14天
布氏杆菌猪型2号	预防布氏杆菌病。免疫期1年	一年一次（3~4或8~9月）	皮下或肌内注射，每头5mL。生效期30天
传染性胸膜炎	预防传染性胸膜炎。免疫期1年	一年一次（3~4或9~10月）	臀部肌内注射，成年牛每头2mL，小牛每头1mL。生效期21~28天

五 药物保健

1. 用药方法

不同的给药途径不仅影响药物吸收的速度和数量，与药理作用的快慢和强弱也有关，有时甚至产生性质完全不同的作用。由于不同药物的吸收途径和在体内的分布浓度的差异，对疾病的疗效也是不同的。牛群常用给药方法有内服给药和注射给药2大类，见表7-6。

表7-6 牛群常用给药方法

方 法		操 作
群体给药法（指对牛群用药。用药前，最好先做小批量的药物毒性及药效试验）	混饲给药	将药物均匀混入饲料中，让牛吃料时能同时吃进药物。主要用于不溶于水的药物
	混水给药	将药物溶解于水中，让牛只自由饮用。有些疫苗也可用此法投服。在给药前一般应停止饮水半天，以保证每只牛都能在规定时间内饮到一定量的水
个体给药法（指对患病牛只单独进行治疗）	口服法	主要通过长颈瓶或药板给药，一般分别用于灌服稀药液和服用舔剂
	灌服法	是将药物配置成液体，通过橡皮管直接灌入直肠内。用前先将直肠内的粪便清除，同时灌服药液的温度应与体温一致
	胃管插入法	牛插入胃管的方法有两种，一是经鼻腔插入，二是经口腔插入。胃管插入时要防止胃管误插入气管。灌服大量水及有刺激性的药液时应经口腔插入。患咽喉炎和咳嗽严重的病牛，不可用胃管灌服
	注射法	将灭菌的液体药物，用注射器注入牛的体内。一般按注射部位可分为几种方式：一是皮下注射，把药液注射到牛的皮肤和肌肉之间，牛的注射部位是在颈部或股内侧松软处；二是肌内注射，是将灭菌的药液注入肌肉比较多的部位，牛的注射部位是在股后肌群，特别是在半膜肌和半腱肌上；三是静脉注射，是将灭菌的药液直接注射到静脉内，使药液随血液很快分布全身，迅速发生药效，牛常用的注射部位是颈静脉；四是气管注射，是将药液直接注入气管内；五是瘤胃穿刺注药法，当牛发生瘤胃臌气时可采用此法；六是腹腔注射法，一般选用右肷部为腹腔注射的部位
	皮肤、黏膜给药	一般用于可以通过皮肤和黏膜吸收的药物。主要方法有点眼、滴鼻、皮肤涂擦、药浴等

2. 肉牛药物保健程序

肉牛用药保健程序见表7-7。

表7-7 肉牛用药保健程序

阶 段		用 药 方 案
后备肉牛	引入第一周及配种前1周	饲料中适当添加一些抗应激药物如维力康、维生素C、多维、电解质添加剂等；同时饲料中适当添加一些抗生素药物如呼诺玢、呼肠舒、泰灭净、强力霉素、利高霉素、支原净、泰舒平（泰乐菌素）、土霉素等
妊娠母肉牛	前期	饲料中适当添加一些抗生素药物如呼诺玢、泰灭净、利高霉素、新强霉素、泰舒平（泰乐菌素）等，同时饲料添加亚硒酸钠VE，妊娠全期饲料添加防治真菌毒素药物（霉可脱）
	产前	驱虫。帝诺玢拌料一周，肌内注射一次得力米先（长效土霉素）等
产前产后母肉牛	母肉牛产前产后2周	饲料中适当添加一些抗生素药物如呼肠舒、新强霉素（慢呼清）、菌消清（阿莫西林）、强力泰、强力霉素、金霉素；母牛产后1～3天如果有发热症状用输液来解决，所输液体内可加入庆大霉素、林可霉素效果更佳
哺乳犊肉牛	犊肉牛吃初乳前	口服庆大霉素、氟哌酸、兽友一针1～2mL或土霉素半片
	3日龄	补铁（如血康、牲血素、富来血）、补硒（亚硒酸钠-VE）
	1、7、14日龄	鼻腔喷雾卡那霉素、10%呼诺玢
	7日龄左右、开食补料前后及断奶前后	饲料中适当添加一些抗应激药物如维力康、开食补盐、维生素C、多维等。哺乳全期饲料中适当添加一些抗生素药物如菌消清、泰舒平、呼诺玢、呼肠舒、泰灭净、恩诺沙星、诺氟沙星、氧氟沙星及环丙沙星等。出生后体况比较差的肉牛犊，一生下来喂些代乳粉（牛专用）兑葡萄糖水或凉开水，连饮5～7天，并调整乳头以加强体况

(续)

阶　　段		用药方案
哺乳犊肉牛	断奶	根据肉牛犊体况25～28天断奶，断奶前几天母牛要控料、减料，以减少其泌乳量，在肉牛犊的饮水中加入阿莫西林＋恩诺沙星＋加强保易多以预防腹泻。肉牛犊如果发生球虫可采用适合的药物来获得抗体的产生
断奶保育肉牛	保育牛阶段前期（28～35天）	饲料或饮水中适当添加一些抗应激药物如维力康、开食补盐、维生素C、多维等；此阶段可在肉牛犊饲料中添加泰乐菌素＋磺胺二甲＋TMP＋金霉素，以保证肉牛犊健康。此阶段如果发生链球菌、传染性胸膜肺炎可采用阿莫西林＋恩诺沙星＋泰乐菌素＋磺胺二甲＋TMP＋金霉素防治
	肉牛犊45～50天阶段	此阶段要预防传染性胸膜肺炎的发生，可用氟苯尼考80g/t＋泰乐菌素＋磺胺二甲＋TMP＋金霉素防治
生长育肥肉牛	整个生长期	可用泰乐菌素＋磺胺二甲＋TMP＋金霉素添加在饲料中饲喂，并在应激时添加抗应激药物如维力康、开食补盐、维生素C、多维等。定期在饲料中添加伊维菌素、阿维菌素或帝诺盼、净乐芬等驱虫药物进行驱虫
公肉牛	饲养期	每月饲料中适当添加一些抗生素药物如土霉素预混剂、呼诺盼、呼肠舒、泰灭净、支原净、泰舒平（泰乐菌素）等，连用1周。每个季度饲料中适当添加伊维菌素、阿维菌素或帝诺盼、净乐芬等驱虫药物进行驱虫，连用1周。每月用虱螨净、杀螨灵体外喷洒驱虫一次
空怀母肉牛	空怀期	饲料中适当添加一些抗生素药物如土霉素预混剂、呼诺盼、呼肠舒、泰灭净、支原净、泰乐菌素等，连用1周

第七章　肉牛的疾病控制

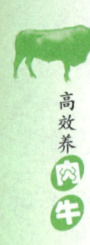

(续)

阶　　段		用药方案
空怀母肉牛	配种前	肌内注射一次得力米先、长效土霉素等；饲料中添加伊维菌素、阿维菌素或帝诺芬、净乐芬等驱虫药物进行驱虫，连用1周

注：① 驱虫。牛群一年期最好驱虫三次，以防治线虫、螨虫、蛔虫等体内寄生虫病的发生，从而提高饲料报酬。用药可选用伊维菌素或复方药（伊维菌素＋阿苯达唑）等。

② 红皮病的防治。红皮病主要是由于肉牛犊断奶后多系统衰弱综合征并发寄生虫病引起的，症状为体温在40～41℃，表皮出现小红点，出现时间多在30日龄以后，一般40～50天龄到全期都会发生。在治疗上可采用先驱虫后再用20%长效土霉素和地塞米松＋维丁胶性钙肌内注射治疗，预防此病要从源头开始，做自家苗，肉牛犊分别在7天龄和25天龄各接种一次

第二节　常见病防治

一　传染病

1. 口蹄疫

牛口蹄疫是由口蹄疫病毒引起的偶蹄类动物共患的急性、热性、接触性传染病。其临床特征是口腔黏膜、乳房和蹄部出现水泡，尤其在口腔和蹄部的病变比较明显。

【病原及流行特点】病原为小核糖核酸病毒科口疮病毒属。对酸、碱特别敏感；1%～2%氢氧化钠或4%碳酸氢钠液1min内可将病毒杀死。85℃ 1min即可杀死病毒。牛奶经巴氏消毒（72℃ 15min）能使病毒感染力丧失。本病发生无明显的季节性，但以秋末、冬春为发病盛期。本病以直接接触和间接接触的方式进行传递，病牛是本病的传染源。

【临床症状和病理变化】口蹄疫病毒侵入动物体内后，经过2～3天，有的则可达7～21天的潜伏时间，才出现症状。症状表现为口腔、鼻、舌、乳房和蹄等部位出现水泡，12～36h后出现破溃，局部露出鲜红色糜烂面；体温升高达40～41℃；精神沉郁，食欲减退，脉搏和呼吸加快；流涎呈泡沫状；乳头上水泡破溃，挤乳时疼痛不

安；蹄水泡破溃，蹄痛跛行，蹄壳边缘溃裂，重者蹄壳脱落。犊牛常因心肌麻痹死亡，剖检可见心肌出现浅黄色或灰白色、带状或点状条纹，似如虎皮，故称"虎斑心"。有的牛还会发生乳房炎、流产症状。该病在成年牛发生一般死亡率不高，在1%~3%之间，但在犊牛，由于发生心肌炎和出血性肠炎，死亡率很高。

【诊断】根据该病传播速度快，典型症状是口腔、乳房和蹄部出现水泡和溃烂，可初步诊断。但确诊需经实验室对病毒进行毒型诊断。

【预防】牛O型口蹄疫灭活苗2~3mL肌内注射，1岁以下犊牛2mL，成年牛3mL，免疫期6个月。

【发病后措施】一旦发病，则应及时报告疫情，同时在疫区严格实施封锁、隔离、消毒、紧急接种及治疗等综合措施；在紧急情况下，尚可应用口蹄疫高免血清或康复动物血清进行被动免疫，按每千克体重0.5~1mL皮下注射，免疫期约2周。疫区封锁必须在最后1头病畜痊愈、死亡或急宰后14天，经全面大消毒才能解除封锁。

患良性口蹄疫之牛，一般经1周左右多能自愈。为缩短病程、防止继发感染，可对症治疗。

1）牛口腔病变可用清水、食盐水或0.1%高锰酸钾液清洗，后涂以1%~2%明矾溶液或碘甘油，也可涂撒中药冰硼散（冰片15g，硼砂150g，芒硝150g，共研为细末）于口腔病变处。

2）蹄部病变可先用3%来苏儿清洗，后涂擦龙胆紫溶液、碘甘油、青霉素软膏等，用绷带包扎。

3）乳房病变可用肥皂水或2%~3%硼酸水清洗，后涂以青霉素软膏。患恶性口蹄疫之牛，除采用上述局部措施外，可用强心剂（如安钠咖）和滋补剂（如葡萄糖盐水）等治疗。

2. 牛流行热

牛流行热（又名三日热）是由牛流行热病毒引起的一种急性热性传染病。其特征为突然高热，呼吸促迫，流泪和消化器官的严重卡他炎症和运动障碍。

【病原及流行特点】病原为RNA型，属于弹状病毒属。该病主要侵害3~5岁壮年牛。病牛是该病的传染源，其自然传播途径尚不

完全清楚。一般认为，该病多经呼吸道感染。此外，吸血昆虫的叮咬，以及与病畜接触的人和用具的机械传播也是可能的。

该病流行具有明显的季节性，多发生于雨量多和气候炎热的6~9月。流行上还有一定周期性，3~5年大流行一次。病牛多为良性经过，在没有继发感染的情况下，死亡率为1%~3%。

【临床症状和病理变化】病初，病畜震颤，恶寒战栗，接着体温升高到40℃以上，稽留2~3天后体温恢复正常。在体温升高的同时，可见流泪，有水样眼眵、眼睑、结膜充血、水肿。呼吸促迫，呼吸次数每分钟可达80次以上，呼吸困难，患畜发出呻吟声，呈苦闷状。这是由于发生了间质性肺气肿，有时可由窒息而死亡。

食欲废绝，反刍停止。第一胃蠕动停止，出现臌胀或者缺乏水分，胃内容物干涸。粪便干燥，有时下痢。四肢关节浮肿疼痛，病牛呆立、跛行，以后起立困难而伏卧。皮温不整，特别是角根、耳翼、肢端有冷感。另外，颌下可见皮下气肿。流鼻液，口炎，显著流涎。口角有泡沫。尿量减少，尿浑浊。妊娠母牛患病时可发生流产、死胎。乳量下降或泌乳停止。剖检可见气管和支气管黏膜充血和点状出血，黏膜肿胀，气管内充满大量泡沫黏液。肺显著肿大，有程度不同的水肿和间质气肿，压之有捻发音。全身淋巴结充血，肿胀或出血。直胃、小肠和盲肠黏膜呈卡他性炎和出血。其他实质脏器可见混浊肿胀。

【诊断】根据流行特点和临床症状可初步诊断。

【预防】加强牛的卫生管理对该病预防具有重要作用（管理不良时发病率高，并容易成为重症，增高死亡率）。甲紫灭活苗10~15mL，第一次皮下注射10mL，5~7天后再注射15mL，免疫期6个月；或病毒裂解疫苗，第一次皮下注射2mL，间隔4周后再注射2mL，在每年7月前完成预防注射。

【发病后措施】应立即隔离病牛并进行治疗，对假定健康牛和受威胁牛，可用高免血清进行紧急预防注射。高热时，肌内注射复方氨基比林20~40mL，或30%安乃近20~30mL。重症病牛给予大剂量的抗生素，常用青霉素、链霉素，并用葡萄糖生理盐水、林格液、安钠咖、维生素B_1和维生素C等药物，静脉注射，每天2次。四肢关节疼痛，牛可静脉注射水杨酸钠溶液。对于因高热而脱水和由此而引起的胃内容物干涸，可静脉注射林格液或生理盐水2~4L，并向胃内灌入3%~5%的盐类溶液10~20L。加强消毒，搞好消灭蚊蝇等吸血昆虫工作，应用牛流热疫苗进行免疫接种。

中药治疗：九味姜活汤（姜活40g，防风46g，苍术46g，细辛24g，川芎31g，白芷31g，生地31g，黄芩31g，甘草31g，生姜31g，大葱1棵）。水煎二次，一次灌服。加减：寒热往来加柴胡；四肢跛行加地风、年见、木瓜、牛膝；肚胀加青皮、苹果、松壳；咳嗽加杏仁、全蒌；大便干加大黄、芒硝。均可缩短病程，促进康复。

3. 牛病毒性腹泻—黏膜病

牛病毒性腹泻—黏膜病（BVD—MD）是由牛病毒性腹泻病毒（BVDV）引起牛的以黏膜炎症、糜烂、坏死和腹泻为特征的疾病。

【病原及流行病学】 BVD病毒为黄病毒科、瘟病毒属，对乙醚和氯仿等有机溶剂敏感，低温下稳定，在56℃下可被灭活，可被紫外线灭活，但可经受多次冻融。家养和野生的反刍兽及猪是本病的自然宿主，自然发病病例仅见于牛，各种年龄的牛都有易感性，但6~18月龄的幼牛易感性较高，感染后更易发病。绵羊、山羊也可发生亚临诊感染，感染后产生抗体。病毒可随分泌物和排泄物排出体外。持续感染牛可终生带、排毒，因而是本病传播的重要传染源。本病主要是经口感染，易感动物食入被污染的饲料、饮水而经消化道感染，也可由于吸入由病畜咳嗽、呼吸而排出的带毒的飞沫而感染。病毒可通过胎盘发生垂直感染。病毒血症期的公牛精液中也有大量病毒，可通过自然交配或人工授精而感染母牛。该病常发生于冬季和早春，舍饲和放牧牛都可发病。

【临床症状和病理变化】 发病时多数牛不表现临床症状，牛群中只见少数轻型病例。有时也引起全牛群突然发病。急性病牛，腹泻是特征性症状，可持续1~3周。粪便水样、恶臭，有大量黏液和气泡，体温升高达40~42℃。慢性病牛，出现间歇性腹泻，病程较长，一般2~5个月，表现为消瘦、生长发育受阻，有的出现跛行。剖检主要病变在消化道和淋巴结，口腔黏膜、食道和整个胃肠道黏膜充血、出血、水肿和糜烂，整个消化道淋巴结发生水肿。

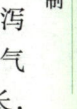

【诊断】本病确诊须进行病毒分离，或进行血清中和试验及补体结合试验，实践中以血清中和试验为常用。

【预防】目前应用牛病毒性腹泻—黏膜病弱毒疫苗来预防本病。皮下注射，成年牛注射1次，犊牛在2月龄适量注射，成年时再注射1次，用量按说明书要求。

【发病后措施】本病目前尚无有效治疗和免疫方法，只有加强护理和对症疗法，增强机体抵抗力，促使病牛康复。次碳酸铋片30g，磺胺二甲嘧啶片40g，一次口服。或磺胺嘧啶注射液20~40mL，肌内或静脉注射。

4. 新生犊牛腹泻

新生犊牛腹泻是一种发病率高、病因复杂、难以治愈、死亡率高的疾病。临床上主要表现为伴有腹泻症状的胃肠炎，全身中毒和机体脱水。

【病原及流行特点】轮状病毒和冠状病毒在生后初期的犊牛腹泻发生中，起到了极为重要的作用，病毒可能是最初的致病因子。虽然它并不能直接引起犊牛死亡，但这两种病毒的存在，能使犊牛肠道功能减退，极易继发细菌感染，尤其是致病性大肠杆菌，引起严重的腹泻。另外，母乳过浓、气温突变、饲养管理失误、卫生条件差等对本病的发生，都具有明显的促进作用。犊牛下痢尤其多发于集约化饲养的犊牛群中。

【临床症状和病理变化】本病多发于生后第2~5天的犊牛。病程为2~3天，呈急性经过。病犊牛突然表现精神沉郁，食欲废绝，体温高达39.5~40.5℃，病后不久，即排灰白、黄白色水样或粥样稀便，粪中混有未消化的凝乳块。后期粪便中含有黏液、血液、伪膜等，粪色由灰色变为褐色或血样，具有酸臭或恶臭气味，尾根和肛门周围被稀粪污染，尿量减少。1天后，病犊背腰拱起，肛门外翻，常见里急后重，张口伸舌，哞叫，病程后期牛常因脱水衰竭而死。本病可分为败血型、肠毒血型和肠型三类。

（1）败血型 主要见于7日龄内未吃过初乳的犊牛，为致病菌由肠道进入血液而致发的，常见突然死亡。

（2）肠毒血型 主要见于生后7日龄吃过初乳的犊牛，致病性大肠杆菌在肠道内大量增殖并产生肠毒素,肠毒素吸收入血所致。

(3)肠型(白痢) 最为常发,见于7~10日龄吃过初乳的犊牛。病死犊牛由于腹泻,而使机体脱水消瘦。病变主要在消化道,呈现严重的卡他性、出血性炎症。肠系膜淋巴结肿大,有的还可见到脾肿大,肝脏与肾脏被膜下出血,心内膜有点状出血。肠内容物如血水样,混有气泡。

【诊断】根据流行病学特点、临床症状和剖检变化,对本病可做出初步诊断。确诊还需要进行细菌分离和鉴定。

【预防】对于刚出生的犊牛,可以尽早投服预防剂量的抗生素药物。如氯霉素、痢菌净等,对于防止本病的发生具有一定的效果。另外,可以给妊娠母牛注射用当地流行的致病性大肠杆菌株所制成的菌苗。在本病发生严重的地区,应考虑给妊娠母牛注射轮状病毒和冠状病毒疫苗。如江苏省农业科学院研制的牛轮状病毒疫苗,给妊娠母牛接种以后,能有效控制犊牛下痢症状的发生。

【发病后措施】治疗本病时,最好通过药敏试验,选出敏感药物后,再行给药。氟哌酸,犊牛每头每次内服10片,即2.5g,每日2~3次。或氯霉素,每千克体重0.01~0.03g,每天注射3次。也可用庆大霉素、氨苄青霉素等。抗菌治疗的同时,还应配合补液,以强心和纠正酸中毒。口服ORS液(氯化钠3.5g、氯化钾1.5g、碳酸氢钠2.5g、葡萄糖20g、加常水至1000mL),供犊牛自由饮用,或按每千克体重100mL,每天分3~4次给犊牛灌服,即可迅速补充体液,同时能起到清理肠道的作用。或6%低分子右旋糖酐、生理盐水、5%葡萄糖、5%碳酸氢钠各250mL,氢化考的松100mg、维生素C 10mL,混溶后,给犊牛一次静脉注射。轻症每天补液一次,重危症每天补液两次。补液速度以30~40mL/min为宜。危重病犊牛也可输全血,可任选供血牛,但以该病犊的母牛血液最好,2.5%枸橼酸钠50mL与全血450mL,混合后一次静脉注射。

5. 牛恶性卡他热

牛恶性卡他热(又称恶性头卡他或坏疽性鼻卡他)是由恶性卡他热病毒引起的一种急性热性、非接触性传染病。该病的特征是持续发热,口、鼻流出黏脓性鼻液,眼黏膜发炎,角膜混浊,并有脑

炎症状，病死率很高。

【病原及流行特点】牛恶性卡他热病毒为疱疹病毒丙亚科的成员，对外界环境的抵抗力不强，不能抵抗冷冻和干燥。隐性感染的绵羊、山羊和角马是本病的主要传染源。多发生于2~5岁的牛，老龄牛及1岁以下的牛发病较少。本病一年四季均可发生，但以春、夏季节发病较多。

【临床症状和病理变化】本病自然感染潜伏期平均为3~8周，人工感染为14~90天。病初高热，达40~42℃，精神沉郁，于第一天末或第二天，眼、口及鼻黏膜发生病变。临床上分头眼型、肠型、皮肤型和混合型四种。

（1）头眼型 眼结膜发炎，畏光流泪，以后角膜浑浊，眼球萎缩、溃疡及失明。鼻腔、喉头、气管、支气管及颌窦卡他性及伪膜性炎症，呼吸困难，炎症可蔓延到鼻旁窦、额窦、角窦，角根发热，严重者两角脱落。鼻镜及鼻黏膜先充血，后坏死、糜烂、结痂。口腔黏膜潮红肿胀，出现灰白色丘疹或糜烂。病死率较高。

（2）肠型 先便秘后下痢，粪便带血、恶臭。口腔黏膜充血，常在唇、齿龈、硬腭等部位出现伪膜，脱落后形成糜烂及溃疡。

（3）皮肤型 在颈部、肩胛部、背部、乳房、阴囊等处皮肤出现丘疹、水泡，结痂后脱落，有时形成脓肿。

（4）混合型 此型多见。病牛同时有头眼症状、胃肠炎症状及皮肤丘疹等。有的病牛呈现脑炎症状。一般经5~14天死亡。病死率达60%。

剖检鼻旁窦、喉、气管及支气管黏膜充血肿胀，有伪膜及溃疡。口、咽、食道糜烂，溃疡，第四胃充血水肿、斑状出血及溃疡，整个小肠充血出血。头颈部淋巴结充血和水肿，脑膜充血，呈非化脓性脑炎变化。肾皮质有白色病灶是本病特征性病变。

【诊断】根据典型临床症状和病理变化可做出初步诊断，确诊需要进行病毒分离鉴定（病料接种牛甲状腺细胞、牛睾丸或牛胚肾原代细胞，培养3~10天可出现细胞病变，用中和试验或免疫荧光试验进行鉴定）和血清学检查（间接荧光抗体试验、免疫过氧化物酶试验、病毒中和试验）。

【预防】 主要是加强饲养管理，增强动物抵抗力，注意栏舍卫生。牛、羊分开饲养，分群放牧。

【发病后措施】 发现病畜后，按《中华人民共和国动物防疫法》及有关规定，采取严格控制、扑灭措施，防止扩散。病畜应隔离扑杀，污染场所及用具等，实施严格消毒。

6. 牛细小病毒感染

【病原及流行特点】 该病是由细小病毒引起的一种传染病。病牛和带毒牛是传染源。病毒经粪便排出，污染环境，经口播散。病毒也能通过胎盘感染胎儿，造成胎儿畸形、死亡和流产。

【临床症状和疾病病变】 怀孕母牛感染后，主要病变在胚胎和胎儿。胚胎可死亡或被吸收，死亡的胚胎随后发生组织软化，胎儿表现充血、水肿、出血、体腔积液、脱水（木乃伊化）等病变。用病毒经口服或静脉注射感染新生犊牛，24~48h 即可引起腹泻，呈水样，含有黏液。剖检病死犊，尸体消瘦，脱水明显，肛门周围有稀粪。病变主要是回肠和空肠黏膜有不同程度的充血、出血或溃疡，口腔、食管、真胃、盲肠、结肠和直肠也可见水肿、出血、糜烂性变化，肠系膜淋巴结肿大、出血，有的出现坏死灶。

【预防】 隔离病牛、搞好牛舍和环境卫生，平时注意消毒，防止感染。治疗主要是采取对症疗法，补液、给予抗生素或磺胺类药物控制继发感染。本病目前还无疫苗用于预防注射。

【发病后措施】 本病尚无特效疗法。

7. 牛海绵状脑病

牛海绵状脑病俗称"疯牛病"，以潜伏期长，病情逐渐加重，表现行为反常、运动失调、轻瘫、体重减轻、脑灰质海绵状水肿和神经元空泡形成为特征。病牛终归死亡。

【病原及流行特点】 其病原至今仍未确定。本病主要通过被污染的饲料经口传染。由于本病潜伏期较长，被感染的牛到 2 岁才开始有少数发病，3 岁时发病牛明显增加，4 岁和 5 岁达到高峰，6~7 岁发病牛开始明显减少，到 9 岁以后发病率维持在低水平。本病的流行没有明显的季节性。

【临床症状和病理变化】 病牛临床症状大多数表现出中枢神经系

统的变化，行为异常、惊恐不安、神经质；姿态和运动异常，四肢伸展过度，后肢运动失调、震颤和跌倒、麻痹、轻瘫；感觉异常，对外界的声音和触摸过敏，擦痒。剖检病牛病变不典型。

【诊断】本病原不能刺激牛产生免疫反应，故不能用血清学试验来辅助诊断已感染活牛，生化和血清学数值异常不明显，剖检病变不典型。确诊需依靠临床症状和病死牛脑组织检查。

【预防】禁止在饲料中添加反刍动物蛋白；严禁病牛屠宰后供食用。我国也已采取了积极的防范措施，以防止该病传入我国。对杀灭该病病原比较有效的消毒剂可用3%~5%的苛性钠1h或0.5%以上的次氯酸钠2h。

【发病后措施】本病目前无特效治疗方法。为控制本病，在英国规定对患牛一律采取扑杀和销毁措施。

8. 牛巴氏杆菌病

牛巴氏杆菌病是一种由多杀性巴氏杆菌引起的急性、热性传染病，常以高温、肺炎以及内脏器官广泛性出血为特征。多见于犊牛。

【病原与流行特点】病原是多杀性巴氏杆菌。本病遍布全世界，各种畜禽均可发病。常呈散发性或地方流行性发生，多发生在春、秋两季。

【临床症状和病理变化】病初体温升高，可达41℃以上，鼻镜干燥，结膜潮红，食欲和反刍减退，脉搏加快，精神委顿，背毛粗乱，肌肉震颤，皮温不整。有的呼吸困难；痛苦咳嗽，流泡沫样鼻涕，呼吸音加强，并有水泡音。有些病牛初便秘后腹泻，粪便常带有血或黏液。剖检可见黏膜、浆膜小点出血，淋巴结充血肿胀，其他内脏器官也有出血点。肺呈肝变，质脆；切面呈黑褐色。

【诊断】根据流行特点、症状和病变可对牛做出诊断。牛的肌肉震颤、眼睑抽搐、往后使劲、倒地抽搐、四肢呈游泳状、口嚼白沫、一抓一动就死牛等特点，初步确诊为传染病。采取死牛新鲜心、血、肝、淋巴结组织涂片，以姬姆萨氏液染色，镜检可见两极着色的小杆菌。

【预防】对以往发生本病的地区和本病流行时，应定期或随时注射牛出血性败血症氢氧化铝菌苗，体重在100kg以下者，皮下注射

4mL，100kg以上者皮下注射6mL。

【发病后措施】对刚发病的牛，用痊愈牛的全血500mL静脉注射，结合使用四环素8~15g溶解在5%葡萄糖溶液1000~2000mL中静脉注射，每日1次。普鲁卡因、青霉素300~600万国际单位，双氢链霉素5~10g同时肌内注射，每日1~2次。强心剂可用20%安那咖注射液20mL，每日肌内注射2次。重症者可用硫酸庆大霉素80万国际单位，每日肌内注射2~3次。保护胃肠可用次硝酸铋30g和磺胺脒30g，每日内服3次。

9. 牛沙门氏菌病

牛沙门氏菌病又称牛副伤寒，本病以病畜败血症、毒血症或胃肠炎、腹泻、孕畜流产为特征，在世界各地均有发生。

【病原及流行病学】病原多为鼠伤寒沙门氏菌或都柏林沙门氏菌。舍饲青年犊比成年牛易感，往往呈流行性。病畜和带菌畜是本病的传染源。通过消化道和呼吸道感染，亦可通过病畜与健康畜的交配或病畜精液人工授精而感染。

【临床症状和病理变化】牛沙门氏菌病主要症状是下痢。犊牛呈流行性发生，成年牛呈散发性发生。本病的潜伏期因各种发病因素不同，而表现为1~3周不等。

（1）犊牛副伤寒 病程可分为最急性、急性和慢性3种。最急性型：表现有菌血症或毒血症症状，其他表现不明显。发病2~3天内死亡。急性型：体温升高到40~41℃，精神沉郁，食欲减退，继而出现胃肠炎症状，排出黄色或灰黄色、混有血液或伪膜的恶臭糊状或液体粪便，有时表现咳嗽和呼吸困难。慢性型：除有急性个别表现外，可见关节肿大或耳朵、尾部、蹄部发生贫血性坏死，病程数周至3个月。病理解剖变化以脾脏肿大最明显，一般为2~3倍，呈紫红色。真胃、小肠黏膜有弥漫性小出血点，肠道中有覆盖着痂膜的溃疡。慢性病例主要表现于肺、肝、肺尖叶、心叶实变（肉变），与胸肋膜粘连，肝有坏死病灶。

（2）成年牛副伤寒 多见于1~3岁的牛，病牛体温升高到40~41℃，沉郁、减食、减奶、咳嗽、呼吸困难、结膜炎、下痢。粪便带血和纤维素絮片，恶臭。病牛脱水消瘦，跗关节炎，腹痛。母牛

常发生流产。病程1~5天,病死率30%~50%。成年牛有时呈顿挫型经过,病牛发热、不食,精神委顿,产奶下降,但经24h左右这些症状即可减退。病理变化同犊牛副伤寒。

【诊断】 在本病流行的地区,根据发病季节、典型症状和剖检变化,可以初步诊断。进一步确诊则需要进行细菌分离培养鉴定。

【预防】

(1) 加强管理 加强牛、羊的饲养管理,保持畜舍清洁卫生;定期消毒;犊牛出生后应吃足初乳,注意产房卫生和保暖;发现病畜应及时隔离、治疗。

(2) 免疫接种 沙门氏菌灭活苗免疫力不如活菌苗。对怀孕母牛都用柏林沙门氏菌活菌苗接种,可保护数周龄以内的犊牛,还能使感染的犊牛减少粪便排菌。

【发病后措施】 本病用庆大霉素、氨苄青霉素、卡那霉素和喹诺酮类等抗菌药物都有疗效。但应用某些药物时间过长,易产生抗药性。对有条件的地区应分离细菌做药敏试验。氨苄青霉素钠:犊牛每千克体重口服4~10mg。肌内注射:牛每千克体重2~7mg,每天1~2次。

10. 布氏杆菌病

布氏杆菌病是由布氏杆菌引起的一种人兽共患疾病。其特征是生殖器官和胎膜发炎,引起流产、不育和各种组织的局部病灶。

【病原及流行病学】 布氏杆菌属有6个种,相互间各有差别。习惯上将流产布鲁氏菌称为牛布鲁氏菌。母牛较公牛易感,犊牛对本病具有抵抗力。随着年龄的增长,抵抗力逐渐减弱,性成熟后,对本病最为敏感。病畜可成为本病的主要传染源,尤其是受感染的母畜,流产后的阴道分泌物以及乳汁中都含有布氏杆菌。易感牛主要是由于摄入了被布氏杆菌污染的饲料和饮水而感染。也可通过皮肤创伤感染。布氏杆菌进入牛体后,很快在所适应的组织或脏器中定居下来。病牛将终生带菌,不能治愈,并且不定期地随乳汁、精液、脓汁,特别是母畜流产的胎儿、胎衣、羊水、子宫和阴道分泌物等排出体外,扩大感染。人的感染主要是由于手部接触到病菌后再经口腔进入体内而发生感染。

【临床症状和病理变化】牛感染布氏杆菌后，潜伏期通常为2周至6个月。主要临床症状为母牛流产，也能出现低烧状况，但常被忽视。妊娠母牛在任何时期都可能发生流产，但流产主要发生在妊娠后的第6~8个月。流产过的母牛，如果再次发生流产，其流产时间会向后推迟。流产前可表现出临产时的症状，如阴唇、乳房肿大等。但在阴道黏膜上可以见到粟粒大有红色结节，并且从阴道内流出灰白色或灰色黏性分泌物。流产时常见有胎衣不下状况。流产的胎儿有的产前已死亡；有的产出虽然活着，但很衰弱，不久即死。公牛患本病后，主要发生睾丸炎和副睾炎。初期睾丸肿胀、疼痛，中度发热和食欲不振。3周以后，疼痛逐渐减轻；表现为睾丸和副睾肿大，触之坚硬。此外，病牛还可出现关节炎，严重时关节肿胀疼痛，重病牛则卧地不起。牛流产1~2次后，可以转为正常生产，但仍然能传播本病。

妊娠母牛子宫与胎膜的病变较为严重。绒毛膜因充血而呈污红色或紫红色，表面覆盖黄色坏死物和污灰色脓汁，常见到深浅不一的糜烂面，胎膜水肿、肥厚，呈黄色胶冻样浸润。由于母体胎盘与胎儿胎盘炎性坏死，引起流产。胎儿胎盘与母体胎盘粘连，导致胎衣不下，可继发子宫炎。胎儿真胃内含有微黄色或白色黏液及絮状物；胃肠、膀胱黏膜和浆膜上有的有出血点；肝、脾、淋巴结有不同程度的肿胀。

【诊断】本病临床上不易诊断，根据母牛流产和表现出的相应临床变化，应怀疑有本病存在。通过试管凝集试验和平板凝集试验可以确诊。

【预防】阴性家畜与受威胁畜群应全部免疫。奶牛、种牛每年要全部检疫，其产品必须具有布氏杆菌病检疫合格证方可出售。

【发病后措施】因本病在临床上，一方面难以治愈，另一方面不允许治疗，所以发现病牛后，应采取严格的扑杀措施，彻底销毁病牛尸体及其污染物。在本病的控制区和稳定控制区内，停止注射疫苗；对易感家畜实行定期疫情监测，及时扑杀病畜。在未控制区内，主要以免疫为主，定期抽检，发现阳性畜时应全部扑杀。在疫区内，如果出现布氏杆菌病疫情暴发，疫点内畜群必须全部进行检疫，阳

性病畜亦要全部扑杀，不进行免疫。

11. 犊牛大肠杆菌病（犊牛白痢）

犊牛大肠杆菌是由一定血清型的大肠杆菌引起的一种急性传染病。本病特征为败血症和严重腹泻、脱水，引起幼畜大量死亡或发育不良。

【病原及流行特点】犊牛大肠杆菌的病原极其复杂。本病的发生往往是由大肠杆菌和轮状病毒、冠状病毒等多种致病因素引起的。传染源主要是病畜和能排出致病性大肠杆菌的带菌动物，通过消化道、脐带或产道传播，多见于2~3周犊牛，多见于冬、春季节。

【临床症状和病理变化】以腹泻为特征，具体分为败血型、肠毒血型和肠炎型。败血型大肠杆菌病表现是：精神沉郁，食欲减退或废绝，心跳加快，黏膜出血，关节肿痛，有肺炎或脑炎症状，体温40℃，腹泻，大便由浅黄色粥样变浅灰色水样，混有凝血块、血丝和气泡、恶臭，病初排粪用力，后变为自由流出，污染后躯，最后高度衰弱，卧地不起，急性型在24~96h死亡，死亡率高达80%~100%。肠毒血型大肠杆菌病表现是：病程短促，一般最急性型2~6h死亡。肠炎型的表现是：多发生于10日龄内的犊牛，腹泻，先白色，后变黄色带血便，后躯和尾巴沾满粪便，恶臭，消瘦、虚弱，3~5天脱水死亡。

【诊断】根据症状、病理变化、流行病学材料及细菌学检查等进行综合诊断。确认需分离鉴定细菌。

【预防】母牛进入产房前，产房及临产母牛要进行彻底消毒；产前3~5天对母牛的乳房及腹部皮肤用0.1%高锰酸钾擦拭，哺乳前应再重复一次。犊牛出生后立即喂服地衣芽孢杆菌2~5g/次，每天3次，或乳酸菌素片6粒/次，每天2次，可获良好预防效果。

【发病后措施】治疗原则为抗菌、补液、调节胃肠机能。抗菌采用新霉素，0.05g/kg体重，每日2~3次，每日给犊牛肌内注射1g和口服200~500mg，连用5天，可使犊牛在8周内不发病。金霉素粉口服，每日30~50mg/kg体重，分2~3次。补液主要是静脉输入复方氯化钠溶液、生理盐水或葡萄糖盐水2000~6000mL，必要时也可加入碳酸氢钠、乳酸钠等以防酸中毒。调节胃肠机能主要是在病初、犊牛体质尚强壮时，应先投予盐类泻剂，使胃肠道内含有大量病原菌及毒素的内容物及早排出；此后可再投予各种收敛和健胃剂。

12. 炭疽

炭疽是由炭疽杆菌引起的人、畜共患的一种急性、热性、败血性传染病，多呈散发或地方流行性，以脾脏显著肿大，皮下、浆膜下结缔组织出血性胶样浸润，血液凝固不良，尸僵不全为特征。

【病原及流行特点】 炭疽是由炭疽芽孢杆菌引起的传染性疾病。传染源主要为患病的食草动物。本病的潜伏期一般为1~5天。传播途径主要有：由于皮肤黏膜伤口直接接触病菌而致病；病菌毒力强可直接侵袭完整皮肤；经呼吸道吸入带炭疽芽孢的尘埃、飞沫等而致病；经消化道摄入被污染的食物或饮用水等而感染。

【临床症状和病理变化】

（1）**最急性型** 通常由暴发开始。突然发病，体温升高，行走摇摆或站立不动，也有的突然倒地，出现昏迷，呼吸极度困难，可视黏膜呈蓝紫色，口吐白沫、全身战栗。濒死期天然孔出血，病程很短，出现症状后数小时即可死亡。

（2）**急性型** 是最常见的一种类型，体温急剧上升到42℃，精神不振，食欲减退或废绝，呼吸困难，可视黏膜呈蓝紫色或有小点出血。初便秘，后腹泻带血，有时腹痛，尿暗红色，有时混有血液，孕牛可发生流产，严重者兴奋不安，惊慌哞叫，口和鼻腔往往有红色泡沫流出。濒死期体温急剧下降；呼吸极度困难，在1~2天后窒息而死。

（3）**亚急性型** 病状与急性型相似，但病程较长，为2~5天，病情亦较缓和，并在体表各部如喉、胸前、腹下、乳房等部皮肤及直肠、口腔黏膜发生炭疽痈，初期呈硬团块状，有热痛，以后热痛消失，可发生溃疡或坏死。

【诊断】 从耳尖取血，作血片染色镜检，若有多量单个或成对的有夹膜、菌端平直的粗大杆菌，结合临床表现可确诊为炭疽。采取未污染的新鲜病料，如血液、浸出液或器官直接分离培养，或动物接种试验可进一步确诊。

【预防】 预防接种。经常发生炭疽及受威胁的地区，每年秋季应

作无毒炭疽芽孢苗或 2 号炭疽芽孢苗的预防接种（春季给新生牛补种），可获得 1 年以上坚强而持久的免疫力。

【发病后措施】本病发生后，应立即进行封锁，对牛群进行检查，隔离病牛并立即给予预防治疗，同群牛应用免疫血清进行预防接种。经 1～2 天后再接种疫苗，假定健康牛应作紧急预防注射。病牛污染的牛舍、用具及地面应彻底消毒，病牛躺卧过的地面，应把表土除去 15～20cm，取下的土应与 20% 的漂白粉溶液混合后再行深埋，水泥地面用 20% 漂白粉消毒。污染的饲料、垫草、粪便应烧毁。尸体不能解剖，应全部焚烧或深埋，且不能浅于 2m，尸体底部表面应撒上厚层漂白粉。凡和尸体接触过的车辆、用具都应彻底消毒。工作人员在处理尸体时必须戴手套，穿胶靴和工作服，用后立即进行消毒。凡手和体表有伤口的人员，不得接触病牛和尸体。疫区内禁止闲杂人员、动物随便进出，禁止输出畜产品和饲料，禁止食用病畜的肉，在最后 1 头病畜死亡或痊愈后，经 15 天到疫苗接种反应结束时，方可解除封锁。可疑者用药物治疗：抗炭疽血清是治疗炭疽的特效药，成年牛每次皮下或静脉注射 100～300mL，犊牛 30～60mL，必要时 12h 后再重复注射 1 次。或用磺胺嘧啶，定时、足量进行肌内注射，按 0.05～0.10g/kg 体重，分 3 次肌内注射。第一次用量加倍。或水剂青霉素 80～120 万国际单位，每天 2 次肌内注射，随后用油剂青霉素 120～240 万国际单位肌内注射，每天 1 次，连用 3 天。或内服克辽林，每次 15～20mL，每 2h 加水灌服 1 次，可连用 3～4 次。

体表炭疽痈可用普鲁卡因青霉素在肿胀周围分点注射。

13. 传染性胸膜肺炎

牛传染性胸膜肺炎（又称牛肺疫）是由丝状支原体丝状亚种引起的一种高度接触性传染病，以渗出性纤维素性肺炎和浆液纤维素性胸膜肺炎为特征。

【病原及流行特点】病原为丝状支原体丝状亚种，属支原体科支原体属成员。其对外界环境的抵抗力甚弱，暴露在空气中，特别是直射阳光下，几小时即失去毒力。干燥、高温环境下迅速死亡。本病主要是由于健康牛与病牛直接接触传染的，病菌经咳嗽、唾液、尿液排出（飞沫），通过空气经呼吸道传播。适宜的环境气候下，病菌可传播到几千米以外，也可经胎盘传染。传染源为病牛、康复牛及隐性带菌者。隐性带菌者是主要传染来源。

【临床症状和病理变化】潜伏期，自然感染一般为2~4周，最短7天，最长可达8个月。

(1) 急性 病初体温升高达40~42℃，呈稽留热型。鼻翼开放，呼吸迫促而浅，呈腹式呼吸和痛性短咳。因胸部疼痛而不愿行走或卧下，肋间下陷，呼气长吸气短。叩诊胸部患侧发浊音，并有痛感。听诊肺部有湿性啰音，肺泡音减弱或消失，代之以支气管呼吸音，无病变部呼吸音增强。有胸膜炎发生时，可听到摩擦音。病的后期心脏衰弱，有时因胸腔积液，只能听到微弱心音甚至听不到。重症者可见前胸下部及肉垂水肿，尿量少而比重增加，便秘和腹泻交替发生。病畜体况衰弱，眼球下陷、呼吸极度困难，体温下降，最后窒息死亡。急性病例病程为15~30天。

(2) 慢性 多由急性转来，也有开始即为慢性经过的。除体况瘦弱外，多数症状不明显，偶发干性咳嗽，听诊胸部可能有不大的浊音区。此种患畜在良好饲养管理条件下，症状可缓解逐渐恢复正常。少数病例因病变区域较大、饲养管理条件改变或劳役过度等因素，易引起恶化，预后不良。

【诊断】依据典型临床症状和病理变化可作出初步诊断，确诊需进一步作实验室诊断。在国际贸易中，指定诊断方法为补体结合试验。替代诊断方法为酶联免疫吸附试验。

【预防】对疫区和受威胁区6月龄以上的牛只，均必须每年接种1次牛肺疫兔化弱毒菌苗。不从疫区引进牛只。

【发病后措施】发现病畜或可疑病畜，要尽快确诊，上报疫情，划定疫点、疫区、受威胁区。对疫区实行封锁，按《中华人民共和国动物防疫法》规定，采取紧急、强制性的控制和扑灭措施：扑杀患病牛只；对同群牛隔离观察，进行预防性治疗；彻底消毒栏舍、场地和饲养工具、用具；严格无害化处理污水、污物、粪尿等。严格执行封锁疫区的各项规定。

14. 结核病

牛结核病是由结核分枝杆菌引起的人畜和禽类共患的一种慢性

传染病。其病理特点是在机体多种组织器官中形成结核结节性肉芽肿和干酪样坏死，钙化结节性病灶。

【病原及流行病学】病原为微结核分枝杆菌。结核病畜是主要传染源，结核杆菌在机体中分布于各个器官的病灶内，因病畜能由粪便、乳汁、尿及气管分泌物排出病菌，污染周围环境而散布传染。主要经呼吸道和消化道传染，也可经胎盘传播、或交配感染。本病一年四季都可发生。一般说来，舍饲的牛发生较多。畜舍拥挤、阴暗、潮湿、污秽不洁，过度使役和挤乳，饲养不良等，均可促进本病的发生和传播。

【临床症状和病理变化】潜伏期一般为10～15天，有时达数月以上。病程呈慢性经过，表现为进行性消瘦、咳嗽、呼吸困难，体温一般正常。因病菌侵入机体后，由于毒力、机体抵抗力和受害器官不同，症状亦不一样。在牛中本菌多侵害肺、乳房、肠和淋巴结等。肺结核：病牛呈进行性消瘦，病初有短促干咳，渐变为湿性咳嗽。听诊肺区有啰音，胸膜结核时可听到摩擦音。叩诊有实音区并有痛感。乳房结核：乳量渐少或停乳，乳汁稀薄，有时混有脓块。乳房淋巴结硬肿，但无热痛。淋巴结核：不是一个独立病型，各种结核病的附近淋巴结都可能发生病变。淋巴结肿大，无热痛。常见于下颌、咽颈及腹股沟等淋巴结。肠结核：多见于犊牛，以便秘与下痢交替出现或顽固性下痢为特征。神经结核：中枢神经系统受侵害时，在脑和脑膜等可发生粟粒状或干酪样结核，常引起神经症状，如癫痫样发作、运动障碍等。

【诊断】根据临床症状和病理变化可做出初步诊断，确诊需进一步作实验室诊断。在国际贸易中，指定诊断方法为结核菌素试验，无替代诊断方法。

【预防】定期对牛群进行检疫，阳性牛必须予以扑杀，并进行无害化处理；每年定期大消毒2～4次，牧场及牛舍出入口处，设置消毒池，饲养用具每月定期消毒1次；粪便经发酵后利用。

【发病后措施】有临床症状的病牛应按《中华人民共和国动物防疫法》及有关规定，采取严格扑杀措施，防止扩散。检出病牛时，要作临时消毒。

二、寄生虫病

1. 焦虫病

牛焦虫病是由蜱为媒介而传播的一种虫媒传染病。焦虫寄生于红细胞内,主要临床症状是高热贫血或黄疸、反刍停止、泌乳停止、食欲减退,消瘦严重者则造成死亡。

【病原与流行特点】 病原为牛巴贝西焦虫和牛环形泰勒焦虫两种。此病以散发和地方流行为主,多发生于夏秋季节,以7~9月为发病高峰期。有病区当地牛发病率较低,死亡率约为40%;由无病区运进有病区的牛发病率高,死亡率可达60%~92%。

【临床症状和病理变化】 共同症状是高热、贫血和黄疸。临床上常表现为病牛体表淋巴结肿大或出现红色素尿。剖检可见肝脏和脾脏肿大、出血,皮下、肌肉、脂肪黄染,皮下组织胶样浸润,肾脏及周围组织黄染和胶样病变,膀胱积尿呈红色,黏膜及其他脏器有出血点,瓣胃阻塞。

【诊断】 根据临床症状和病理变化可做出初步诊断,确诊需进一步作实验室诊断。

【防治】 焦虫病疫苗尚处于研制阶段,病牛仍以药物治疗为主。三氮脒又称贝尼尔或血虫净,是治疗焦虫病的高效物。临用时,用注射用水配成5%溶液,作分点深层肌内注射或皮下注射。一般病例每千克体重注射3.5~3.8mg。对顽固的牛环形泰勒焦虫病等重症病例,每千克体重应注射7mg。黄牛按治疗量给药后,可能出现轻微的副反应,如起卧不安、肌肉震颤等,但很快消失。灭焦敏:对牛泰勒焦虫病有特效,对其他焦虫病也有效,治愈率达90%~100%。灭焦敏是目前国内外治疗焦虫病最好的药物,主要成分是磷酸氯喹和磷酸伯氨喹啉。其片剂,牛每10~15kg体重服1片,每日1次,连服3~4天。其针剂,牛每次每千克体重肌内注射0.05~0.1mL,剂量大时可分点注射。每天或隔天一次,共注射3~4次。对重病牛还应同时进行强心、解热、补液等对症疗法,以提高治愈率。

2. 牛球虫病

牛球虫病是由艾美耳属的几种球虫寄生于牛肠道引起的以急性肠炎、血痢等为特征的寄生虫病。牛球虫病多发生于犊牛。

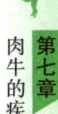

【病原与流行特点】牛球虫有十余种，寄生于牛体的以邱氏艾美耳球虫、斯氏艾美耳球虫的致病力最强，而且最常见。

【临床症状和病理变化】潜伏期为2～3周，犊牛一般为急性经过，病程为10～15天。当牛球虫寄生在大肠内繁殖时，肠黏膜上皮大量破坏脱落、黏膜出血并形成溃疡；这时在临床上表现为出血性肠炎、腹痛，血便中常带有黏膜碎片。约1周后，当肠黏膜破坏而造成细菌继发感染时，则体温可升高到40～41℃，前胃迟缓，肠蠕动增强、下痢，多因体液过度消耗而死亡。慢性病例，则表现为长期下痢、贫血，最终因极度消瘦而死亡。

【诊断】临床上犊牛出现血痢和粪便恶臭时，可采用饱和盐水漂浮法检查患犊粪便，查出球虫卵囊即可确诊。在临床上应注意牛球虫病与大肠杆菌病的鉴别。前者常发生于1个月以上的犊牛，后者多发生于生后数日内的犊牛且其脾脏肿大。

【预防】

1）犊牛与成年牛分群饲养，以免球虫卵囊污染犊牛的饲料。被粪便污染的母牛乳房在哺乳前要清洗干净。

2）舍饲牛的粪便和垫草需集中消毒或生物热堆肥发酵，在发病时可用1%克辽林对牛舍、饲槽消毒，每周1次。

3）添加药物预防。如氨丙啉，按0.004%～0.008%的含量添加于饲料或饮水中；或莫能霉素按每千克饲料添加0.3g，既能预防球虫又能提高饲料报酬。

【发病后措施】药物治疗。氨丙啉，按每千克体重20～50mg，一次内服，连用5～6天。或呋喃唑酮，每千克体重7～10mg内服，连用7天。或盐霉素，每天每千克体重2mg，连用7天。

3. 弓形虫病

牛弓形虫病是由弓形虫原虫所引起的人、畜共患疾病。家畜弓形虫病多呈隐性感染；显性感染的临床特征是高热、呼吸困难、中枢神经机能障碍、早产和流产。剖检以实质器官的灶性坏死、间质性肺炎及脑膜炎为特征。

【病原与流行特点】弓形虫在整个生活史过程中可出现滋养体、包囊、卵囊、裂殖体、配子体等几种不同的形态。隐性感染或临床型的猫、人、畜、禽、鼠及其他动物都是本病的传染来源。弓形虫的发病季节十分明显，多发生在每年气温在25～27℃的6月间。

【临床症状和病理变化】突然发病，最急性者约经36h死亡。病牛食欲废绝，反刍停止；粪便干、黑，外附黏液和血液；流涎；结膜炎、流泪；体温升高至40～41.5℃，呈稽留热；脉搏增数，每分钟达120次，呼吸增数，每分钟达80次以上，气喘，腹式呼吸，咳嗽；肌肉震颤，腰和四肢僵硬，步态不稳，共济失调。严重者，后肢麻痹，卧地不起；腹下、四肢内侧出现紫红色斑块，体躯下部水肿；死前表现兴奋不安、吐白沫、窒息。病情较轻者，虽能康复，但见流产症状。病程较长者，可见神经症状，如昏睡、四肢划动；有的出现耳尖坏死或脱落，最后死亡。剖检可见皮下血管怒张，颈部皮下水肿，结膜发绀；鼻腔、气管黏膜点状出血；阴道黏膜条状出血；真胃、小肠黏膜出血；肺水肿、气肿，间质增宽，切面流出大量含泡沫的液体；肝脏肿大、质硬、土黄色、浊肿，表面有粟粒状坏死灶；体表淋巴结肿大，切面外翻，周边出血，实质见脑回样坏死。

【诊断】结合临床症状及剖检变化进行诊断，另外可通过生前取腹股沟浅淋巴结，急性死亡病例可取肺、肝、淋巴结直接抹片，染色、镜检发现10～60μm直径的圆形或椭圆形小体。

【预防】坚持兽医防疫制度，保持牛舍、运动场的卫生，粪便经常清除，堆积发酵后才能在地里施用；开展灭鼠措施，禁止养猫。对于已发生过弓形虫病的牛场，应定期地进行血清学检查，及时检出隐性感染牛，并进行严格控制，隔离饲养，用磺胺类药物连续治疗，直到完全康复为止。

【发病后措施】已发生流行弓形虫病时，全群牛可考虑用药物预防。

4. 牛囊尾蚴病

牛囊尾蚴病是由牛带绦虫的幼虫——牛囊尾蚴寄生于牛的肌肉组织中引起的，是重要的人畜共患的寄生虫病。

【病原与流行特点】牛囊尾蚴为白色半透明的小泡囊，如黄豆粒大，囊内充满液体。本病为世界性流行，特别是在有吃生牛肉习惯

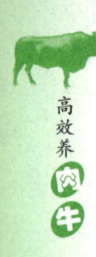

的地区或民族中流行。

【临床症状和病理变化】一般不出现症状，只有当牛受到严重感染时才表现症状，初期可见体温升高、虚弱、腹泻、反刍减少或停止、呼吸困难、心跳加快等，可引起死亡。

【诊断】生前诊断，可采取血清学方法，目前认为最有希望的方法是间接红细胞凝集试验和酶联免疫吸附试验。通过宰杀后检验时发现囊尾蚴可确诊。

【预防】建立健全卫生检验制度和法规，要求做到检验认真，严格处理，不让牛吃到病人粪便污染的饲料和饮水，不让人吃到病牛肉。

【发病后措施】治疗牛囊尾蚴病是困难的，建议试用丙硫苯咪唑。

5. 消化道线虫病

牛消化道线虫病是指寄生在反刍兽消化道中的毛圆科、毛线科、钩口科和圆形科的多种线虫所引起的寄生虫病。这些虫体寄生在反刍兽的第四胃、小肠和大肠中，在一般情况下多呈混合感染。

【病原及流行特点】牛线虫病种类繁多，在消化道线虫病中，有无饰科的弓首蛔虫、牛新蛔虫病，主要寄生于犊牛小肠；有消化道圆线虫的毛圆科、毛线科、钩口科和圆形科的几十种线虫病，分别寄生在牛的第四胃、小肠、大肠、盲肠；有毛首科的鞭虫病，主要寄生于大肠及盲肠；有网尾科的网尾线虫，寄生于肺脏；有吸吮科的吸吮线虫，寄生于眼中；有丝状科的腹腔丝虫和丝虫科的盘尾丝虫寄生于腹腔和皮下等。其中在本地区比较多见且危害严重的是消化道圆线虫病中的一些虫种，如血矛线虫病、钩虫病、结节虫病等。

【临床症状和病理变化】各类线虫的共同症状，主要表现为明显的持续性腹泻，排出带黏液和血的粪便；幼畜发育受阻，进行性贫血，严重消瘦，下颌水肿，还有神经性症状，最后虚脱而死亡。

【诊断】用饱和盐水漂浮法检查粪便中的虫卵或根据粪便培养出的侵袭性幼虫的形态及尸体剖检在胃肠内发现的虫体可以分别确诊。

【预防】改善饲养管理，合理补充精饲料，进行全价饲养以增强机体的抗病能力。牛舍要通风干燥，加强粪便管理，防止污染饲料及水源。牛粪应放置在远离牛舍的固定地点堆肥发酵,以消灭虫卵和幼虫。

【发病后措施】用来治疗牛消化道线虫的药物很多,根据实际情况,常用以下两种药物:敌百虫,每千克体重用 0.04~0.08g,配成 2%~3% 的水溶液,灌服;或伊维菌素注射液,每 50g 体重用药 1mL,皮下注射,不准肌内或静脉注射,注射部位在肩前、肩后或颈部皮肤松弛的部位。

6. 绦虫病

牛绦虫病是由牛绦虫寄生在人体小肠引起的寄生虫病,临床以腹痛、腹泻、食欲异常、神疲乏力及大便排出绦虫节片为主症。

【病原及流行特点】虫体呈白色,由头节、颈节和体节构成扁平长带状。成熟的体节或虫卵随粪便排出体外,被地螨吞食,六钩蚴从卵内逸出,并发育成为侵袭性的似囊尾蚴,牛吞食似囊尾蚴的地螨而感染。

【临床症状和病理变化】莫尼茨绦虫主要感染生后数月的犊牛,以 6~7 月发病最为严重。曲子宫绦虫不分犊牛还是成年牛均可感染。无卵黄腺绦虫常感染成年牛。严重感染时表现精神不振,腹泻,粪便中混有成熟的节片。病牛迅速消瘦,贫血,有时还出现痉挛或回旋运动,最后引起死亡。

【诊断】用粪便漂浮法可发现虫卵,虫卵近似四角形或三角形,无色,半透明,卵内有梨形器,梨形器内有六钩蚴。用 1% 硫酸铜溶液进行诊断驱虫,如果发现排出虫体,即可确诊。剖检时可在肠道内发现白色带状的虫体。

【预防】对病牛粪便集中进行处理,然后才能作为肥料,采用翻耕土地、更新牧地等方法消灭地螨。

【发病后措施】如果有病牛感染,则可用硫酸二氯酚按每千克 30~40mg,一次口服或丙硫苯咪唑按每千克体重 7.5mg,一次口服。

7. 肝片形吸虫病

肝片形吸虫病是由肝片形吸虫或大片形吸虫引起的一种寄生虫病,主要发生于牛、羊。临床症状主要是营养障碍和中毒所引起的慢性消瘦和衰竭,病理特征是慢性胆管炎及肝炎。

【病原及流行特点】病原为肝片形吸虫和大片形吸虫两种。该病原的终末宿主为反刍动物。中间宿主为椎实螺。

【临床症状和病理变化】一般在生食水生植物后2~3个月，可有高热现象，体温波动在38~40℃之间，持续1~2周，甚至长达8周以上，并有食欲缺乏、乏力、恶心、呕吐、腹胀、腹泻等症状。数月或数年后可出现肝内胆管炎或阻塞性黄疸。慢性症状常发生于成年牛，主要表现为贫血、黏膜苍白、眼睑及体躯下垂部位发生水肿，被毛粗乱无光泽，食欲减退或消失，消瘦，肠炎等。

【诊断】应结合症状、流行情况及粪便虫卵检查综合判定。其病理诊断要点为：一是胆管增粗、增厚；二是大多胆管中常有片形吸虫寄生。

【预防】

(1) **定期驱虫** 因本病常发生于10月至第二年5月，所以春、秋两次驱虫是防治的必要环节，既能杀死当年感染的幼虫和成虫，又能杀灭由越冬蚴感染的成虫。硝氯酚，牛3~4mg/kg体重，粉剂混料喂服或水瓶灌服，无须禁食。

(2) **粪便处理** 把平时和驱虫时排出的粪便收集起来，堆积发酵，杀灭虫卵。

(3) **消灭实螺** 配合农田水利建设，填平低洼水潭，杜绝椎实螺栖生处所，放牧时防止在低洼地、沼泽地饮水和食草。

【发病后措施】首选药物是硫双二氯酚（别丁），常用剂量为每千克体重50mg/天，分3次服，隔天服用，15个治疗日为1疗程。或依米丁（吐根碱），每千克体重1mg/天，肌内或皮下注射，每天1次，10天为1疗程，对消除感染，减轻症状有效，但可引起心、肝、胃肠道及神经肌肉的毒性反应，需在严格的医学监督下使用，每次用药前检查腱反射、血压、心电图，并卧床休息。或三氯苯咪唑，12mg/kg体重，顿服，或第一天5mg/kg体重，第二天10mg/kg体重，顿服，可能出现继发性胆管炎，可用抗生素治疗。

8. 牛血吸虫病

牛血吸虫病主要是由日本分体科分体吸虫所引起的一种人畜共患血液吸虫病。以牛感染率最高，病变也较明显。主要症状为贫血、营养不良和发育障碍。我国主要发生在长江流域及南方地区，北方地区发生少。

【病原及流行特点】病原为日本分体吸虫。虫卵随粪便排出体外，在水中形成毛蚴，侵入中间宿主钉螺体内发育成尾蚴，从螺体中逸出进入水中。可经口或皮肤感染。

【临床症状和病理变化】急性病牛，主要表现为体温升高到40℃以上，呈不规则的间歇热，可因严重的贫血致全身衰竭而死。常见的多为慢性病例，病牛仅见消化不良，发育迟缓，腹泻及便血，逐渐消瘦。若饲养管理条件较好，则症状不明显，常成为带虫者。

【诊断】可根据临床表现和流行病学资料做出初步诊断，确诊需作病原学检查。病原学检查常用虫卵毛蚴孵化法和沉淀法，沉淀法是反复用水冲洗沉淀粪便，镜检粪渣中的虫卵。镜下虫卵呈卵圆形。门静脉和肠系膜内有成虫寄生。

【预防】搞好粪便管理，牛粪是感染本病的根源。因此，要结合积肥，把粪便集中起来，进行无害化处理。改变饲养管理方式，在有血吸虫病流行的地区，牛饮用水必须选择无螺水源，以避免有尾蚴侵袭而感染。

【发病后措施】用吡喹酮治疗，按 30mg/kg 体重，一次口服。

9. 螨病

【病原及流行特点】病原为疥螨和痒螨。螨病（疥癣、疥虫病、疥疮等）具有高度传染性，发病后往往蔓延至全群。

【临床症状和病理变化】该病初发时，剧痒，可见患畜不断在圈墙、栏柱等处摩擦。在阴雨天气、夜间、通风不好的圈舍以及随病情的加重，痒觉表现更为剧烈。由于患畜的摩擦和啃咬，患部皮肤出现丘疹、结节、水泡甚至脓疱，以后形成痂皮和龟裂及造成被毛脱落，炎症可不断向周围皮肤蔓延。病牛食欲减退，渐进性消瘦，生长停滞。有时可导致死亡。

【诊断】实验诊断：根据其症状表现及疾病流行情况，刮取皮肤组织查找病原进行确诊。其方法是用经过火焰消毒的凸刃小刀，涂上 50% 甘油水溶液或煤油，在皮肤的患部与健部的交界处用力刮取皮屑，一直刮到皮肤轻微出血为止。刮取的皮屑放入 10% 氢氧化钾

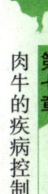

或氢氧化钠溶液中煮沸，待大部分皮屑溶解后，经沉淀取其沉渣镜检虫体。亦可直接在待检皮屑内滴少量10%氢氧化钾或氢氧化钠制片镜检，但病原的检出率较低。无镜检条件时，可将刮取物置于平皿内，在热水上或在日光照晒下加热平皿后，将平皿放在黑色背景上，用放大镜仔细观察有无螨虫在皮屑间爬动。

【预防】流行地区每年定期药浴，可取得预防与治疗的双重效果；加强检疫工作，对新购入的家畜应隔离检查后再混群；经常保持圈舍卫生、干燥和通风良好，定期对圈舍和用具清扫和消毒。

【发病后措施】可疑患畜应隔离饲养；患畜治疗期间，应注意对饲管人员、圈舍、用具同时进行消毒，以免病原散布，不断出现重复感染。注射或灌服药物，选用伊维菌素，剂量按每千克体重100～200μg；如果病畜数量多且正处气候温暖的季节，药浴为主要方法。药浴时，药液可选用0.025%～0.03%林丹乳油水溶液、0.5%～1%敌百虫水溶液、0.05%辛硫磷油水溶液、0.05%双甲脒溶液等。

三 营养代谢病

1. 佝偻病

佝偻病是由于犊牛饲料中钙、磷缺乏，钙、磷比例失调或吸收障碍而引起的骨结构不适当地钙化，以生长骨的骨骺肥大和变形为特征。

【病因】发病原因为日粮中钙、磷缺乏，或者是由于维生素D不足影响钙、磷的吸收和利用，而导致骨骼异常，饲料利用率降低、异嗜、生长速度下降。

【临床症状】不愿行走而呆立或卧地，食欲不振、啃食墙壁、泥沙，换齿时间推迟，关节常肿大，步态拘强，跛行，起立困难。膝、腕、飞节、系关节的骨端肿大，呈二重关节。肋骨与肋软骨接合部肿胀，呈佝偻病念珠状。脊柱侧弯、凹弯、凸弯，骨盆狭窄。上颌骨肿胀，口腔变窄，出现鼻塞和呼吸困难。因异嗜食可致消化不良，营养状况欠佳，精神不振，逐渐消瘦，最终发生恶病质。尸体剖检主要病理变化在骨骼和关节，全身骨骼都有不同程度的肿胀、疏松，骨密质变薄，骨髓腔变大，肋骨变形，胸骨脊呈"S"状弯曲，管状骨很易折断。关节软骨肿胀，有的有较大的软骨缺损。根据临床症状和骨骼的病理变化一般可做出诊断。对饲料中钙、磷、维生素 D 含量检测可做出确切诊断。

【预防】本病的病程较长，其病理变化是逐渐发生的，骨骼变形后极难复原，故应以预防为主。本病的预防并不困难，只要能够坚持满足牛的各个生长时期对钙、磷的需要，并调整好两者的比例关系，即可有效地预防本病发生。

（1）科学补钙 不同用途的牛群均应喂给全价日粮，以保证钙、磷的平衡供给，防止钙、磷的缺乏。

（2）供给维生素 D 饲料中维生素 D 的供给应能满足牛的正常需要，以防发生维生素 D 缺乏。但应注意，亦不可长期大剂量的添加维生素 D，以防发生中毒。

（3）定期驱虫 牛群应定期用伊维菌素进行驱虫，以保证各种营养素的吸收和利用。

【发病后措施】骨粉 10kg 拌入 1000kg 饲料中，全群混饲，连用 5～7 天。并用维生素 D 注射液 0.15 万～0.3 万国际单位/次，肌内注射，每两天 1 次，连用 3～5 次。或维生素 A、维生素 D 注射液（维生素 A 25 万国际单位、维生素 D 2.5 万国际单位）2～4mL/次，肌内注射，每天 1 次，连用 3～5 天。并用磷酸氢钙 2g/头，每天 1 次，全群拌料混饲，连用 5～7 天。

2. 维生素 A 缺乏症

维生素 A 缺乏症是由日粮中维生素 A 原（胡萝卜素等）和维生素 A 供应不足或消化吸收障碍引起的以黏膜、皮肤上皮角化变质，生长停滞，干眼症和夜盲症为特征的疾病。

【病因】长期饲喂不含动物性饲料或使用白玉米的日粮，又不注意补充维生素 A 时就易产生维生素 A 缺乏症。饲料中油脂缺乏，长期拉稀，肝胆疾病，十二指肠炎症等都可造成维生素 A 的吸收障碍。

【临床症状】维生素 A 缺乏多见于犊牛，主要表现为生长发育迟缓，消瘦，精神沉郁，共济运动失调，嗜眠。眼睑肿胀、流泪，眼内有干酪样物质积聚，常将上、下眼睑粘连在一起，出现夜盲。角膜混浊不透明，严重者角膜软化或穿孔，直至失明。常伴发上呼吸道炎症或支气管肺炎，出现咳嗽、呼吸困难、体温升高、心跳加快、

鼻孔流出黏液或黏液脓性分泌物。

成年牛表现消化紊乱，前胃弛缓，精神沉郁，被毛粗乱，进行性消瘦，夜盲，甚至出现角膜混浊、溃疡。母牛表现不孕、流产、胎衣不下；公牛肾脏功能障碍，尿酸盐排泄受阻，有时发生尿结石，性机能减退，精液品质下降。根据流行病学和临床症状，可做出初步诊断。通过测定日粮的维生素 A 含量，可做出确切诊断。

【预防】停喂储存过久或霉变饲料；全年均应供给适量的青绿饲料，避免终年只喂给农作物秸秆。

【发病后措施】鱼肝油 50～80mL/次，拌入精饲料喂给，每天 1 次，连用 3～5 天。并用苍术 50～80g/次，混入精饲料中全群喂给，每天 1 次，连用 5～7 天。或维生素 A、维生素 D 注射液（维生素 A 25 万国际单位、维生素 D 2.5 万国际单位）10mL/次，肌内注射，每天 1 次，连用 3～5 天。并用胡萝卜 500g/头，全群喂给，每天 1 次，连用 10～15 天。

四 中毒病

1. 有机磷农药中毒

有机磷农药是农业上常用的杀虫剂之一，引起家畜中毒的有机磷农药，主要有甲拌磷（3911）、对硫磷（1605）、内吸磷（1059）、乐果、敌百虫、马拉硫磷（4049）和乙硫磷（1240）等。

【病因】引起中毒的原因主要是误食喷洒有机磷农药的青草或庄稼，误饮被有机磷农药污染的饮水，误用配制农药的容器当作饲槽或水桶来喂饮家畜，滥用农药驱虫等。

【临床症状】患牛突然发病，表现为流涎、流泪，口角有白色泡沫，瞳孔缩小，视力减弱或消失，肠音亢进，排粪次数增多或腹泻带血。严重的病例则表现为狂躁不安，共济失调，肌痉挛及震颤，呼吸困难。晚期病牛出现癫痫样抽搐，脉搏和呼吸减慢，最后因呼吸肌麻痹窒息死亡。

【预防】健全农药的保管制度；用农药处理过的种子和配好的溶液，不得随便堆放；配制及喷洒农药的器具要妥善保管；喷洒农药最好在早晚无风时进行；喷洒过农药的地方，应插上"有毒"的标志，1 个月内禁止放牧或割草；不滥用农药来杀灭家畜体表寄生虫。

【发病后措施】 发现病牛后，立即将病牛与毒物脱离开，紧急使用阿托品与解磷定进行综合治疗。可根据病情的严重程度等有关情况选择不同的治疗方案。

大剂量使用阿托品（即一般剂量的2倍），为0.06~0.2g，皮下注射或静脉注射，每隔1~2h用1次，可使症状明显减轻。在此治疗基础上，配合解磷定或氯磷定5~10g，配成2%~5%水溶液静脉注射，每隔4~5h用药1次。有效反应为：瞳孔放大，流涎减少，口腔干燥，视力恢复，症状显著减轻或消失。另外双复磷比氯磷定效果更好，剂量为10~20mg/kg体重。对严重脱水的病牛，应当静脉补液，对心功能差的病牛，应使用强心药。对于经口吃入毒物而致病的牛，可早期洗胃；对因体表接触引起中毒的病牛，可进行体表刷洗。

2. 尿素中毒

【病因】 尿素可以作为牛的蛋白质饲料，还可以用于麦秸的氨化。但若用量不当，则可导致牛尿素中毒。尿素喂量过多，或喂法不当，或被大量误食即可中毒。

【临床症状】 牛过量采食尿素后30~60min即可发病。病初表现不安，呻吟，流涎，肌肉震颤，体躯摇晃，步样不稳。继而反复痉挛，呼吸困难，脉搏增速，从鼻腔和口腔流出泡沫样液体。末期全身痉挛出汗，眼球震颤，肛门松弛，几小时内死亡。

【预防】 严格化肥保管制度，防止牛误食尿素。用尿素作饲料添加剂时，应严格掌握用量，体重500kg的成年牛，用量不超过150g/天。尿素以拌在饲料中喂给为宜，不得化水饮服或单喂，喂后2h内不能饮水。如果日粮蛋白质已足够，不宜加喂尿素。犊牛不宜使用尿素。

【发病后措施】 发现病牛后，应立即隔离治疗，可根据病情的严重程度等有关情况选择不同的治疗方法。发现牛尿素中毒后，立即灌服食醋或醋酸等弱酸溶液，如1%醋酸1L、糖250~500g、水1L，或食醋500mL，加水1L，一次内服。静脉注射10%葡萄糖酸钙200~400mL，或静脉注射10%硫代硫酸钠溶液100~200mL，同时应用强心剂、利尿剂、高渗葡萄糖等疗法。

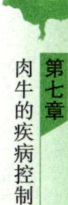

3. 棉籽饼中毒

【病因】棉籽饼是一种富含蛋白质的良好饲料,但其中含有毒物质棉酚,如果未经脱酚或调制不当,大量或长期饲喂,可引起中毒。

【临床症状】长期以棉籽饼喂牛时,可使牛出现维生素A和钙缺乏症,表现为食欲减退,消化系统紊乱,尿频,尿淋漓或形成尿道结石,使牛不能排尿。用棉籽饼喂牛5~6个月,可引起牛的夜盲症。若一次喂给大量的棉籽饼,可引起牛的急性中毒。病牛食欲废绝,反刍停止,瘤胃内容物充盈,蠕动迟缓,排粪量少而干,患病后期牛可能拉稀粪,排尿时可能带血。病牛眼窝下陷,皮肤弹性下降,严重脱水和明显消瘦。

【预防】限量限期饲喂棉籽饼,防止一次过食或长期饲喂。饲料必须多样化。用棉籽饼作饲料时,要加温到80~85℃并保持3~4h或以上,弃去上面的漂浮物,冷却后再饲喂。也可将棉籽饼用1%氢氧化钙液或2%熟石灰或0.1%硫酸亚铁液浸泡一昼夜,然后用清水洗后再喂。牛每天的饲喂量不超过1.5kg,犊牛最好不喂。霉败变质的棉籽饼不能用作饲料。

【发病后措施】立即消除致病因素,停止饲喂棉籽饼,用0.1%高锰酸钾洗胃,也可用2%小苏打溶液洗胃。可根据病情的严重程度等有关情况选择不同的治疗方法。将硫酸镁或硫酸钠300~500g溶于2000~3000mL水中,给牛灌服,以促进牛加速排泄。若病牛并发胃肠炎时,可将磺胺脒30~40g、鞣酸蛋白20~50g,溶于500~1000mL水中,给牛灌服。此外,也可用硫酸亚铁7~15g给牛灌服。同时,采取措施对症治疗。当病牛有脱水症状且心功能不好时,可用25%葡萄糖500~1000mL,10%安纳加20mL,10%氯化钙100mL,混合后静脉注射。对发病牛增喂青绿饲草及胡萝卜,有助于病牛的康复。

4. 食盐中毒

食盐是牛饲料的重要组成部分,缺盐常可导致牛异食癖及代谢机能紊乱,影响牛的生长发育及生产性能发挥。但过量食用或饲喂不当,又可引起牛体中毒,发生消化道炎症和脑水肿等一系列病变。牛的一般中毒量为每千克体重1.0~2.2g。

【病因】长期缺盐饲养的牛突然加喂食盐,又未加限制,造成牛大量采食;水不足也是导致牛食盐中毒的原因之一;给牛饲喂腌菜的废水、酱渣;料盐存放不当,被牛偷食,过量而中毒。

【临床症状】病牛精神沉郁,食欲减退,眼结膜充血,眼球外突,口干,饮欲增加,伴有腹泻、腹痛症状,运动失调,步态蹒跚。有的牛只还伴有神经症状,乱跑乱跳,做圆圈运动。严重者卧地不起,食欲废绝,呼吸困难,濒临死亡。

【预防】保证充分的饮水;在给牛饲喂残渣废水时,必须适当限制用量,并同其他饲料搭配饲喂。饲料中的盐含量要适宜。料盐要注意保管存放,不要让牛接近,以防偷食。

【发病后措施】立即停喂食盐。本病无特效解毒药,治疗原则主要是促进食盐排出,恢复阳离子平衡,并对症治疗。恢复血液中阳离子平衡,可静脉注射10%葡萄糖酸钙200~400mL;缓解脑水肿,可静脉注射甘露醇1000mL;病牛出现神经症状时,用25%硫酸镁10~25g肌内注射也可静脉注射,以镇静解痉。以上是针对成年牛发病的药物使用剂量,犊牛酌减。

五 其他病

1. 前胃弛缓

前胃弛缓是指瘤胃的兴奋性降低、收缩力减弱、消化功能紊乱的一种疾病,多见于舍饲的肉牛。

【病因】前胃弛缓病因比较复杂。一般为原发性和继发性两种。原发性病因包括长期饲料过于单纯,饲料质量低劣,饲料变质,饲养管理不当,应激反应等。继发性病因包括由胃肠疾病、营养代谢病及某些传染病继发而成的。

【临床症状】按照病程可分急性和慢性两种类型。急性时,病牛表现精神委顿,食欲、反刍减少或消失,瘤胃收缩力降低,蠕动次数减少。嗳气且带酸臭味,瘤胃蠕动音低沉,触诊瘤胃松软,初期粪便干硬色深,继而发生腹泻。体温、脉搏、呼吸一般无明显变化。随病程的发展,到瘤胃酸中毒时,病牛呻吟,食欲、反刍停止,排出棕褐色糊状粪便,恶臭。精神高度沉郁、鼻镜干燥,眼球下陷,黏膜发绀,脱水,体温下降等。听诊时蠕动音微弱。由急性发展为

慢性时，病牛表现食欲不定，有异嗜现象，反刍减弱，便秘，粪便干硬，表面附着黏液，或便秘与腹泻交替发生，脱水，眼球下陷，逐渐消瘦。

【预防】本病要重视预防，改进饲养管理，注意运动，合理调制饲料，不饲喂霉败、冰冻等品质不良的饲料，防止突然更换饲料，饲喂要定时、定量。

【发病后措施】以提高前胃的兴奋性，增强前胃运动机能，制止瘤胃内异常发酵过程，防止酸中毒，恢复牛正常的反刍，改变胃内微生物区系的环境，提高纤毛虫的活力为目的。病初先停食1~2天，后改喂青草或优质干草。通常用人工盐250g、硫酸镁500g、小苏打90g，加水灌服；或1次静脉注射10%氯化钠500mL、10%安钠咖20mL；为防止脱水和自体中毒，可静脉滴入等渗糖盐水2000~4000mL，5%的碳酸氢钠1000mL和10%的安钠咖20mL。

可应用中药健胃散或消食平胃散250g，内服，每日1次或隔日1次。马钱子酊10~30mL，内服。针灸脾俞、后海、滴明、顺气等穴位。

2. 瘤胃臌气

瘤胃臌气是指瘤胃内容物急剧发酵产气，对气体的吸收和排出障碍，致使胃壁急剧扩张的一种疾病。放牧的肉牛多发。

【病因】原发性病因常见采食了大量易发酵的青绿饲料，特别是以饲喂干草为主转化为喂青草为主的季节或大量采食新鲜多汁的豆科牧草或青草时，如新鲜苜蓿、三叶草等，最易导致本病发生。此外，食入腐败变质、冰冻、品质不良的饲料也可引起臌气。继发性瘤胃臌胀常见前胃弛缓、瓣胃阻塞、膈疝等可引起排气障碍，致使瘤胃扩张而发生臌胀，本病还可继发于食道梗塞、创伤性网胃炎等疾病过程中。

【临床症状】按病程可分为急性和慢性臌胀两种。急性多于采食后不久或采食中突然发作，出现瘤胃臌胀。病牛腹围急剧增大，尤其是以左肷部明显，叩诊瘤胃紧张而呈鼓音，患牛腹痛不安，不断回头顾腹，或以后肢踢腹，频频起卧。食欲、反刍、嗳气停止，瘤胃蠕动减弱或消失。呼吸高度困难，颈部伸直，前肢开张，张口伸舌，呼吸加快。结膜发绀，脉搏快而弱。严重时，眼球向外突出。最后运动失调，站立不稳而卧倒于地。继发性臌胀症状时好时坏，反复发作。

【预防】本病以预防为主，改善饲养管理。防止贪食过多幼嫩多汁的豆科牧草，尤其由舍饲转为放牧时，应先喂些干草或粗饲料。不喂发酵霉败、冰冻或霜雪、露水浸湿的饲料。变换饲料要有过渡适应阶段。

【发病后措施】首先排气减压，对一般轻症者，可使病牛取前高后低站立姿势，同时将涂有松馏油或大酱的小木棒横衔于口中，用绳拴在角上固定，使牛张口，不断咀嚼，促进嗳气。对于重症者，要立即将胃管从口腔插入胃，用力推压左侧腹壁，使气体排出。或使用套管汁穿刺法，左肷凹陷部剪毛，用5%碘酒消毒，将套管针垂直刺入瘤胃，缓慢放气。最后拔出套管针，穿刺部位用碘酒彻底消毒。对于泡沫性瘤胃臌胀，可用植物油（豆油、花生油、棉籽油等）或液态石蜡250～500mL，1次内服。此外可酌情使用缓泻制酵剂，如硫酸镁500～800g，福尔马林20～30mL，加水5～6L，1次内服；或液态石蜡1～2L，鱼石脂10～20g，温水1～2L，1次内服。

3. 瘤胃积食

瘤胃积食是以瘤胃内积滞过量食物，导致以体积增大、胃壁扩张、运动机能紊乱为特征的一种疾病。本病以舍饲肉牛多见。

【病因】本病是由于瘤胃内积滞过量干固的饲料，引起瘤胃壁扩张，从而导致瘤胃运动及消化机能紊乱。长期大量喂精饲料及糟粕类饲料，粗饲料喂量过低；牛偷吃大量精饲料，长期采食大量粗硬劣质难消化的饲料（豆秸、麦秸等）或采食大量适口易臌胀的饲料，均可促使本病的发生。突然变换饲料和饮水不足等也可诱发本病。此外还可继发瘤胃弛缓、瓣胃阻塞、创伤性网胃炎等疾病的病程中。

【临床症状】食欲、反刍、嗳气减少或废绝，病牛表现呻吟努责、腹痛不安、腹围显著增大，尤其是左肷部明显。触诊瘤胃充满而坚实并有痛感，叩诊呈浊音。排软便或腹泻，尿少或无尿，鼻镜干燥，呼吸困难，结膜发绀，脉搏快而弱，体温正常。到后期出现严重的脱水和酸中毒，眼球下陷，红细胞压积由30%增加到60%，

瘤胃内pH明显下降。最后出现步态不稳、站立困难、昏迷倒地等症状。

【预防】关键是防止过食。严格执行饲喂制度，饲料按时按量供给，加固牛栏，防止偷跑的牛偷食饲料。避免突然更换饲料，粗饲料应适当加工软化。

【发病后措施】可采取绝食1~2天后给予优质干草。取硫酸镁500~1000g，配成8%~10%水溶液灌服，或用蓖麻油500~1000mL、液态石蜡1000~1500mL灌服，以加快胃内容物排出，另外，可用4%碳酸氢钠溶液洗胃，尽量将瘤胃内容物导出，对于虚弱脱水的病牛，可用5%葡萄糖生理盐水1500~3000mL、5%碳酸氢钠500~1000mL、25%葡萄糖溶液500mL，一次静脉注射。以排除瘤胃内容物，制止发酵，防止自体中毒和提高瘤胃的兴奋性为治疗原则。

应用中药消积散或曲麦散250~500g，内服，每日1次或隔日1次。针灸脾俞、后海、滴明、顺气等穴位。

在上述保守疗法无效时，则应立即行瘤胃切开术，取出大部分内容物以后，放入适量健康牛的瘤胃液。

4. 瘤胃酸中毒

瘤胃酸中毒是由于采食大量精饲料或长期饲喂酸度过高的青贮饲料，在瘤胃内产生大量乳酸等有机酸而引起的一种代谢性酸中毒。该病的特征是消化功能紊乱，瘫痪、休克和死亡率高。

【病因】过食或偷食大量谷物饲料，如玉米、小麦、红薯干，特别是粉碎过细的谷物，由于淀粉充分暴露，在瘤胃内高度发酵产生大量乳酸或长期饲喂酸度过高的青贮饲料而引起中毒，气候突变等应激情况下，肉牛消化机能紊乱，容易导致本病。

【临床症状】本病多急性经过，初期，食欲、反刍减少或废绝，瘤胃蠕动减弱，胀满、腹泻、粪便酸臭、脱水、少尿或无尿，呆立。不愿行走，步态蹒跚，眼窝凹陷，严重时，瘫痪卧地，头向背侧弯曲，呈角弓反张样，呻吟，磨牙，视力障碍，体温偏低，心率加快，呼吸浅而快。

【预防】应注意生长育肥期肉牛饲料的选择和调制，注意精粗比例，不可随意加料或补料，适当添加矿物质、微量元素和维生素添加剂。对含碳水化合物较高或粗饲料以青贮为主的日粮，适当添加碳酸氢钠。

【发病后措施】对发病牛在去除病因的同时抑制酸中毒，解除脱水和强心。禁食1~2天，限制饮水。为缓解酸中毒，可静脉注射5%的碳酸氢钠1000~5000mL，每日1~2次。为促进乳酸代谢，可肌内注射维生素B 10.3g，同时内服酵母片。为补充体液和电解质，促进血液循环和毒素的排出，常采用糖盐水、复方生理盐水、低分子的右旋糖酐各1000mL，混合静脉注射，同时加入适量的强心剂。适当应用瘤胃兴奋剂，皮下注射新斯的明、毛果云香碱和氨甲酰胆碱等。

5. 腐蹄病

牛蹄间皮肤和软组织具有腐败、恶臭特征的疾病总称为腐蹄病。

【病因】本病病因为两种类型：一是饲料管理方面，主要是草料中钙、磷不平衡，致使角质蹄疏松，蹄变形和不正；牛舍不清洁、潮湿，运动场泥泞，蹄部经常被粪尿、泥浆浸泡，使局部组织软化；石子、铁钉，坚硬的木头、玻璃碴等刺伤软组织而引起蹄部发炎。二是由坏死杆菌引起的，本菌是牛的严格寄生菌，离开动物组织后，不能在自然界长期生存，此菌可在病愈动物体内保持活力数月，这是腐蹄病难以消灭的一个原因。

【临床症状】病牛喜爬卧，站立时患肢负重不实或各肢交替负重，行走时跛行。蹄间和蹄冠皮肤充血，红肿，蹄间溃烂，有恶臭分泌物，有的蹄间有不良肉芽增生。蹄底角质部呈黑色，用叩诊锤或手压蹄部出现痛感。有的出现角质溶解、蹄真皮过度增生，肉芽突出于蹄底现象。严重时，体温升高，食欲减少，严重跛行，甚至卧地不起，消瘦。用刀切削扩创后，蹄底小孔或大洞即有污黑的臭水流出，趾间也能看到溃疡面，上面覆盖着恶臭的坏死物，重者蹄冠红肿，痛感明显。

【预防】药物对腐蹄病无临床效果，切实预防和控制该病的最有效措施是进行疫苗免疫。此外，圈舍应勤扫勤垫，防止泥泞，运动场要干燥，设有遮阴棚。

【发病后措施】草料中要补充锌与铜，每头牛每日每千克体重补

喂硫酸铜、硫酸锌各45mg。如果钙、磷失调，缺钙补骨粉，缺磷则加喂麸皮。用10%硫酸铜溶液浴蹄2~5min，间隔1周再进行1次，效果极佳。

6. 子宫外翻或子宫脱出

子宫角、子宫体、子宫颈等翻转突垂于阴道内称为子宫内翻，翻转突垂于阴门外称子宫外翻。

【病因】多因怀孕期饲养管理不当、饲料单一、质量差、缺乏运动、畜体瘦弱无力、过劳等致使会阴部组织松弛，无力固定子宫，年老和经产母畜易发生。助产不当、产道干燥强力而迅速拉出胎畜、胎衣不下，在露出的胎衣断端系以重物及胎畜脐带粗短等亦可引起。此外，瘤胃臌气、瘤胃积食、便秘、腹泻等也能诱发本病。

【临床症状】子宫部分脱出，为子宫角翻至子宫颈或阴道内而发生套叠，仅有不安、努责和类似疝痛症状，通过阴道检查才可发现。子宫全部脱出时，子宫角、子宫体及子宫颈部外翻于阴门外，且可下垂到跗关节。脱出的子宫黏膜上往往附有部分胎衣和子叶。子宫黏膜初为红色，以后变为紫红色，子宫水肿增厚，呈肉冻状，表面发裂，流出渗出液。

【防治措施】子宫全部脱出，必须进行整复：将病牛站立保定在前低后高、干燥的体位。用常水灌汤，使直肠内空虚。用温的0.1%高锰酸钾冲洗脱出部的表面及其周围的污物，削离残留的胎衣以及坏死组织，再用3%~5%温的明矾水冲洗，并注意止血。如果脱出部分水肿明显，可以用消毒针头乱刺黏膜挤压排液，如果有裂口，应涂擦碘酊，裂口深而大的要缝合。用2%普鲁卡因8~10mL在尾荐间隙注射，施行硬膜外腔麻醉。在脱出部包盖浸有消毒、抗菌药物的油纱布，用手掌趁患畜不努责时将脱出的子宫托送入阴道，直至子宫恢复正常位置，再插入一手至阴道并在里面停留片刻，以防努责时再脱。同时，为防止感染和促进子宫收缩，可给子宫内放置抗生素或磺胺类胶囊，随后注射垂体后叶素或缩宫素60~100国际单位，或麦角新碱2~3mg。最后应加栅状阴门托或绳网结以保定阴门，或加阴门锁，或以细塑料线将阴门作稀疏袋口缝合。经数天后子宫不再脱出时即可拆除。

7. 热射病与日射病

热射病与日射病（统称为中暑）发生急、进展迅速，处理不及时或不当，常很快死亡。

【病因】热射病是由于牛长时间处于高温、高湿和不通风的环境中而发生；日射病是牛在炎热的季节里，长时间、直接受到曝晒，且饮水和喂食盐不足，导致散热调节障碍，体温急剧升高，很快出现严重的全身症状。

【临床症状】常突然发病，精神沉郁、步态不稳，共济运动失调，或突然倒地不能站立。目光呆滞，张口伸舌，心跳加快，呼吸频数，体温升高，可达42～43℃，触摸体表感到烫手，第三眼睑突出。有的出现明显的神经症状，狂暴不安，或卧地抽搐，很快进入昏迷状态，呼吸高度困难，眼睑、肛门反射消失，瞳孔散大而死亡。

【预防】炎热季节长途运输牛时，车上应装置遮阴棚，途中间隔一定时间应停车休息一下，并喂给牛群清凉饮水；进入炎热季节，牛舍的湿度大，应加强牛舍的通风管理，尤其是午后和闷热的黄昏，更应注意牛舍的通风。

【发病后措施】

方法1：静脉放血500～1000mL，以降低颅内压。以清凉的自来水喷洒头部及全身，以促使散热和降温。林格尔液2500～3500mL、10%樟脑磺酸钠注射液20～30mL，凉水中冷浴后，立即静脉注射，每天1～3次。维生素C粉150g，加入清凉饮水1000L中，全群混饮，连用5～7天。

方法2：以清凉的自来水喷洒头部及全身，以促使散热和降温。5%维生素C注射液10～20mL/次、葡萄糖生理盐水注射液2500～3500mL、10%樟脑磺酸钠注射液20～30mL，腹腔注射，每天1～3次。十滴水3～5mL/头，加入清凉的饮水中，全群混饮，连用1～2天。

【案例分析】肉牛疾病控制程序

林州市一肉牛养殖场，存栏肉牛200头，注重肉牛疾病防控的程序优化，效果良好，养殖场开办5年来，肉牛没有因疾病死亡的。其疾病控制程序：一是购买肉牛时的检疫和隔离。在市场购牛时，

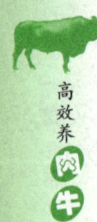

首先查验卖主持原产地兽医部门出具的产地检疫证明，且佩带免疫标志，方可收购。选择健康的肉牛（有病的坚决不要）。将购入的牛拴系在隔离观察室3~5天。二是消毒驱虫。在观察期间用0.3%的过氧乙酸消毒液逐头进行1次喷体消毒，在3天内用0.25%的螨涂乳化剂对牛进行1次普擦或用2%的敌百虫溶液喷洒牛体（防体表寄生虫病），正常后转入育肥舍。进栏一周内，按10mg/kg体重的苯丙硫咪唑一次口服或用5~7mg/kg体重的抗蠕敏驱除体内寄生虫，若有体外寄生虫也要及时进行治疗。三是健胃。进场后7~8天，用健胃散对所有牛进行健胃，体重不足250kg的牛灌服250g，体重250kg以上的牛每头灌服500g，随着牛体况的恢复和对环境的适应，逐步添加精饲料。四是卫生防疫。在牛进舍前，要定期与不定期地用生石灰水或来苏儿对牛舍进行消毒。在门口设消毒池，以防病菌带入。每天清晨要观察牛的体况变化，有异常及时对症治疗，并定期进行口蹄疫、产气荚膜梭菌病的免疫注射等。

第八章
肉牛场的经营管理

> **核心提示**
>
> 肉牛场的经营管理是指为实现一定的经营目标,按照牛的生物学规律和经济规律,运用经济、法律、行政及现代科学技术和管理手段,对牛场的生产、销售、劳动报酬、经济核算等活动进行计划、组织和调控,它属于管理学的范畴,其核心是充分、有效地利用牛场的人力、物力和财力,以达到高产和高效的目的。其内容主要包括经营预测和决策、计划管理、生产管理、经济核算等。

第一节 经营预测和决策

一 经营预测

预测是决策的前提,要做好预测,必须首先开展市场调查。运用适当的方法,有目的、有计划、系统地搜集,整理和分析市场情况,以取得经济信息。调查的内容包括市场需求量、消费群体、产品结构、销售渠道、竞争形式等。调查的方法常用的有访问法、观察法和实践法三种。搞好市场调查是进行市场预测、决策和制订计划的基础,也是搞好生产经营和产品销售的前提条件。

经营预测就是对未来事件做出的符合客观实际的判断。如市场预测(销售预测)就是在市场调查的基础上,在未来一定时期和一定范围内,对产品的市场供求变化趋势做出的估计和判断。市场预测的主要内容包括市场需求预测、销售量预测、产品寿命周期预测、

市场占有率预测等。预测期分为短期和长期两种。预测方法有判断性预测法和数学模型分析预测法两种。

二 经营决策

经营决策就是牛场为了确定远期和近期的经营目标和实现这些目标及有关的一些重大问题做出的最优选择的决断过程。肉牛场经营决策的内容很多，大到肉牛场的生产经营方向、经营目标、远景规划，小到肉牛场规章制度的制定、生产活动的具体安排等，肉牛场的饲养管理人员每时每刻都在决策。决策的正确与否，直接影响到肉牛场的经营效果。有时一次重大的决策失误就可能导致肉牛场的亏损，甚至倒闭。正确的决策是建立在科学预测的基础上的，只有通过收集大量的有关的经济信息，进行科学预测后，才能进行决策。正确的决策必须遵循一定的决策程序，采用科学的方法进行决策。

1. 决策的程序

决策的程序包括提出问题（如确定经营方向、饲料配方、饲养方式、治疗什么疾病）、确定决策目标（如经营项目和经营规模的决策目标是一定时期内使销售收入和利润达到多少；饲料配方决策目标是产量增加多少和饲料成本降低多少）、拟定多种可行方案（围绕决策目标设计出多种方案）、选择方案（运用科学的方法，对各种可行方案进行分析比较，从中选出最优方案）和贯彻实施与信息反馈等。

2. 常用的决策方法

（1）比较分析法 是将不同的方案所反映的经营目标实现程度的指标数值进行对比，从中选出最优方案的一种方法。如对不同品种的饲养结果进行分析，可以选出一个能获得较好经济效益的品种；不同规模的效益比较对于规模的确定有一定借鉴作用。

（2）综合评分法 综合评分法就是通过选择对不同的决策方案影响都比较大的经济技术指标，根据它们在整个方案中所处的地位和重要性，确定各个指标的权重，把各个方案的指标进行评分，并依据权重进行加权得出总分，以总分的高低选择决策方案的方法。例如选择建设牛舍时，往往既要投资效果好，又要设计合理、便于饲养管理，还要有利于防疫等。这类决策，称为多目标决策。但这些目标（即指标）对不同方案的反映有的是一致的，有的是不一致的，采用对比法往往难以提出一个综合的数量概念。为求得一个综合的结果，需要采用综合评分法。

（3）盈亏平衡分析法 这种方法又叫本、量、利分析法，是通过揭示产品的产量、成本和盈利之间的数量关系进行决策的一种方法。产品的成本划分为固定成本和变动成本两类。固定成本如牛场的管理费、固定职工的基本工资、折旧费等，不随产品产量的变化而变化；变动成本是随着产销量的变动而变动的，如饲料费、燃料费和其他费。利用成本、价格、产量之间的关系列出盈亏分析的计算公式：

$$PQ = F + QV + PQx$$
$$Q = F/[P(1-x) - V]$$

式中 F——某种产品的固定成本；

x——单位销售额的税金；

V——单位产品的变动成本；

P——单位产品的价格；

Q——盈亏平衡时的产销量。

如企业计划获利 R 时的产销量 Q_R 为：

$$Q_R = (F+R)/[P(1-X) - V]$$

盈亏平衡公式可以解决如下问题：

1）规模决策：当产量达不到保本产量，产品销售收入小于产品总成本，就会发生亏损，只有在产量大于保本点条件下，才能盈利，因此保本点是企业生产的临界规模。

2）价格决策。

① 在保证利润总额（R）不减少的情况下，可依据产量来确定价格。

由 $PQ = F + VQ + R$，则 $P = (F+R)/Q + V$

② 在保证单位产品利润（r）不变时，可依据产销量来确定价格水平。

由 $PQ = F + VQ + R(R = rQ)$，则 $P = F/Q + V + r$

（4）决策树法 利用树型决策图进行决策基本步骤：绘制树形决策图，然后计算期望值，最后剪枝，确定决策方案。如某养殖场可以养肉牛和肉兔,只知道其年盈利额见表8-1,请做出决策选择。

表8-1 不同方案在不同状态下的年盈利额

项目状态	概率	肉牛		肉兔	
		畅销（概率0.9）	滞销（概率0.1）	畅销（概率0.8）	滞销（概率0.2）
饲料涨价 A	0.3	15	−20	20	−5
饲料持平 B	0.5	30	−10	25	10
饲料降价 C	0.2	45	5	40	20

1）绘制决策树型示意图（图8-1）。

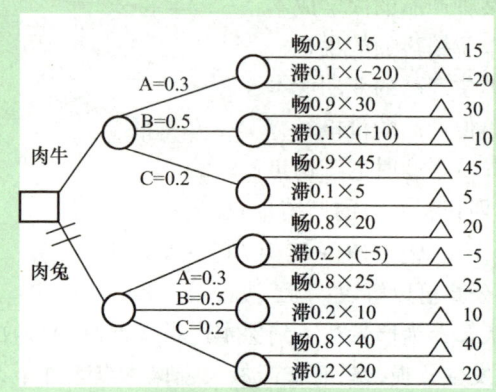

图8-1 决策树型示意图

注：□表示决策点,由它引出的分枝叫决策方案枝；○表示状态点,由它引出的分枝叫状态分枝,上面标明了这种状态发生的概率；△结果点,它后面的数字是某种方案在某状态下的收益值。

2）计算期望值。

肉牛 $= [0.9 \times 15 + 0.1 \times (-20)] \times 0.3 + [0.9 \times 30 + 0.1 \times (-10)] \times 0.5 + (0.9 \times 45 + 0.1 \times 5) \times 0.2 = 24.7$

肉兔 $= [0.8 \times 20 + 0.2 \times (-5)] \times 0.3 + (0.8 \times 25 + 0.2 \times 10) \times 0.5 + (0.8 \times 40 + 0.2 \times 20) \times 0.2 = 22.7$

3）剪枝。由于肉牛的期望值是 24.7，大于肉兔的期望值 22.7，因此剪掉肉兔项目，留下的肉牛项目就是较好的项目。

第二节　肉牛场的计划管理

计划管理就是根据肉牛场情况和市场预测合理制订生产计划，并落到实处。制订计划就是对肉牛场的投入、产出及其经济效益做出科学的预见和安排，计划是决策目标的具体化，经营计划分为长期计划、年度计划、阶段计划等。

一　编制计划的方法

肉牛业计划编制的常用方法是平衡法，是通过对指导计划任务和完成计划任务所必须具备的条件进行分析、比较，以求得两者的相互平衡。畜牧业企业在编制计划的过程中，重点要做好草原（土地）、劳力、机具、饲草饲料、资金、产销等平衡工作。利用平衡法编制计划主要是通过一系列的平衡表来实现的，平衡表的基本内容包括需要量、供应量、余缺三项。具体运算时一般采用下列平衡公式：

期初结存数 + 本期计划增加数 − 本期需要数 − 结余数

上式三部分，即供应量（期初结存数 + 本期增加数）、需要量（本期需要量）和结余数构成平衡关系，进行分析比较，根据余缺，采取措施，调整计划指标，以实现平衡。

二　肉牛场主要生产计划

1. 产品产量计划

计划经济条件下传统产量计划，是依据牛群周转计划而制订的。而市场经济条件下必须反过来计算，即以销定产，以产量计划倒推牛群周转计划。根据肉牛场不同产品产量计划可以细分为种牛供种计划、犊牛生产计划和肉牛出栏计划等。

2. 牛群周转计划

养牛场生产中，牛群因购、销、淘汰、死亡、犊牛出生等原因，在一定时间内，牛群结构有增减变化，称为牛群周转计划。肉牛群

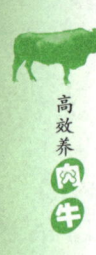

周转计划是制订其他各项计划的基础，只有制订好周转计划，才能制订饲料计划、产品计划和引种计划。通过牛群周转计划实施，使牛群结构更加合理，增长投入产出比，提高经济效益。制订牛群周转计划，应综合考虑牛舍、设备、人力、成活率、淘汰和转群移舍时间、数量等，保证各牛群的增减和周转能够完成规定的生产任务，又能最大限度地降低各种劳动消耗（表8-2）。

表8-2 肉牛群的周转计划

日期	年初头数/头	本年增加数/头			本年减少数/头			年末头数/头
		繁殖	购进	转入	出售	转出	淘汰或死亡	

3. 牛场饲料供应计划

为使养牛生产有可靠的饲料基础，每个牛场都要制订饲料供应计划。编制饲料供应计划时，要根据牛群周转计划，按全年牛群的年饲养日数乘以各种饲料的日消耗定额，再增加10%～15%的损耗量，以此确定为全年各种饲料的总需要量，在编制饲料供应计划时，要考虑牛场发展增加牛数量时的所需量，对于粗饲料要考虑一年的供应计划，对于精饲料、糟渣类料要留足一个月的量或保证相应的流动资金，精饲料中各种饲料的供应是在确定精饲料的基础上按能量饲料（玉米）、蛋白质补充料、辅料（麸皮）、矿物质料之比为60:30:20:8考虑，其中矿物质料包括食盐、石粉、小苏打、磷酸氢钙、微量元素预混料等可按等同比例考虑（表8-3）。

表8-3 肉牛场饲料供应计划　　　　（单位：kg）

类别	数量/头	粗饲料			能量饲料	蛋白质补充料			辅料	其他饲料	矿物质饲料					
		秸秆	干草	青贮饲料		油粕类	副产品	其他			食盐	石粉	小苏打	碳酸氢钠	微量元素预混料	其他

4. 疫病防治计划

肉牛场疫病防治计划是指一个年度内对牛群疫病防治所做的预

先安排。肉牛场的疫病防治是保证其生产效益的重要条件，也是实现生产计划的基本保证。肉牛场应实行"预防为主，防治结合"的方针，建立一套综合性的防疫措施和制度。其内容包括牛群的定期检查、牛舍消毒、各种疫苗的定期注射、病牛的资料与隔离等。对各项防疫制度要严格执行，定期检查。

5. 资金使用计划

有了生产销售计划、草料供应计划等计划后，资金使用计划也就必不可少了。资金使用计划是经营管理计划中非常关键的一项工作，做好计划并顺利实施，是保证企业健康发展的关键。资金使用计划的制订应依据有关生产等计划，本着节省开支，并最大限度提高资金使用效率的原则，精打细算，合理安排，科学使用。既不能让资金长时间闲置，造成资金资源浪费，还要保证生产所需资金及时足额到位。在制订资金计划中，对牛场自有资金要统筹考虑，尽量盘活资金，不要造成自有资金沉淀。对企业发展所需贷款，经可行性研究，认为有效益、项目可行的，就要大胆贷款，破除企业不管发展快慢，只要没有贷款就是好企业的传统思想，要敢于并善于科学合理地运用银行贷款，加快规模牛场的发展。一个企业只要其资产负债率保持在合理的范围内，都是可行的。

> 【提示】 编制计划四原则：一是整体性原则，要考虑国家、企业和劳动者三者利益关系，统筹兼顾，合理安排；二是适应性原则，计划要适应内部条件和外部环境条件的变化；三是科学性原则，计划指标要科学，高低适中；四是平衡性原则，各个生产计划指标要平衡一致，使肉牛场的各个方面、各个阶段的生产经营活动协调一致。

第三节　生产运行过程的经营管理

一　制度的制定

1. 制定技术操作规程

技术操作规程是牛场生产中按照科学原理制定的日常作业的技

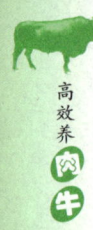

术规范。肉牛群管理中的各项技术措施和操作等均应通过技术操作规程加以贯彻。同时，它也是检验生产的依据。不同饲养阶段的牛群，应按其生产周期制定不同的技术操作规程，如犊牛技术操作规程、育成牛技术操作规程和育肥牛技术操作规程等。

技术操作规程的主要内容是：对饲养任务提出生产指标，使饲养人员有明确的目标；指出不同饲养阶段牛群的特点及饲养管理要点；按不同的操作内容分段列条、提出切合实际的要求等。

> 【提示】 技术操作规程的指标要切合实际，条文要简明具体，易于落实执行。

2. 制定每日工作程序

规定各类牛舍每天从早到晚的各个时间段内的常规操作，使饲养管理人员有规律地完成各项任务。

3. 制定综合防疫制度

为了保证牛群的健康和安全生产，场内必须制定严格的防疫措施，规定对场内外人员、车辆、场内环境及时或定期地消毒，牛舍在空出后的冲洗、消毒，各类牛群的检疫、免疫，对寄生虫病原的定期检查以及灭老鼠和夏秋季节的灭蚊蝇等。

二 记录管理

记录管理就是将肉牛场生产经营活动中的人、财、物等消耗情况及有关事情记录在案，并进行规范、计算和分析。只有完善的记录才能保证成本核算的准确。肉牛场记录的内容因肉牛场的经营方式与所需的资料而有所不同，一般应包括以下内容。

1. 生产记录

（1）**肉牛群生产情况记录** 肉牛的品种、饲养数量、饲养日期、死亡淘汰、产品产量等。

（2）**饲料记录** 将每日不同肉牛群（或以每栋或栏或群为单位）所消耗的饲料按其种类、数量及单价等记录下来。

（3）**劳动记录** 记载每天出勤情况、工作时数、工作类别以及完成的工作量、劳动报酬等。

2. 财务记录

（1）收支记录 包括出售产品的时间、数量、价格、去向及各项支出情况。

（2）资产记录 固定资产类，包括土地、建筑物、机器设备等的占用和消耗；库存物资类，包括饲料、兽药、在产品、产成品、易耗品、办公用品等的消耗数，库存数量及价值；现金及信用类，包括现金、存款、债券、股票、应付款、应收款等。

3. 饲养管理记录

（1）饲养管理程序及操作记录 饲喂程序、光照程序、牛群的周转、环境控制等记录。

（2）疾病防治记录 包括隔离消毒情况、免疫情况、发病情况、诊断及治疗情况、用药情况、驱虫情况等。

4. 肉牛档案

（1）成年母牛档案 记录其系谱、配种产犊情况。

（2）犊牛档案 记录其系谱、出生时间、体尺、体重情况。

（3）育成牛档案 记录其系谱、各月龄体尺和体重情况、发情配种情况。

（4）育肥牛档案 记录品种、体重、饲料用量等。

5. 肉牛场记录表格

日常记录表格见表8-4～表8-9。

表8-4 生产记录表（按日或变动记录） 填表人：

日期	栋、栏号	变动情况/头				备注
		存栏数	出生数	调入数	调出数	死亡、淘汰数	

表8-5 饲料购、领记录表 填表人：

购入日期	名称	规格	生产厂家	批准文号或登记证号	生产批号或生产日期	来源（生产厂家或经销点）	购入数量	发出数量	结存数量

表 8-6　消毒记录表　　　　　　　　填表人：

消毒日期	消毒药名称	生产厂家	消毒场所	配制浓度	消毒方式	操作者

表 8-7　诊疗记录表　　　　　　　　填表人：

发病日期	发病动物栋、栏号	发病群体头数	发病数	发病动物日龄	病名或病因	处理方法	用药名称	用药方法	诊疗结果	兽医签字

表 8-8　出场销售和检疫情况记录表　　　　填表人：

出场日期	品种	栋、栏号	数量/头	出售动物日龄	销往地点及货主	检疫情况			曾使用的有停药期要求的药物		经办人
						合格头数	检疫证号	检疫员	药物名称	停药时动物日龄	

表 8-9　收支记录表格

收入		支出		备注
项目	金额/元	项目	金额/元	
合计				

> 【提示】　生产中忽视记录管理，如果没有适用的简洁记录表格，不进行详细记录，甚至有些记录不是原始记录而是补的等，会严重影响到经济核算和技术水平提高。所以，无论大小牛场，都要高度重视记录，做到及时准确（在第一时间填写，并保证记录准确）、简洁完整（记录简明扼要，全面系统）、便于分析。

三　定额管理

定额管理就是对肉牛场工作人员明确分工、责任到人，以达到充分利用劳动力，不断提高劳动生产效率的目的。定额主要包括劳动定额、饲料消耗定额和成本定额三类。

1. 劳动定额

劳动定额是在一定生产技术和组织条件下，为生产一定合格产品或完成一定工作量所规定的必须劳动消耗，是计量产量、成本、劳动效率等各项经济指标和编制生产、成本、劳动等计划的基础依据。牛场应依据不同的劳动项目、强度、条件等制定相应工种定额（表8-10）。

表8-10 劳动定额标准

工 种	工作内容	每人定额	工作条件
饲养犊牛		哺乳犊牛4月龄断奶。成活率不低于95%，日增重800~900g，管理35~40头	随母哺乳，配合人工哺乳
幼牛育肥	负责饲喂，饲槽和牛床卫生，牛蹄刷拭以及观察牛只的食欲	日增重1000~1200g，14~16月龄体重达到450~500kg，管理40~50头	人工
架子牛育肥		日增重1200~1300g，育肥3~5个月，体重达到500~600kg，管理35~40头	人工
饲料加工供应	饲料称重入库，加工粉碎，清除异物，配制混合，按需要供给各牛舍	管理120~150头	手工和机械相结合
配种	按配种计划适时配种，肉用繁殖母牛保证受胎率在75%以上，受胎母牛平均使用冻精不超过2.5粒（支）	管理250头	人工授精
兽医	检疫、治疗、接产，医药和器械购买、保管及修蹄，牛舍消毒	管理200~250头	手工
清洁工	负责粪尿清理以及周围环境卫生	管理120~150头	手工

2. 饲料消耗定额

饲料消耗定额是生产单位增重所规定的饲料消耗标准，是确定饲料需要量、合理利用饲料、节约饲料和实行经济核算的重要依据。在制定饲料消耗定额时，要考虑牛的性别、年龄、生长发育阶段、体重或日增重、饲料种类和日粮组成等因素。全价合理地饲养是节约饲料和取得经济效益的基础。

肉牛维持和生产产品，需要从饲料中摄取营养物质。由于肉牛品种、性别和年龄、生长发育阶段及体重不同，其营养需要量亦不同。因此，在制定不同类别育肥牛的饲料消耗定额时，首先应查找其饲养标准中对各种营养成分的需要量，参照不同饲料的营养价值确定日粮的配给量；再以日粮的配给量为基础，计算不同饲料在日粮中的占有量；最后再根据占有量和牛的年饲养头、日数即可计算出年饲料的消耗定额。由于各种饲料在实际饲喂时都有一定的损耗，因此尚需要加上一定损耗量。

一般情况下，肉牛每头每天平均需 2kg 优质干草，鲜玉米（秸）青贮 25kg；架子牛育肥每头每天平均需精饲料按体重的 1.2% 配给，直线育肥需要按体重的 1.3%～1.4% 定额，放牧补饲按 1kg 增重 2kg 精饲料，生产上一定要定额精饲料，确定增重水平，粗料、辅料不定额。

3. 成本定额

成本定额通常指育肥牛每千克增重所消耗的生产资料和所付的劳动报酬的总和。肉牛生产成本主要有饲养成本、增重成本、活重成本和牛肉成本，其中重点是增重成本。

生产成本项目包括工资和福利费、饲料费、燃料费和动力费、医药费、牛群摊销、固定资产折旧费、固定资产修理费、低值易耗品费、其他直接费用、共同生产费、企业管理费等。这些费用定额的制定，可参照历年的实际费用、当年的生产条件和计划来确定。

> 【提示】 定额确定要符合本场实际情况，指标要高低适中。

第四节　经济核算

一　资产核算

1. 流动资产

流动资产是指可以在一年内或者超过一年的一个营业周期内变现或者运用的资产。流动资产是企业生产经营活动的主要资产。主要包括牛场的现金、存款、应收款及预付款、存货（原材料、在产品、产成品、低值易耗品）等。流动资产周转状况影响到产品的成本。加快流动资产周转是流动资产核算的目的。其措施如下。

（1）有计划地采购　加强采购物资的计划性，防止盲目采购；合理地储备物资，避免积压资金；加强物资的保管，定期对库存物资进行清查，防止鼠害和霉烂变质。

（2）缩短生产周期　科学地组织生产过程，采用先进技术，尽可能缩短生产周期，节约使用各种材料和物资，减少在产品资金占用量。

（3）及时销售产品　产品及时销售可以缩短产成品的滞留时间，减少流动资金占用量。

（4）加快资金回收　及时清理债权债务，加速应收款项的回收，减少成品资金和结算资金的占用量。

2. 固定资产

固定资产是指使用年限在1年以上，单位价值在规定的标准以上，并且在使用中长期保持其原有实物形态的各项资产。牛场的固定资产主要包括建筑物、道路、基础牛以及其他与生产经营有关的设备、器具、工具等。固定资产核算的目的就是提高固定资产利用效率，最大限度地减少折旧费用。

固定资产在长期使用中，物质上要受到磨损，价值上要发生损耗。固定资产的损耗，分为有形损耗（指固定资产由于使用或者自然力的作用，使固定资产物质上发生磨损）和无形损耗（由于劳动生产率提高和科学技术进步而引起的固定资产价值的损失）两种。固定资产在使用过程中，由于损耗而发生的价值转移，称为折旧，由于固定资产损耗而转移到产品中去的那部分价值叫折旧费或折旧

额,用于固定资产的更新改造。

牛场固定资产折旧常用的计算方法是工作量法。它是按照使用某项固定资产所提供的工作量,计算出单位工作量平均应计提折旧额后,再按各期使用固定资产所实际完成的工作量,计算应计提的折旧额。计算公式:

$$\text{单位工作量(单位里程或每工作小时)折旧额} = \frac{\text{固定资产原值} - \text{预计净残值}}{\text{总工作量(总行驶里程或总工作小时)}}$$

> 【提示】 折旧费是构成产品成本的重要项目,所以,降低固定资产占用量可减少固定资产折旧费,也就降低了产品生产成本。在资产核算中,要注意:一是根据轻重缓急,合理购置和建设固定资产,把资金使用在经济效果最大而且在生产上迫切需要的项目上;二是购置和建造固定资产要量力而行,做到与单位的生产规模和财力相适应;三是各类固定资产务求配套完备,注意加强设备的通用性和适用性,使固定资产能充分发挥效用;四是建立严格的使用、保养和管理制度,对不能或不再用的固定资产应及时采取措施,以免浪费,注意提高机器设备的时间利用强度和它的生产能力的利用程度。

二 成本核算

产品的生产过程,同时也是材料的耗费过程。企业要生产产品,就要发生各种耗费。企业为生产一定数量和种类的产品而发生的直接材料费(包括直接用于产品生产的原材料、燃料动力费等)、直接人工费用(直接参加产品生产的工人工资以及福利费)和间接制造费用的总和构成产品成本。

> 【提示】 产品成本是一项综合性很强的经济指标,它反映了企业的技术实力和经营状况。通过成本核算,可发现成本升降原因,通过降低成本,提高产品竞争能力和盈利能力。

1. 做好成本核算的基础工作

(1)建立健全各项原始记录 原始记录是计算产品成本的依据,

直接影响着产品成本计算的准确性。如果原始记录不实,就不能正确反映生产耗费和生产成果,就会使成本计算变为"假账真算",成本核算就失去了意义。所以,饲料、燃料动力的消耗、原材料、低值易耗品的领退,生产工时的耗用,畜群变动,畜群周转、畜禽死亡淘汰、产出产品等原始记录都必须认真如实地登记。

(2) **建立健全各项定额管理制度** 牛场要制定各项生产要素的耗费标准(定额)。不管是饲料、燃料动力、还是费用工时、资金占用等,都应制定比较先进、切实可行的定额。定额的制定应建立在先进的基础上,对经过十分努力仍然达不到的定额标准或无须努力就很容易达到定额标准的定额,要及时进行修订。

(3) **加强财产物资的计量、验收、保管、收发和盘点制度** 做好各种物资的计量、收集和保管工作,是加强成本管理、正确计算产品成本的前提条件。

2. 成本的构成项目

(1) **饲料费** 指饲养过程中耗用的自产和外购的混合饲料和各种饲料原料。凡是购入的按买价加运费计算,自产饲料一般按生产成本(含种植成本和加工成本)进行计算。

(2) **劳务费** 从事养牛的生产管理劳动,包括饲养、清粪、繁殖、防疫、转群、消毒、购物运输等所支付的工资、资金、补贴和福利等。

(3) **医疗费** 指用于牛群的生物制剂、消毒剂及检疫费、化验费、专家咨询服务费等。但已包含在配合饲料中的药物及添加剂费用不必重复计算。

(4) **公母牛折旧费** 种公牛从开始配种算起,种母牛从产犊开始算起。

(5) **固定资产折旧维修费** 指畜舍、设备等固定资产的基本折旧费及修理费。根据牛舍结构和设备质量,使用年限来计损。如果是租用的土地,应加上租金;土地、牛舍等都是租用的,只计租金,不计折旧。

(6) **燃料动力费** 指饲料加工、牛舍保暖、排风、供水、供气等耗用的燃料和电力费用,这些费用按实际支出的数额计算。

（7）利息 是指对固定投资及流动资金一年中支付利息的总额。

（8）杂费 包括低值易耗品费用、保险费、通信费、交通费、搬运费等。

（9）税金 指用于肉牛生产的土地、建筑设备及生产销售等一年内应交的税金。

（10）共同的生产费用 指分摊到牛群的间接生产费用。

以上十项构成了肉牛场生产成本，从构成成本比重来看，饲料费、公母牛折旧费、人工费、固定资产折旧费等数额较大，是成本项目构成的主要部分，应当重点控制。

3. 成本的计算方法

牛的活重是牛场的生产成果，牛群的主、副产品或活重是反映产品率和饲养费用的综合经济指标，如在肉牛生产中可计算饲养日成本、增重单位成本、活重单位成本、生长量成本和牛肉单位成本等。

（1）饲养日成本 指一头肉牛饲养1天的费用，反映饲养水平的高低。计算公式：

饲养日成本＝本期饲养费用÷本期饲养头、日数

（2）增重单位成本 指犊牛或育肥牛增重体重的平均单位成本。计算公式：

增重单位成本＝（本期饲养费用－副产品价值）÷本期增重量

（3）活重单位成本 指牛群全部活重单位成本。计算公式：

活重单位成本＝（期初全群成本＋本期饲养费用－副产品价值）÷（期终全群活重＋本期售出转群活重）

（4）生长量成本 计算公式：

生长量成本＝生长量饲养日成本×本期饲养日

（5）牛肉单位成本 计算公式：

牛肉单位成本＝（出栏牛饲养费用－副产品价值）÷出栏牛牛肉总量

三 盈利核算

盈利核算（税前利润）是对肉牛场的盈利进行观察、记录、计量、计算、分析和比较等工作的总称。盈利是企业在一定时期内的货币表现的最终经营成果，是考核企业生产经营好坏的一个重要经济指标。

1. **盈利的核算公式**

    盈利 = 销售产品价值 – 销售成本 = 利润 + 税金

2. **衡量盈利效果的经济指标**

（1）**销售收入利润率**　表明产品销售利润在产品销售收入中所占的比重。其越高，经营效果越好。

   销售收入利润率 = 产品销售利润/产品销售收入 × 100%

（2）**销售成本利润率**　它是反映生产消耗的经济指标，在畜产品价格、税金不变的情况下，产品成本愈低，销售利润愈多，其愈高。

   销售成本利润率 = 产品销售利润/产品销售成本 × 100%

（3）**产值利润率**　它说明实现百元产值可获得多少利润，用以分析生产增长和利润增长的比例关系。

   产值利润率 = 利润总额/总产值 × 100%

（4）**资金利润率**　把利润和占用资金联系起来，反映资金占用效果，具有较大的综合性。

资金利润率 = 利润总额/流动资金和固定资金的平均占用额 × 100%

> 【提示】 经济核算是肉牛场经营管理的核心，通过经济核算，可以最经济地利用各种资产，不断降低生产成本，获取最大经济效益。

附录　常见计量单位名称与符号对照表

量的名称	单位名称	单位符号
长度	千米	km
	米	m
	厘米	cm
	毫米	mm
面积	平方千米（平方公里）	km^2
	平方米	m^2
体积	立方米	m^3
	升	L
	毫升	ml
质量	吨	t
	千克（公斤）	kg
	克	g
	毫克	mg
物质的量	摩尔	mol
时间	小时	h
	分	min
	秒	s
温度	摄氏度	℃
平面角	度	(°)
能量，热量	兆焦	MJ
	千焦	kJ
	焦［耳］	J
功率	瓦［特］	W
	千瓦［特］	kW
电压	伏［特］	V
压力，压强	帕［斯卡］	Pa
电流	安［培］	A

参 考 文 献

[1] 曹玉凤. 肉牛标准化养殖技术 [M]. 北京：中国农业大学出版社, 2004.
[2] 初秀. 规模化安全养肉牛综合新技术 [M]. 北京：中国农业出版社, 2005.
[3] 王传福. 兽药手册 [M]. 北京：中国农业出版社, 2011.
[4] 莫放. 肉牛育肥生产技术与管理 [M]. 北京：中国农业大学出版社, 2012.
[5] 常新耀. 肉牛安全高效饲养技术 [M]. 北京：化学工业出版社, 2012.
[6] 梅俊. 现代肉牛养殖综合技术 [M]. 北京：化学工业出版社, 2011.

读者信息反馈表

亲爱的读者：

您好！感谢您购买《高效养肉牛》一书。为了更好地为您服务，我们希望了解您的需求以及对我社图书的意见和建议，愿这小小的表格为我们架起一座沟通的桥梁。

姓 名		所从事工作、单位	
通信地址		电 话	
E-mail		QQ	

1. 您喜欢的图书形式是
□系统阐述 □问答 □图解或图说 □实例 □技巧 □禁忌 □其他_____
2. 您能接受的图书价格是
□10～20元 □20～30元 □30～40元 □40～50元 □50元以上
3. 您认为该书采用双色印刷是否有必要？
○是 ○否
4. 您觉得该书存在哪些优点和不足？

5. 您觉得目前市场上缺少哪方面的图书？

6. 您对图书出版的其他意见和建议？

您是否有图书出版的计划？打算出版哪方面的图书？

为了方便读者进行交流，我们特开设了养殖交流QQ群：127963720，欢迎广大养殖朋友加入该群，也可登录该群下载读者意见反馈表。

请联系我们——

地　　址：北京市西城区百万庄大街22号　机械工业出版社技能教育分社（100037）

电　　话：(010) 88379761　88379080

传　　真：68329397　E-mail：12688203@qq.com

书　目

书　名	定价	书　名	定价
高效养土鸡	29.80	高效养肉牛	29.80
高效养土鸡你问我答	29.80	高效养奶牛	22.80
果园林地生态养鸡	26.80	种草养牛	29.80
高效养蛋鸡	19.90	高效养淡水鱼	25.00
高效养优质肉鸡	19.90	高效池塘养鱼	25.00
果园林地生态养鸡与鸡病防治	20.00	鱼病快速诊断与防治技术	19.80
家庭科学养鸡与鸡病防治	35.00	鱼、泥鳅、蟹、蛙稻田综合种养一本通	29.80
优质鸡健康养殖技术	29.80	高效稻田养小龙虾	29.80
果园林地散养土鸡你问我答	19.80	高效养小龙虾	25.00
鸡病诊治你问我答	22.80	高效养小龙虾你问我答	20.00
鸡病快速诊断与防治技术	29.80	图说稻田养小龙虾关键技术	35.00
鸡病鉴别诊断图谱与安全用药	39.80	高效养泥鳅	16.80
鸡病临床诊断指南	39.80	高效养黄鳝	16.80
肉鸡疾病诊治彩色图谱	49.80	黄鳝高效养殖技术精解与实例	25.00
图说鸡病诊治	35.00	泥鳅高效养殖技术精解与实例	22.80
高效养鹅	29.80	高效养蟹	25.00
鸭鹅病快速诊断与防治技术	25.00	高效养水蛭	29.80
畜禽养殖污染防治新技术	25.00	高效养肉狗	35.00
图说高效养猪	39.80	高效养黄粉虫	29.80
高效养高产母猪	35.00	高效养蛇	29.80
高效养猪与猪病防治	29.80	高效养蜈蚣	16.80
快速养猪	35.00	高效养龟鳖	19.80
猪病快速诊断与防治技术	29.80	蝇蛆高效养殖技术精解与实例	15.00
猪病临床诊治彩色图谱	59.80	高效养蝇蛆你问我答	12.80
猪病诊治160问	25.00	高效养獭兔	25.00
猪病诊治一本通	25.00	高效养兔	29.80
猪场消毒防疫实用技术	25.00	兔病诊治原色图谱	39.80
生物发酵床养猪你问我答	25.00	高效养肉鸽	29.80
高效养猪你问我答	19.90	高效养蝎子	25.00
猪病鉴别诊断图谱与安全用药	39.80	高效养貂	26.80
猪病诊治你问我答	25.00	高效养貉	29.80
图解猪病鉴别诊断与防治	55.00	高效养豪猪	25.00
高效养羊	29.80	图说毛皮动物疾病诊治	29.80
高效养肉羊	35.00	高效养蜂	25.00
肉羊快速育肥与疾病防治	25.00	高效养中蜂	25.00
高效养肉用山羊	25.00	养蜂技术全图解	59.80
种草养羊	29.80	高效养蜂你问我答	19.90
山羊高效养殖与疾病防治	35.00	高效养山鸡	26.80
绒山羊高效养殖与疾病防治	25.00	高效养驴	29.80
羊病综合防治大全	35.00	高效养孔雀	29.80
羊病诊治你问我答	19.80	高效养鹿	35.00
羊病诊治原色图谱	35.00	高效养竹鼠	25.00
羊病临床诊治彩色图谱	59.80	青蛙养殖一本通	25.00
牛羊常见病诊治实用技术	29.80	宠物疾病鉴别诊断与防治	49.80

畅销3万册

书号：978-7-111-45467-0
定价：29.80

书号：978-7-111-50354-5
定价：25.00

书号：978-7-111-49781-3
定价：26.80

书号：978-7-111-56097-5
定价：29.80

山羊养殖一本通

书号：978-7-111-49325-9
定价：35.00

书号：978-7-111-52787-9
定价：22.80

全彩精装

书号：978-7-111-53838-7
定价：59.80

书号：978-7-111-45863-0
定价：29.80